□ 中国高等职业技术教育研究会推荐

高 职 高 专 系 列 规 划 教 材

# 网站建设与维护

## （第二版）

廖常武　等编著

U0378902

西安电子科技大学出版社

# 内 容 简 介

　　本书比较系统地介绍了网站规划与建设的主要理论、技术、方法以及应用方面的知识。本书主要内容有：网站硬件平台、网站集成基础、网站规划与设计、网站服务的安装与配置、网站邮件服务器的安装与配置、网站网页制作技术、网站安全与管理、网站维护技术和实训。全书共有 12 个实训，通过实训可以实现完整的网站规划和建设的解决方案。

　　本书既可以作为高职高专计算机专业及相近专业的教材，也可以作为工程技术人员的培训教材和技术参考资料。

　　★ 本书配有电子教案，需要者可登录出版社网站，免费下载。

**图书在版编目（CIP）数据**

网站建设与维护/廖常武等编著. —2 版. —西安：西安电子科技大学出版社，2012.11(2017.4 重印)
高职高专系列规划教材
ISBN 978–7–5606–2938–4

Ⅰ.① 网…　Ⅱ.① 廖…　Ⅲ.① 网站—开发—高等职业教育—教材
② 网站—维护—高等职业教育—教材　Ⅳ.① TP393.092

**中国版本图书馆 CIP 数据核字(2012)第 256196 号**

| | | |
|---|---|---|
| 策　　划 | 马晓娟 | |
| 责任编辑 | 马晓娟 | |
| 出版发行 | 西安电子科技大学出版社(西安市太白南路 2 号) | |
| 电　　话 | (029)88242885　88201467　　邮　编　710071 | |
| 网　　址 | www.xduph.com　　　　电子邮箱　xdupfxb001@163.com | |
| 经　　销 | 新华书店 | |
| 印刷单位 | 陕西华沐印刷科技有限责任公司 | |
| 版　　次 | 2012 年 11 月第 2 版　　2017 年 4 月第 7 次印刷 | |
| 开　　本 | 787 毫米×1092 毫米　1/16　印　张　15.5 | |
| 字　　数 | 365 千字 | |
| 印　　数 | 22 001～24 000 册 | |
| 定　　价 | 24.00 元 | |

ISBN 978-7-5606-2938-4/TP

**XDUP 3230002-7**

\*\*\*如有印装问题可调换\*\*\*

**本社图书封面为激光防伪覆膜，谨防盗版。**

# 前　言

本书第一版于 2004 年出版后，曾多次印刷，深受广大读者的喜爱。为适应网站建设与维护的技术发展，并保持教材内容的先进性和可操作性，我们对该书进行了修订。本次修订在第一版的基础上，去掉了一些技术滞后的内容，增加了一些目前网站建设与维护的新技术、新思想、新方法，以适应读者的需求。

此次修订充分考虑到高职学生的特点，坚持"以应用为目的，以必需、够用为度"的原则，方法与技术并重，深入浅出、循序渐进地介绍了网站建设和维护的方法，力求从实际应用的案例出发，通过实例，阐述如何建设、维护以及管理网站。

全书采用任务驱动方式编写，深入分析和讲解了网站的硬件和软件组成、网站规划与设计的方法、Web 站点及网站提供服务的实现、网页制作技术、网站的安全管理与维护技术。在此基础上，以实际应用为目的，给出 12 个实训项目，帮助读者迅速掌握网站建设与维护的相关知识。

本书的特点是结构清晰，逻辑清楚，实例丰富，强调实用，注重操作技能，学生按照实训内容进行练习就可以完成网站的建设与维护工作。

全书共 9 章，第 1～8 章为理论知识，第 9 章由 12 个实训组成。第 1、2 章介绍网站的硬件和软件平台的组成；第 3 章介绍网站建设的规划与设计、网站接入 Internet 的方式以及网站提供的信息服务；第 4 章介绍网站的具体实现，通过实例介绍使用 Windows Server 2008 架设 DNS 服务器、使用 IIS 7.0 配置与管理 Web 网站和 FTP 服务器的方法；第 5 章介绍使用 Exchange Server 2007 SP2 实现 E-mail 服务器的安装与配置的方法；第 6 章介绍网页设计的方法与技术、网站的色彩配色方案以及使用 Dreamweaver CS5 进行网站的页面布局的方法，并通过实例介绍使用 ASP 技术对 Web 数据库进行访问与管理的方法；第 7 章介绍网站的安全管理技术；第 8 章介绍网站维护与测试的方法；第 9 章共提供了 12 个实训，与第 1～8 章的理论知识部分有机地结合，上机前应认真阅读和理解实训内容，这样才能做到举一反三，有助于掌握完整的网站建设解决方案，提高操作技能。

本书由南京工业职业技术学院的廖常武(编写了第 4 章、第 5 章、第 6 章、第 8 章以及第 9 章)、汪刚(编写了第 3 章和第 7 章)、王萍(编写了第 1 章和第 2 章)编著。全书由廖常武统稿、定稿。

在本书的编写过程中，编者参阅了大量文献和资料，在此向各位作者表示感谢。此外，本书中引用了一些知名网站的网页，在此也对各网站制作者表示感谢。

由于网络技术更新速度较快，加之编者水平有限，书中难免存在疏漏之处，恳请读者批评指正。

编　者

2012 年 9 月

# 第一版前言

人类社会已经进入信息时代，在知识爆炸的今天，人们对信息的渴求也越来越强烈，而提供信息的网站的发展也日新月异。在竞争日益激烈的信息时代，借助 Internet 开展业务活动已经成为企业追求的目标。企业建立自己的网站以提高其在国际、国内的竞争能力，这越来越受到企业的重视，建设网站已成为企业的必然选择。

本书在编写过程中坚持"以应用为目的，以必须、够用为度"的原则，方法与技术并重，深入浅出、循序渐进地介绍网站建设和维护的方法，力求从实际应用的案例出发，来阐述如何建设、维护以及管理网站。

全书采用任务驱动方式写作，深入分析网站的硬件和软件组成、网站规划与设计的方法、Web 站点及网站提供服务的实现、网页制作技术、网站的安全管理与维护技术以及网站应用实例。在此基础上，以实际应用为目的，帮助读者迅速掌握网站建设与维护的相关知识。

本书的特点是结构清晰、逻辑清楚、实例丰富、强调实用、注重实验。

全书由 8 章和 10 个实验组成。第 1～2 章介绍网站的硬件和软件平台的组成；第 3 章介绍网站建设的规划与设计、网站接入方式以及网站提供的信息服务；第 4 章介绍网站的具体实现，通过实例介绍 DNS 服务器、Web 服务器、E-mail 服务器的安装、配置与管理；第 5 章介绍网页设计方法与技术，通过实例介绍 Web 数据库的访问与管理；第 6 章介绍网站的安全管理；第 7 章介绍网站维护与测试；第 8 章通过实例介绍网站建设的规划与实现。本书提供了 10 个实验，上机前应认真阅读和理解实验内容，并与相应的理论部分结合，这样才能做到举一反三，有助于掌握完整的网站建设解决方案。

本书由廖常武(第 4 章，第 7 章，第 8 章的 8.1 和 8.2，实验 1，实验 3，实验 4，实验 5，实验 6)主编，参加编写工作的有周源(第 5 章，实验 7)、汪刚(第 3 章，第 6 章，第 8 章的 8.3，实验 2，实验 8，实验 9，实验 10)和王萍(第 1 章，第 2 章)。

在本书的编写过程中，编者参阅了大量文献资料，在此向提供帮助的各位同仁表示感谢。此外，本书中还引用了一些知名网站的网页，在此也对制作这些网页的人员表示感谢。

由于编写时间仓促、编者水平有限以及网络技术更新速度较快，书中疏漏在所难免，恳请读者批评指正。

编　者
2004 年 3 月

# 目 录

# 第1章　网站硬件平台

本章主要讲述网站的硬件组成以及相关的技术。通过本章的学习，读者应掌握以下内容：

- 建设网站的几种方式；
- 网络的基本组成；
- CSMA/CD 介质访问控制技术；
- 以太网技术；
- 广域网技术；
- Internet/Intranet/Extranet 技术。

Internet 是由美国国防部高级研究计划局 1969 年建成的 ARPANET 发展起来的，ARPANET 是用于军事研究的实验性网络。Internet 的诞生，使得信息传播打破了时间、空间的界限，为人类社会提供了一个全新的信息共享世界，并将进一步推动信息技术的发展和人类文明的进步。

网站的建设既离不开 Internet，也离不开 Intranet(企业内部网)。从某种程度上说，网站建设更需要 Intranet 提供网站的运行平台。

## 1.1　网站建设方式

Web 上的各个超文本文件称为网页(page)，存放这些网页的 Web 服务器称为网站(Web site)。实际上，网站就是在网络上存放数据信息或提供服务的地方。正是由于网站存放有大量的信息，因此网络可以为人们提供各种快捷的通信与服务。

网络中的服务器是提供信息和服务的地方，服务器接入 Internet，能为全球各地的人们提供信息和各种服务。

网站服务器接入 Internet 的方式各不相同，目前国内常见的服务器管理方式主要有专线接入方式、虚拟主机方式和主机托管方式等。

### 1. 专线接入方式

专线接入即通过专门的线路将网站接入到 Internet。所谓专线接入方式，主要是指所有可以连接到 Internet 线路的连接方式，包括帧中继、DDN 以及光纤等方式。

### 2. 虚拟主机方式

虚拟主机方式主要是指租用 Internet 服务提供商(ISP，Internet Services Provider)的服务器硬盘空间，使用特殊的软、硬件技术，将一台计算机主机分成一台台虚拟主机，每台虚拟主机都具有独立的域名和 IP 地址,具有完整的服务功能。在同一硬件、同一操作平台上,运行着为多个用户打开的不同的服务程序,它们之间互不干扰,同时每个用户都拥有自己的一部分系统资源。虚拟主机之间完全独立,并可由用户自行管理。由此可见,虚拟主机方式省去了用户建设网站的全部硬件投资,但不支持高访问量,只适用于小型网站。

### 3. 主机托管方式

主机托管方式是指将网站服务器主机委托给 ISP 保管,用户需要做的只是将设备放到 ISP 的中心机房或数据中心,然后通过其他低速线路进行网站的远程管理和维护。ISP 为客户提供主机环境,包括机架空间、恒温恒湿环境、网络安全防护、UPS 供电、防火设施等。主机托管方式一般适用于大型和中型规模的网站。

# 1.2 网络的基本组成

计算机网络是由分布在不同地理位置的多台独立的计算机组成的集合。一个完整的计算机网络包括计算机、网络连接设备、网络传输介质、计算机操作系统等部分。组建计算机网络的根本目的是为了实现资源共享,共享的资源不仅包括计算机网络中的硬件资源(如磁盘空间、打印机、绘图仪等),也包括软件资源(如程序、数据等)。

## 1.2.1 网络概述

### 1. 网络的形成和发展

计算机网络的发展过程大致可以分成以下四个阶段。

#### 1) 面向终端的计算机网络

20 世纪 50 年代,计算机已经具有批处理功能。随着通信技术的发展,远程用户可以利用通信装置进行数据处理,这样,用户可以在远离计算机的地方输入自己的程序和数据,并得到结果。产生通信接口后,计算机可以直接与通信装置连接,在通信软件的控制下,自动将远程用户发送来的信息装入计算机中处理,也可以把处理的结果自动返回给远程用户,整个过程没有人工干预。这种系统的特点是,在系统中只有一台计算机,各种资源集中在这台计算机上,计算机既要进行各种数据处理与运算,又要管理与远程终端的通信。为了减轻计算机的通信负担,可以使用一台专门的计算机(即前置机)处理与远程用户的通信,负责通信线路的管理与控制,有时也对用户的作业进行预处理。这种系统称为面向终端的计算机通信网,如图 1-1 所示。

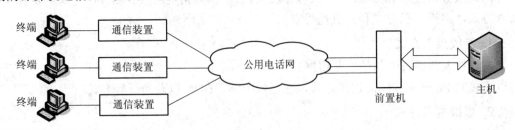

图 1-1 面向终端的计算机通信网

2) 分组交换网

为使用户共享各个计算机系统中的资源，人们把多个有通信功能的计算机系统连接成网络。其特点是在网络中有多台主机，各种资源分散在每台主机上，每台主机是一个独立的系统，可以独立地完成本系统内用户的作业；同时，整个网络又是一个统一的系统，网络中的用户可以共享各台主机上的资源。

随着网络的进一步发展，出现了将数据处理与计算和数据通信分开的二级结构网络，在此二级结构网络中，网络由资源子网和通信子网组成。所有用于计算、处理或向用户提供服务的计算机及其软件、硬件资源构成网络的资源子网，这些资源原则上可被所有用户共享。通信子网是由通信硬件(通信设备和通信线路等)和通信软件组成的，其功能是为网络中用户共享各种网络资源提供必要的通信手段和通信服务。

美国国防部高级研究计划局的 ARPANET 网是 20 世纪 60 年代的典型代表。ARPANET 是第一个较完善地实现分布式资源共享的网络，采用分组交换方式。所谓分组交换，是指将要传输的数据分割成较短的数据块，称为分组；然后采用动态的方式选择每个分组的传输路径，只有在传输分组时才占用线路，从而提高了线路的利用率，增加了传输的可靠性。采用分组交换方式的网络称为分组交换网。图 1-2 所示为分组交换网示意图。在 20 世纪 70 年代，又出现了为公众用户服务的公用数据通信网，由于其采用分组交换技术，因此又称为公用分组交换网。分组交换网的出现使网络的发展又向前迈进了一大步。

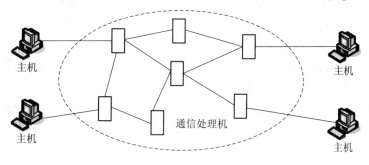

图 1-2　分组交换网示意图

3) 网络体系结构的形成

初期的网络基本上建立在各个不同大公司提出的不同的体系结构和网络协议的基础上，网络的实现方法也各不相同，这为不同网络之间的连接带来了困难。为此，国际标准化组织(ISO，International Standards Organization)在 1979 年提出了开放系统互连(OSI，Open System Interconnection)的参考模型，并使其成为国际标准。

4) Internet 的普及与网络技术的发展

Internet 起源于 ARPANET，由于其具有开放性和平等性，因而很快被广大用户所接受。特别是从 20 世纪 90 年代以来，随着 Internet 的迅速发展，网络在各个领域的地位变得更加重要，得到了更加快速的发展。

从网络通信角度看，Internet 是一个以 TCP/IP 网络协议连接各个国家、各个地区、各个机构的无数计算机网络的数据通信网。

从信息资源角度看，Internet 是一个集各个领域、各个部门的各种信息资源于一体，为网络用户所共享的信息资源网。

### 2. 网络的定义和功能

#### 1) 网络的定义

计算机网络是由多个具有自主功能的计算机系统通过各种通信手段相互连接,进行信息交流、资源共享和协同工作的集合。它有三个典型的特点:

(1) 网络的目标是实现资源的共享与信息的交流。用户可以通过网络获得不同计算机系统上的软、硬件资源,可在不同地点进行信息的传递与交流。

(2) 所有连接到网络上的计算机都是平等的,没有主从关系。每个计算机系统都是独立的,能够自主地进行各项操作。

(3) 网络中的各个计算机之间是通过通信手段进行连接的,在进行信息或数据的传输时须遵循事先约定的通信协议,还要有对通信进行管理和控制的设备和相应的软件。

#### 2) 网络的功能

(1) 资源共享。网络实现了资源的共享,使得在物理位置上处于不同地点的网络用户可以使用分布在网络上的任何共享的软、硬件资源,共享数据、算法和一些相关的设备,避免了资源的重复投资。

(2) 数据通信。网络的数据通信功能使得不同地点的用户之间可以及时、快速、高质量、低成本地交流信息。网络不但可以传输文字,还可以传输各种多媒体信息。

(3) 提高系统的可靠性。网络中多个计算机存放有相关重要信息资源或文本的副本,若一个副本被破坏,则还有其他副本可以使用,极大地提高了信息资源和软件的可靠性。当某一台计算机系统发生故障时,其他计算机系统可以自动连接到网络上接替其工作,这样就提高了网络硬件资源的可靠性。

(4) 协同处理事务。计算机网络将分散在各地的计算机中的数据信息适时集中和分级管理,并经过综合处理后生成各种报表,提供给管理者和决策者分析和参考。

在上述功能中,资源共享和数据通信是计算机网络最主要,也是最基本的功能。

### 3. 网络的分类

#### 1) 按网络的覆盖范围分类

按照网络的覆盖范围分类(实际上是按信息传输的距离来分类的),可以将计算机网络分为局域网、城域网和广域网。

(1) 局域网(LAN, Local Area Network)。局域网覆盖范围在几米到几千米之间,一般安装在一栋或相邻的几栋大楼内。

(2) 城域网(MAN, Metropolitan Area Network)。城域网覆盖范围在几千米到几十千米之间,通常是指覆盖一个城市的网络,其运行方式与 LAN 相似,可以认为是一种大型的LAN。

(3) 广域网(WAN, Wide Area Network)。广域网覆盖范围在几十千米到几千千米,可以遍布一个国家甚至全球,一般是二级机构的网络,其通信子网大多采用分组交换技术。

#### 2) 按网络的作用范围分类

(1) 公用网。公用网一般由电信部门组建、管理和控制,网络内的传输和交换装置可以租给各部门和单位使用。只要符合网络用户的要求就能使用此网络，这是为社会提供服务的网络。

(2) 专用网。专用网由某个部门或单位所拥有，只为拥有者提供服务，不为其他用户所使用。

**3) 按网络的通信介质分类**

(1) 无线网。无线网是采用微波、红外线等介质进行信息传输的网络。

(2) 有线网。有线网是采用双绞线、同轴电缆、光纤等物理传输介质进行信息传输的网络。

**4) 按网络的交换功能分类**

(1) 电路交换网。电路交换网在通信期间始终使用该线路而不让其他用户使用，通信结束后断开所建立的路径，才能供其他用户使用。

(2) 报文交换网。报文交换网采用存储转发方式，当源主机和目标主机通信时，网络中的中继节点总是先将源主机发来的报文存储在交换机的缓存区中，并对报文作适当的处理，然后再根据报头中的目的地址，选择一条相应的输出链路。若输出链路空闲，则将报文转发下一个中继节点或目的主机；若输出链路忙，则将装有输出信息的缓冲区排在输出队列的末尾并等待。

(3) 分组交换网。与报文交换网一样，分组交换网采用存储转发方式，将一份长的报文分成若干固定长度的报文分组，以报文分组作为传输的基本单位实现数据的传输。

**5) 按网络的拓扑结构分类**

(1) 星型拓扑结构。如图 1-3 所示，所有的信息流都必须经过中央处理设备，链路从中央交换节点向外辐射，整个网络的可靠性主要取决于中央节点的可靠性。典型的星型网络如 ATM 网。

(2) 环型拓扑结构。如图 1-4 所示，所有的节点相连形成一个环型网络，所有的信息发送需要经过环路中节点才能传输到达目的地，如果其中一个节点发生错误，则整个网络即被破坏。为了防止当链路被破坏时引起全网故障，一般使用双向链路传输数据以达到链路备份的作用。典型的环型网络如令牌环网。

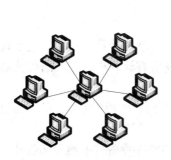
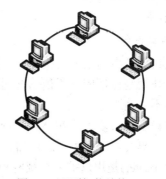

图 1-3　星型拓扑结构　　　　　图 1-4　环型拓扑结构

(3) 总线型拓扑结构。如图 1-5 所示，所有的计算机通过总线连接到网络上，整个网络的可靠性取决于总线，一旦总线发生传输错误，整个网络就无法传输数据。典型的总线型网络如总线型以太网。

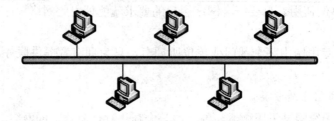

图 1-5  总线型拓扑结构

(4) 树型拓扑结构。如图 1-6 所示，树型拓扑结构是星型拓扑结构的一种扩展，各节点按层次进行连接，信息交换主要在上、下节点间进行，适用于汇集信息的应用系统中。树型拓扑结构是分级的集中控制式网络，与星型拓扑结构相比，其通信线路总长度短，成本较低，节点易于扩充，寻找路径比较方便，但除了叶节点及其相连的线路外，任一节点或其相连的线路故障都会使系统受到影响。

(5) 分布式拓扑结构。如图 1-7 所示，网络中的每台设备之间均有点到点的链路连接。其系统可靠性高、容错能力强，但是结构复杂，必须采用路由选择算法与流量控制方法。

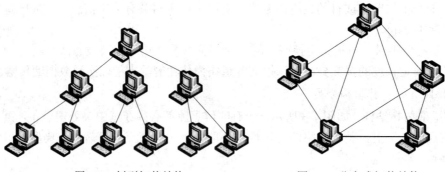

图 1-6  树型拓扑结构            图 1-7  分布式拓扑结构

## 1.2.2  网络的基本组成

从网络系统组成的角度看，计算机网络是由硬件系统和软件系统组成的。

### 1. 硬件系统

#### 1) 网络连接设备

网络连接设备是专门用来连接网络、进行通信控制的计算机设备，它不提供数据处理和计算能力，作用是保证网络通信的畅通无阻，使所有计算机之间的通信能够在互不干扰的情况下有条不紊地进行。

网络连接设备有很多种，在不同的场合下使用不同的网络连接设备。常见的网络连接设备有中继器、集线器、网桥、路由器、交换机、网关等。

中继器(Repeater)是用以扩展局域网覆盖范围的硬件设备。中继器接收从一个介质网段传来的信号，将之整形和放大，然后转发到下一个网段上去。但是，中继器不对信号进行校验等处理，不能区分这些信号到底是有效帧还是冲突产生的碎片，而只是将接收到的信息按原样发送出去。中继器仅用来连接同类型的 LAN 网段。

集线器(Hub)是计算机网络中连接多个计算机或其他设备的连接设备，是对网络进行集中管理的最小单元。集线器实质上是多端口中继器，同时又是一个共享总线。

网桥(Bridge)具有单个的输入端口和输出端口，一般用来有效地将两个相似局域网连接起来，使本地通信限制在本网段内，并转发相应的信号到另一网段，从而减少冲突，以提高网络的性能。

路由器(Router)是在网络层实现互联，并把多个异种网络连接起来的设备。进行路由选择，可使多个网络互连在一起，实现更大范围内资源的共享。路由器的连接对象包括局域网和广域网。

交换机(Switch)用于对信息进行重新生成，并经过内部处理后转发至指定端口，它具备自动寻址能力和交换功能。交换机根据所传递信息包的目的地址，将每一信息包独立地从源端口送至目的端口，避免和其他端口发生碰撞，提高了网络的实际吞吐量。

网关(Gateway)又称网间连接器或协议转换器，在传输层上可实现网络互联，是最复杂的网络互联设备，仅用于两个高层协议不同的网络互联。网关的结构和路由器相似，不同的是互联层。网关既可以用于广域网互联，也可以用于局域网互联，它工作在 OSI 的上三层(会话层、表示层和应用层)，是一种复杂的网络连接设备。

2) 计算机

网络中的计算机主要包括网络工作站和网络服务器。

网络工作站是计算机网络的用户终端设备，通常是 PC 机，主要作用是完成数据传输、信息的浏览以及桌面数据处理功能。在客户/服务器结构的网络中，网络工作站又称为客户机。

网络服务器是一台被网络工作站访问的计算机，一般是一台高性能的计算机。网络服务器是计算机网络的核心部分，既要为本地用户提供软件和处理能力，又要为网络上的其他主机和用户共享本机资源提供开放式的网络资源环境。

网络服务器按不同的划分标准，具有不同的分类。按性能可以分为大型机服务器、小型机服务器、UNIX 工作站服务器以及 PC 服务器；按所提供的服务可分为文件服务器、打印服务器、数据库服务器、电子邮件服务器、Web 服务器、域名服务器等。

3) 传输介质

传输介质是传输系统中发送装置和接收装置之间的物理通路。计算机网络中采用的传输介质分为有线传输介质和无线传输介质两大类。有线传输介质包括双绞线、同轴电缆和光纤；无线传输介质包括红外线、卫星、激光等。

传输介质的特性对网络数据通信的质量有很大的影响，其主要特性有：

- 物理特性：说明了构成传输介质的材料和结构。
- 传输特性：说明了适用的信号类型、传输速率和容量、误码率等。
- 地理范围：网络中各站点之间的最大距离。
- 抗干扰性：防止外界干扰对数据传输影响的能力。
- 相对价格：除了传输介质本身的价格外，还须考虑其安装和维护的价格。
- 连通性：说明了其连通方式。

(1) 双绞线。双绞线是由两根相互绝缘的铜线按一定的扭矩扭绞而成的，扭绞的目的是降低两导线之间的电磁干扰。

双绞线既可以传输数字信号，又可以传输模拟信号。用双绞线传输数字信号时，数据传输率与电缆长度有关，距离短时数据传输率可以高一些。典型的数据传输率为 10 Mb/s 和 100 Mb/s，也可高达 1000 Mb/s。双绞线按是否有屏蔽层又可以分为非屏蔽双绞线(UTP) 和屏蔽双绞线(STP)。图 1-8 和图 1-9 分别给出了 UTP 和 STP 示意图。

图 1-8  UTP 双绞线结构示意图        图 1-9  STP 双绞线结构示意图

根据国际电气工业协会规定的双绞线电气性能，计算机网络所用的双绞线可以分为 1 类、2 类、3 类、4 类、5 类、超 5 类、6 类、超 6 类和 7 类共 9 种双绞线类型。类型数字越大，表明版本越新，技术越先进，带宽也就越宽。计算机网络中最常用的是第 5、超 5 和第 6 类双绞线，它们的主要区别是扭矩(即电缆的扭绞程度)不同。

第 3 类非屏蔽双绞线的带宽是 16 MHz，可用于语音传输和 10Base-T。

第 4 类非屏蔽双绞线的带宽是 20 MHz，可用于语音传输和最高传输速率为 16 Mb/s 的数据传输，主要用于基于令牌的局域网中。

第 5 类非屏蔽双绞线的标识是"CAT5"，带宽可达 100 MHz，可用于语音传输及 100Base-TX 或 ATM。

超 5 类非屏蔽双绞线的标识是"CAT5e"，是在 20 世纪 90 年代末随着网络的不断发展而形成的，功能类似于第 5 类非屏蔽双绞线，但是其抗干扰性、信号衰减等性能优于第 5 类非屏蔽双绞线，具有更强的独立性和可靠性。其带宽可达 155 MHz，传输速率可达 100 Mb/s。

2002 年 6 月，在美国通信工业协会委员会的会议上，正式通过了第 6 类布线标准。第 6 类非屏蔽双绞线的标识是"CAT6"，带宽可达 250 MHz，其传输性能远远高于超 5 类标准，最大速度可达到 1000 Mb/s，能满足千兆位以太网的需求，目前正逐步在网络产品中普及。

超 6 类非屏蔽双绞线的标识是"CAT6e"，它是第 6 类双绞线的改进版，带宽可达 500 MHz，最大传输速率为 1000 Mb/s。超 6 类相对第 6 类来说，在串扰、衰减和信噪比等方面有较大改善，它可在 50℃时依然达到第 6 类标准规定的 20℃的性能指标。

第 7 类双绞线的标识是"CAT7"，是标准中最新的一种双绞线，它不再是一种非屏蔽双绞线，而是一种屏蔽双绞线，它有效地抵御了线对之间的串扰，使得在同一根电缆上实现多个应用成为可能，其传输带宽可达 600 MHz，传输速率可达 10 Gb/s，主要用来支持万兆位以太网的应用。

STP 采用了良好的屏蔽层，所以抗干扰性强，但因价格较贵，在实际组网中应用不多。

双绞线适合应用于点对点的连接，也可用于多点连接，其主要特点是价格比较便宜，但是抗干扰能力较差。

用双绞线作为传输介质时，一般都是使用四对双绞线中的两对。当信号通过双绞线电缆传输时，在电缆内的四对铜线中实际起作用的只有两对，分别是 1、2 引脚和 3、6 引脚，其中 1、2 引脚负责发送数据(TX+，TX−)，3、6 引脚负责接收数据(RX+，RX−)。

实际上，由于网卡上的 RJ-45 插口只使用了 1、2、3、6 这四个脚位来传输和接收数据，因此在制作网线的时候，只要使用两对绞线分别将这四个脚位连接起来就行了。注意：务必让 1、2 引脚使用同一对线，3、6 引脚也使用同一对线。国际标准 T586A 和 T586B 中对双绞线与 RJ-45 的连接方式分别给出了定义，如表 1-1 所示。

表 1-1　双绞线接头线序的定义

| 脚位排列 | T586A 定义的色线位置 | T586B 定义的色线位置 |
| --- | --- | --- |
| 1 | 绿白(G -W) | 橙白(O -W) |
| 2 | 绿(G) | 橙(O) |
| 3 | 橙白(O - W ) | 绿白(G -W) |
| 4 | 蓝(BL) | 蓝(BL) |
| 5 | 蓝白(BL -W) | 蓝白(BL-W) |
| 6 | 橙(O) | 绿(G) |
| 7 | 棕白(BR- W) | 棕白(BR-W) |
| 8 | 棕(BR) | 棕(BR) |

(2) 同轴电缆。同轴电缆是在铜导线的外边包一层绝缘层，绝缘层之外是金属屏蔽层，在屏蔽层之外有一层保护层，如图 1-10 所示。由于其芯线和屏蔽层同轴，因此称为同轴电缆。

同轴电缆可以分为基带同轴电缆(50 Ω)、宽带同轴电缆(75 Ω)和 93 Ω 同轴电缆三类。基带同轴电缆仅用于传输数字信号，宽带同轴电缆可以传输模拟信号和数字信号，93 Ω 同轴电缆主要用于 ARCnet。同轴电缆既适用于点对点的连接，又适用于多点连接。其主要特点是抗干扰能力比较强，但是其价格比双绞线贵，安装比双绞线复杂。目前布线标准已不再推荐使用同轴电缆。

图 1-10　同轴电缆

(3) 光纤。光纤是光导纤维的简称，是一根直径很细的、可弯曲的导光介质。光纤通过内部的全反射来传输一束经过编码的光信号。内部的全反射可以在任何折射指数高于包层介质折射指数的透明介质中进行。图 1-11 所示为光纤结构。

根据光束在光纤中传播的不同模式，光纤可分为单模光纤和多模光纤两种。

图 1-11　光纤结构

单模光纤具有较宽的频带，传输损耗小，允许进行无中继的长距离传输。一般用于邮电通信中的长距离主干线。

多模光纤的频带较窄，传输衰减较大，允许进行无中继传输的距离较短，传输距离一般在 2 km 以内，适用于中短距离的数据传输，多用于局域网中。

总的来说，光纤通信具有损耗低、频带宽、数据率高、抗干扰能力强等优点。

各种网线特征如表 1-2 所示。

**表 1-2　各种网线特征**

| 网线类型 | 网络标准 | 最大单段长度/m | 传输速度/(Mb/s) |
| --- | --- | --- | --- |
| 3 类非屏蔽双绞线 | 10Base-T | 100 | 10 |
| 细同轴电缆 | 10Base-2 | 185 | 10 |
| 粗同轴电缆 | 10Base-5 | 500 | 10 |
| 光纤 | 10Base-F | 2000 | 10 |
| 5 类非屏蔽双绞线 | 100Base-T | 100 | 100 |
| 5 类非屏蔽双绞线 | 100Base-TX | 220 | 100 |
| 光纤 | 100Base-F | 2000 | 100 |
| 光纤 | 1000Base-F | 2000 | 1000 |

(4) 无线介质。常用的无线介质有微波、红外线和激光等。无线介质利用不同频率的电磁波在空间的传播来传送信息。和有线传输介质相比较，无线介质可以应用于可移动点之间的数据传输。但是，无线介质对环境比较敏感，容易受到环境的干扰，易被窃听，安全性比较差。

4) 其他网络设备

其他网络硬件设备还有网络接口卡(也叫网络适配器)、集中器、复用器、调制解调器以及网络连接和布线配件等。

**2. 软件系统**

1) 网络操作系统

网络操作系统是管理共享资源，并且提供多种服务功能的系统软件，是网络的核心。网络操作系统控制网络中文件的传输方式以及处理的效率，是网络与用户之间的界面。

网络操作系统是一种运行在硬件基础上的网络操作和管理软件，是网络软件系统的基础，它建立起一种集成的网络系统环境。

网络操作系统除了具有常规操作系统所有的功能外，还具有通信管理功能、网络范围内的资源管理功能和网络服务功能。

目前广泛使用的网络操作系统有 Windows Server、UNIX、Linux 等。

2) 网络协议软件

网络协议软件是计算机网络中通信各部分之间所必须遵守的规则的集合，定义了通信各部分交换信息时的顺序、格式和词汇。它是网络中计算机之间进行通信的一种公用语言。网络中的任意两台计算机要进行通信，都必须使用相同的通信协议。

典型的协议软件有 TCP/IP、IPX/SPX、IEEE 802 标准协议、X.25 协议等。

3) 网络应用软件

网络应用软件是在网络环境下直接面向用户的软件。计算机网络通过网络应用软件为用户提供信息资源的传输、资源共享等服务，如电子邮件、Web 服务器及相应的浏览和搜索工具、网上金融业务、电信业务管理、数据库及办公自动化等软件。

4) 网络管理软件

网络管理软件提供性能管理、配置管理、故障管理、计费管理和网络运行状态监视与统计管理等功能。网络管理软件种类很多，不同的网络可选择相应的网络管理软件。

# 1.3　以太网技术

以太网(Ethernet)是 20 世纪 70 年代初期由美国 Xerox(施乐)公司开发研究的，并于 1975 年推出了第一个局域网。1980 年，美国 Xerox、DEC 和 Intel 三家公司联合开发了第二代以太网，制定了 10 Mb/s 以太网技术标准，这是世界上第一个局域网的标准。后来的以太网标准 IEEE 802.3 就是参照以太网技术标准建立的，两者基本兼容。

为了与后来出现的快速以太网相区别，通常又将按 IEEE 802.3 规范生产的以太网产品简称为以太网。

## 1.3.1　以太网介质访问控制技术

### 1. 载波监听多路访问技术/冲突检测(CSMA/CD)

以太网采用的介质访问控制方式是带有冲突检测的载波监听多路访问(CSMA/CD，Carrier Sense Multiple Access/Collision Detection)技术和带有冲突避免的载波监听多路访问(CSMA/CA，Carrier Sense Multiple Access/Collision Avoidance)技术。其中，在 CSMA/CD 技术中，网络上所有的站点均处于平等地位，站点之间需经过竞争来获得数据的发送权。

以太网中，在同一时刻只允许一个站点在以太网上发送信息。在这种模式下，当发送者在以太网上发送数据之前要先检测，以确定以太网是否"闲"，即网上有无数据传输。如果没有数据传输，则发送信息，不再需要进行其他检测；如果以太网"忙"，即正在传输数据，则发送者要等待一段时间后，再尝试发送。这一过程称为"冲突检测"。CSMA/CD 的流程图如图 1-12 所示。

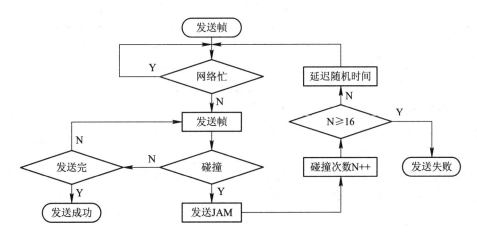

图 1-12　CSMA/CD 流程图

CSMA/CD 协议基本的思想是"竞争—冲突—重发"，各个节点为了发送各自的数据而竞争总线信道，此方法能够有效地利用信道。当然，这种竞争应当是合理的竞争，就绪站点必须监听到信道空闲后才能发送数据帧，如果在知道信道忙的情况下强行发送数据，则必会导致冲突，从而两败俱伤。合理竞争是在所难免的，即当有一个以上的就绪站点同时监听到信道空闲时，它们必然会因检测到信道的空闲而发送各自的数据帧，这样的结果必然导致冲突，此时就要运行退避算法(JAM)，以进行数据的重发。此外，由于信号在总线上的传播延迟，即使多个站点并未同时发送数据也有可能因为传播延迟而引起冲突。

当然，也可以通过冲突检测技术来防止冲突。其中，最简单的方法是检查接收到的信号电压的幅值，如果电压的幅值增大很多，则说明信号在传输时发生了冲突。另外，也可以通过发送站点一边发送一边接收自己发出的信息来防止冲突。如果发出的信息与收到的信息不一致，则可以判断信号发生了冲突。通过此类方法，可以避免数据在传输时发生错误。

### 2. 载波监听多路访问技术/冲突避免(CSMA/CA)

CSMA/CA 不如 CSMA/CD 流行。在 CSMA/CA 中，计算机发送数据前会发出一个警示信息，表明自己想发送数据，这样就可以避免冲突，但是也使得网络的速度变慢。

### 3. 优先级请求

优先级请求是一种新的访问方法，这种方法是给集线器的每个端口设置优先级别，如果有多个节点同时发送数据，就根据它们的优先级的先后顺序进行发送。

## 1.3.2　以太网

以太网可以使用粗同轴电缆、细同轴电缆、非屏蔽双绞线、屏蔽双绞线、光纤等多种传输介质，并且在 IEEE 802.3 标准中，为不同的传输介质制定了不同的物理层标准。常见以太网标准如表 1-3 所示。

表 1-3　常见以太网标准的比较

| 特　性 | 10Base-5 | 10Base-2 | 10Base-T | 10Base-F |
|---|---|---|---|---|
| 数据速率/(Mb/s) | 10 | 10 | 10 | 10 |
| 信号传输方式 | 基带 | 基带 | 基带 | 基带 |
| 最大网段长度/m | 500 | 185 | 100 | 2000 |
| 传输介质 | 50 Ω 粗同轴电缆 | 50 Ω 细同轴电缆 | UTP | 光缆 |
| 拓扑结构 | 总线型 | 总线型 | 星型 | 点对点 |

### 1. 10Base-5

10Base-5 也称为粗缆以太网，使用直径为 0.4 英寸、阻抗为 50 Ω 粗同轴电缆作为传输介质。

10Base-5 组网的主要硬件设备有粗同轴电缆、带有 AUI 插口的以太网卡、中继器、收发器、收发器电缆、终结器等。

### 2. 10Base-2

10Base-2 也称为细缆以太网，使用直径为 0.2 英寸、阻抗为 50 Ω 细同轴电缆作为传输介质。

10Base-2 组网的主要硬件设备有细同轴电缆、带有 BNC 插口的以太网卡、中继器、T型连接器、终结器等。

### 3. 10Base-T

10Base-T 使用双绞线作为传输介质。

10Base-T 组网的主要硬件设备有第 3 类或第 5 类非屏蔽双绞线、带有 RJ-45 插口的以太网卡、集线器、交换机、RJ-45 插头等。

10Base-T 的物理拓扑结构已经从总线型变为星型，即以 10 M 集线器或 10 M 交换机为中心的星型拓扑结构。但其逻辑结构一般认为是总线型，介质访问控制方法也没有改变。

10Base-T 推动了以太网技术的大发展，主要表现在以下三个方面：

(1) 拓扑结构采用星型结构。

(2) 突破了双绞线不能进行 10 Mb/s 以上速度传输的传统技术限制。

(3) 在发展后期，引入了第二层交换机，它取代第一层的集线器，作为星型拓扑的核心，从而使以太网从共享式以太网时代进入到交换式以太网时代。

随着技术的不断发展，出现了以光纤为传输介质的以太网，其网络传输性、屏蔽性相对于同轴电缆和双绞线以太网来说可靠性更高，但是其价格比较昂贵，且发生故障时不易测试。

## 1.3.3　快速以太网

快速以太网是在 10Base-T 和 10Base-F 技术的基础上发展起来的、具有 100 Mb/s 传输速率的以太网，向下兼容 10Base-T 和 10Base-F，其访问控制方式依照的是 IEEE 802.3u 的基本标准，所以 10 Mb/s 以太网可以非常平滑地过渡到快速以太网。

IEEE 802.3u 的 MAC 子层仍然使用 IEEE 802.3 的帧格式和 CSMA/CD，但物理层采用了新的标准，即 100Base-T 标准。所以，快速以太网也称为 100Base-T 以太网。

100Base-T 标准允许使用多种传输介质，图 1-13 给出了 100Base-T 支持的传输介质的标准。

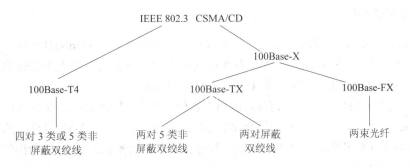

图 1-13　100Base-T 支持的传输介质标准

在 100 Mb/s 的以太网中采用的是保持最短帧长不变，而将最大电缆长度减少到 100 m 的标准，在 1995 年定义的标准中规定了三种不同的物理标准。

(1) 100Base-TX，使用两对 UTP5 类线或 STP，双绞线最大长度为 100 m。其中一对双绞线用于发送数据，另一对用于接收数据。

(2) 100Base-FX，使用 2 芯多模或单模光纤，一条用于发送数据，另一条用于接收数据，最大长度为 2000 m，主要用于高速网络中。

(3) 100Base-T4，使用四对 UTP3 类线或 UTP5 类线。

组建 100Base-T 以太网必须使用 100Base-T 交换机、100 Mb/s 网卡或 10/100 Mb/s 自适应网卡。组网方法与 10Base-T 相似。

快速以太网的最大优点是结构简单、实用、成本低，目前主要用于连接到桌面。

### 1.3.4　千兆以太网

1996 年 3 月，IEEE 802 委员会成立了 IEEE 802.3Z 工作组，专门负责千兆以太网及其标准的制定，并于 1998 年 6 月正式公布了千兆以太网的标准。千兆以太网是对以太网技术的再次扩展，其数据传输率为 1000 Mb/s，与以太网和快速以太网完全兼容，从而使得原有的 10 M 以太网和快速以太网可以方便地升级到千兆以太网。

千兆以太网络的标准主要针对四种类型的传输介质：

(1) 1000Base-CX：使用屏蔽双绞线(STP)，长度不超过 25 m。

(2) 1000Base-TX：使用四对 5 类非屏蔽双绞线，长度不超过 100 m。

(3) 1000Base-SX：使用多模光纤，长度不超过 550 m。

(4) 1000Base-LX：使用单模光纤，长度不超过 3000 m。

组建千兆以太网必须使用千兆以太网交换机、1000 Mb/s 网卡或 100/1000 Mb/s 自适应网卡。组网方法与快速以太网相似。

目前，千兆交换机构成了网络的骨干部分。千兆网卡安插在服务器上，通过布线系统与交换机相连。千兆交换机还可以向下连接百兆交换机，百兆交换机直接连接到桌面工作站，这就是所谓的"百兆到桌面"。在有些专业图形制作、视频点播应用中，还可能会用到"千兆到桌面"。

千兆以太网已经发展成为主流网络技术，从几十人的中、小型企业，到成千上万人的大型企业，在建设企业局域网时都会把千兆以太网技术作为首选。

### 1.3.5　万兆以太网

1999 年底成立的 IEEE 802.3ae 工作组主要进行万兆以太网(10 Gb/s)技术的研究，并于 2002 年正式发布了 802.3ae 10GE 标准。万兆以太网不仅再次扩展了以太网的带宽和传输距离，更重要的是使以太网从局域网领域向城域网领域渗透。

万兆网的 IEEE 802.3ae 标准只支持光纤作为传输介质，其物理层有以下三种：

(1) 10GBase-X：使用一种特紧凑包装，含有一个较简单的 WDM 器件，四个接收器和四个在 1300 nm 波长附近以大约 25 nm 为间隔工作的激光器；每一对发送器/接收器在 3.125 Gb/s 速度下工作。

(2) 10GBase-R：使用 64B/66B 编码的串行接口，时钟速率为 10.3 Gb/s，数据流为 10 Gb/s。

(3) 10GBase-W：是广域网接口，与 SONET OC-192 兼容，时钟速率为 9.953 Gb/s，数据流为 9.585 Gb/s。

在物理拓扑上，万兆以太网既支持星型或扩展星型连接，也支持点到点连接及星型与点到点连接的组合。万兆以太网只支持全双工方式，继承了 802.3 以太网的帧格式和最大/最小帧长度，从而能充分兼容已有的以太网技术。

# 1.4　广域网技术

广域网是作用在地理范围从数十千米到数千千米，可以连接若干个城市、地区甚至跨越国界，遍及全球的一种计算机网络。常见的广域网设备有路由器、广域网交换机、调制解调器、通信服务器等。

## 1.4.1　数据交换

在计算机网络中，如果在每两台需要通信的计算机之间用一条链路连接，就需要大量的链路，成本很高。同时，由于每两台计算机之间并不是任何时刻总在通信，因此链路的使用效率就很低。所以，在广域网中，各个用户使用的计算机并不是直接连接在一起的，而是全连接在通信子网上，通过通信子网之中的节点转接，即需要通过多个中间节点将信息从发送端发送到接收端。对于具体的通信来说，由于每一个中间节点都要与多个节点相连接，就需要他们将数据的输入端与输出端正确地接通，以便到达下一节点，最终到达数据的传输目的地，此过程称为数据交换。实现数据交换的节点又称为交换节点，在交换节点上，输入端与输出端之间的接通可以是物理上的接通，也可以是逻辑上的接通。

传统的数据交换方式有电路交换、报文交换、报文分组交换等。

### 1. 电路交换

电路交换是数据通信领域最早使用的交换方式。通过电路交换进行通信，就是通过中间交换节点在两个站点之间建立一条专用的通信线路，使收、发双方直接接通，数据始终通过这条物理线路传输，直到本次通信结束才撤消这条物理通路。最普通的电路交换的例子是电话通信系统。

利用电路交换进行数据通信要经历建立通路、传输数据、撤消电路三个阶段。在一次连接中，电路资源预分配给一对用户固定使用，如同专线一样，交换机的电路不再干预信息的传输，在用户之间提供完全"透明"的信号通路。电路交换一般应用于传输信息量大、通信对象比较固定的场合。

它有以下主要优点：

(1) 数据传输的实时性好，除了同线路的传输时延外，没有其他时延，各交换节点之间的延迟可以忽略不计。

(2) 数据信息在信号通路中是"透明"传输的，交换机对信息不进行存储、分析和处理，交换机的处理开销比较小。

它有以下主要缺点：

(1) 电路交换占用的时间较长，在线路接通后，收、发双方的线路一直被占用而不论是否有数据在传输，其他用户都不能使用，使用效率比较低。

(2) 在进行数据传输时要保证通信双方同时处于激活状态。

(3) 中间节点无法发现和纠正传输过程中发生的数据差错。

(4) 当网络信息量很大时，会出现通信线路的拥塞。

### 2. 报文交换

报文交换是指把发送端需要发送的信息不论长短，都作为一个数据单元按存储转发方式进行数据传输。在这个数据单元内除了信息外，还有收发双方的地址和其他控制信息，这样的数据单元称为报文。典型的数据报文格式如图 1-14 所示。报文交换就是以报文为单位的存储交换。

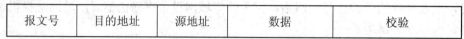

| 报文号 | 目的地址 | 源地址 | 数据 | 校验 |

图 1-14 数据报文格式

在报文交换过程中，每个节点收到报文后先进行校验。如果校验正确，则向上一节点发出正确应答，并且通过路由表选择下一节点，等通向该节点的信道空闲时，把本节点的报文转发出去；如果在校验时发现错误，则向上一节点发出错误应答。对于上一节点，如果收到的是正确的应答，则删除它所存储的报文副本；如果收到的是错误的应答，则重发存储的报文副本；如果在规定的时间内没有收到应答信息，则重发报文副本。

报文交换的特点是交换机要对用户信息进行存储和处理，适用于电报业务和电子信箱业务等相关行业。

它有以下主要优点：

(1) 线路利用率高。许多报文可以分时共享一条节点到节点的通道。

(2) 不需要同时启动发送器和接收器来传输数据，网络可以在接收器启动之前，暂存报文信息。

(3) 一个报文可以同时发送到多个目的地。

它有以下主要缺点：

(1) 传输延迟长。在报文交换过程中，报文一般都比较长，在交换节点上存储和等待转发所产生的时间延迟比较大。

(2) 交换机必须具有存储大量报文信息和高速分析处理报文的功能，增大了交换机的投资费用。

### 3. 报文分组交换

报文分组交换简称分组交换，又称包交换，是兼具电路交换和报文交换两者优点的一种交换方式。报文分组交换仍然采用报文交换的“存储－转发”技术，但是不像报文交换那样以整个报文为单位进行交换，而是设法将一份较长的报文分解成若干固定长度的段，在每个数据段中加入地址信息和控制信息，形成分组，并以分组为单位进行传送。

它有以下主要优点：

(1) 数据传输延迟小，能较好地满足交互型通信的实时性要求。

(2) 容易建立灵活的通信环境。

(3) 可靠性好，分组作为独立的传输实体，便于实现数据的传输。

它有以下主要缺点：

(1) 传输效率低。在分组交换中，为了保证分组传输的正确与可靠性，除了必须给各个分组加上控制信息外，还要设计若干控制分组流量等的控制信息，故传输效率较低。

(2) 技术实现复杂。交换机要对各种类型的分组进行分析处理，为分组提供传输路由，为数据终端设备提供传输速率、通信规程等的交换，为网络的维护管理提供必要的报告信息等，这就要求交换机具有较强的处理功能。

### 1.4.2 多路复用技术

在计算机网络中，传输信道是网络的重要资源，既然不能在每两台计算机之间铺设一条通信线路，就要求存在共享通信线路。如何充分、有效地利用通信线路，对于同时产生的信道如何合理地分配是网络主要任务之一。为了能够有效地利用传输系统，可以采用多路复用技术。传统的多路复用技术分为频分多路复用、时分多路复用和码分多路复用三种，其中前两种比较常用。

**1. 频分多路复用(FDM，Frequency Division Multiplexing)**

频分多路复用是指当一个物理信道的可用带宽超过单个信号源的信号带宽时，就可以把信道带宽按频率划分为若干个子信道，每个子信道占用物理信道的一部分，并且每个子信道之间有一定的频率间隔，以防止信号相互干扰。频分多路复用常用于模拟信号的传输。

**2. 时分多路复用(TDM，Time Division Multiplexing)**

时分多路复用是当一条通信线路的位传输速率大于单一信号源所要求的传输速率时所采用的一种方法。把一个物理信道从时间上分割为多个很短的时间段，使多个信号源轮流占用信道，每个信号源每次使用一个时间间隙，循环使用能够保证各路设备共用一条信道进行相互通信而不相互干扰。时分多路复用通常用于数字信号传输与模拟信号传输。

**3. 码分多路复用(CDM，Code Division Multiplexing)**

码分多路复用是指给每个用户分配一个地址码且码型互不重复，其特点是频率和时间资源均可共享。

### 1.4.3 帧中继

帧中继(Frame Relay)是分组交换技术的一种新发展。20 世纪 70 年代分组交换技术的通信环境主要是模拟通信网，终端设备未智能化，通信线路的传输质量也较差。在数据通信环境不断改善、用户对高速传输技术不断提出更高要求的情况下，20 世纪 80 年代末出现了帧中继技术，并于 20 世纪 90 年代初开始投入市场。帧中继技术采用在中间节点对数据无误码纠错的方法，缩短了传输时延。

帧中继技术是在 OSI 第二层上用简化的方法传送和交换数据单元的一种技术。帧中继技术是在分组技术充分发展、数字与光纤传输线路逐渐代替已有的模拟线路、用户终端日益智能化的条件下诞生并发展起来的。

帧中继仅完成 OSI 物理层和数据链路层的功能，将流量控制、纠错功能等留给智能终端去完成，大大简化了节点机之间的协议。

帧中继采用虚电路技术，能充分利用网上资源，因而帧中继具有吞吐量高、时延低、适合突发性业务等特点。

当用户的带宽需求为 64 Kb/s～2 Mb/s，而参与通信的节点多于两个时，使用帧中继是一种较好的解决方案。

当通信距离较长时，帧中继的高效性可以使用户享有较好的经济性。

当用户传送的数据突发性较强时，由于帧中继具有动态带宽分配的功能，因而选用帧中继可以有效地处理突发性数据。

帧中继主要应用在广域网中，支持多种数据型业务，如局域网互联、图像查询业务、图像监视、文件传送、CAD/CAM。根据数据通信的时间，最适用于帧中继通信应用的领域是局域网的互联。

目前，帧中继可以提供的速率为(1.5～2) Mb/s，并正在研讨发展 45 Mb/s 速率的计划。

但目前帧中继还不适合于传送大量的 100 MB 文件、多媒体文件或不间断型数据流的应用，对流量控制尚显不足，缺少对交换虚电路(SCV)的支持。

帧中继是当前数据通信中的一种重要网络技术，作为高速数据接口，帧中继可实现局域网互连、局域网与广域网连接，并可在分组交换数据网上提供高速传输业务。

### 1.4.4　DDN

DDN 是数字数据网(Digital Data Network)的英文简称，由数字电路、DDN 节点、网络控制和用户环路组成，可以为用户提供各种速率的高质量数字专用电路和其他业务，满足用户多媒体通信和组建中、高速计算机通信网的需求。

数字数据业务(DDS，Digital Data Service)通过 DDN 向用户提供永久性或半永久性连接电路，可将各种速率的数据信息按照不同的接口标准集合到更标准的数字信道上进行传输。

数字数据专线可实现一线多用，既可以通话、传真、传送数据，还可以组建会议电视系统、开放帧中继业务；或组建自己的虚拟专网(VPN)，享用自己专有的网络平台。

DDN 是利用数字信道为用户提供话音、数据、图像信号的半永久性连接电路的传输网络。所谓半永久性连接，是指 DDN 所提供的信道是非交换型的，用户之间的通信通常是固定的。一旦用户提出改变申请，就由网络管理人员(或在网络允许的情况下由用户自己)对传输速率、传输数据的目的地与传输路由进行修改，但这种修改不是经常性的，所以称做半永久性交叉连接或半固定性交叉连接。它克服了数据通信专用链路固定性永久连接的不灵活性。DDN 的连接结构如图 1-15 所示。

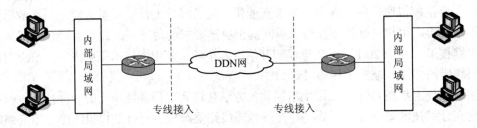

图 1-15　DDN 连接结构

DDN 可为公用数据交换网、各种专用网、无线寻呼系统、可视图文系统、高速数据传真以及邮政储汇计算机网络等提供中继或用户数据信道；可为帧中继、虚拟专用网、LAN以及不同类型网络的互连提供网间连接。

租用一条 DDN 国际专线，采用新的压缩技术，用户可以获得 6 路话路，还可以灵活地将 64 kb/s 划分为 2.4 kb/s(传送电报)、8 kb/s(传送电话)、9.6 kb/s(计算机连网)等，非常经济方便。

由于 DDN 独立于电话网，因此可使用 DDN 作为集中操作维护的传送手段。不论交换机处于何种状态，它均能有效地将信息送到集中操作维护中心。

DDN 必须要求全网的时钟系统保持同步，否则在实现电路的转换、分支与复接时就会遇到较大的困难，在这方面它不如模拟传输方式灵活，而且建网投资成本较大。

DDN 是把数据通信技术、数字通信技术、计算机技术、光纤通信技术以及数字交叉连接技术结合在一起的数字通信方式，可以提供高速度、高质量的通信信道。我国 DDN 骨干网一期工程于 1994 年 10 月 22 日正式开通，目前已经通达直辖市及各省会城市。

### 1.4.5　ATM

#### 1. ATM 的产生

20 世纪 80 年代末，产生了 ATM(Asynchronous Transfer Mode)技术，即异步传输模式。ATM 是一种快速分组交换技术。由于 ATM 中的分组称为信元，所以也叫信元交换。

传统的数据交换方法有三种：电路交换、报文交换和报文分组交换，广泛使用的是电路交换和报文分组交换。电路交换的实时性好，但信道利用率低，浪费了传输介质的传输能力；分组交换的信道利用率高，但是时延大。而现代通信中，对信道质量的要求更高，传输的信息类型也更多，不但有很高实时性的语言信息和高可靠性的数据业务，还有数据量大、实时性强的多媒体信息。为了适应网络传输的新要求，产生了 ATM 技术。ATM 结合了电路交换实时性好和报文分组交换信道利用率高的特点，是一种应用于多媒体信息传输的快速交换技术。

#### 2. ATM 技术的特点

在 ATM 网络中，用户发出信息的数字信号被分成固定长度的许多信元，每个信元有 53 个字节，其中信元的头部占 5 个字节，后面 48 个字节是用户数据部分，包含要传输的各种信息，如图 1-16 所示。

| 头部(5 个字节) | 用户数据部分(48 个字节) |
|---|---|

图 1-16　信元格式

ATM 代替了传统网中可变信息单元长度，克服了传输信息延时抖动值无法估计的弊端，能够达到多媒体业务的综合，可以应用于很低的数据速率，也可以应用于很高的数据速率，具有很大的灵活性。这是 ATM 技术最显著的特征。

ATM 是面向连接的技术，可保持电路交换适合于实时性很强的业务的优点。对于用户来说，ATM 既可以工作于确定方式以支持实时性业务，也可以工作于统计方式以支持突发性业务。它是通过建立虚连接来传输数据的。

ATM 技术结合了电路交换和报文分组交换的优点，可以动态分配链路的带宽，能够最大限度地利用已有带宽，传输效率比较高。

ATM 把逻辑子网同物理子网划分开，允许在物理上分布的网络用户组建立虚拟局域网(VLAN)，从而简化了网络管理，增强了网络的适应能力。

ATM 支持的数据传输率有 25 Mb/s、55 Mb/s、155 Mb/s、622 Mb/s 和 2448 Mb/s，典型速率为 155 Mb/s 和 622 Mb/s。对应于不同信息类型的传输特性，ATM 可以提供不同的服务质量(QoS)来适应这些差别。

在实际应用中，ATM 可应用于视频点播(VOD)、宽带信息查询、远程教育、远程医疗、远程协同办公和高速骨干网等各个领域。

# 1.5　Internet、Intranet 和 Extranet 技术

随着知识经济的到来和信息技术的日益更新，人们已经离不开 Internet。Internet 为全世界的人们提供大量的信息资源，如收发电子邮件、打 IP 电话、网上购物、查阅资料、接受远程教育等。Internet 是一个全球性的计算机网络，所有用户都是它的用户范围。

Intranet、Extranet 都是基于 Internet 技术的。Intranet 是指企业内部网，与传统的企业内部局域网不同，Intranet 是按照 Internet 的技术建立的企业内部网，仅供企业内部使用，不对外公开，而且仅对一些合作者开放或向公众提供有选择的服务。Extranet 是由广域网连接的两个或者多个 Intranet 的网络组成的，可有目的地或有条件地与外界交换信息，如合作伙伴等。Internet 范围最大，Extranet 次之，Intranet 最小。

## 1.5.1　Internet 技术

### 1. Internet 的概念与历史

Internet 是由 ARPANET 的发展而逐步形成的。Internet 是一个使用 TCP/IP 协议连接各个国家、各个地区、各个机构的计算机网络的数据通信网。Internet 是由各种不同类型和规模的主机或网络组成的一个特大型网络，是成千上万信息资源的汇总，所有的资源分布在世界各地的数千万台计算机上，涉及政治、经济、文化、娱乐、科学等社会的各个方面与领域。

1969 年，ARPANET 网建成，它采用分组交换技术。1974 年，TCP/IP 协议诞生，1980年，ARPANET 网上的计算机开始采用新的 TCP/IP 协议进行通信；1983 年，ARPANET 上的协议完全过渡到 TCP/IP。

ARPAET 起初用在军事上，为顾及国防安全，美国在 1983 年将原先的 ARPANET 分为两个网络，其一是 Milnet，是网络的机密部分，仅供美国国防部使用；另一是剩余的ARPANET，仅供与政府签约合作的科研和教育机构使用。

1985 年，美国国家科学基金会(NSF)筹建了 6 个超级计算机中心及国家教育科研网，1986 年形成了用于支持科研和教育的全国性规模的计算机网络 NSFNET，并面向社会开放，实现超级计算机中心的资源共享。NSFNET 也采用 TCP/IP 协议，并连接 ARPANET。NSFNET实际上取代了 ARPANET，成为 Internet 的主干网。从此，Internet 开始迅速发展起来。

20 世纪 90 年代初，商业机构开始进入 Internet。1994 年，NSF 宣布不再给 NFSNET的运行和维护以经费支持，而由其他一些公司运行维护。至此，Internet 彻底完成商业化，形成今天最为著名的遍及世界各地的互联网。目前，Internet 已进入了全新的时期，并朝着商业化、全民化和全球化的趋势发展。

从 20 世纪 90 年代开始，Internet 在中国得到了迅速发展。目前，我国已经建立了多个Internet 主干网，覆盖了全国所有的省、市、自治区。

我国 Internet 的发展大致经历了以下三个阶段。

　　1986 年，北京市计算机应用技术研究所开始与国际联网，建立了中国学术网
CANET(Chinese Academic Network)。1987 年 9 月，CANET 建成中国第一个国际互联网
电子邮件节点，并于 9 月 14 日发出了中国第一封电子邮件，标志着我国 Internet 时代的
到来。

　　1993 年 12 月，以高速电缆和路由器将北京中科院、北京大学、清华大学的校园网的
主干网互连，组成了 NCFC 网。1994 年 4 月，NCFC 开通了连入 Internet 的 64 kb/s 国际专
线，实现了与 Internet 的全功能连接。1994 年 5 月，建立了中国国家顶级域名(CN)服务器，
并将其放置在国内。1995 年 1 月，NCFC 开始向社会提供 Internet 接入服务。

　　从 1995 年开始，我国 Internet 应用进入到商业应用领域，并得到了突飞猛进的发展。
目前，我国有六大 Internet 国际出口，国内有四个与 Internet 连接的网络，分别是：中国科
学院的"中国国家计算机与网络设施"，简称 CSTnet 网；教育部的"中国教育和科研计算
机网络示范工程"，简称 CERnet；信息产业部的"中国公用计算机互联网络"，简称
CHINAnet；信息产业部所属的吉通公司负责建设的"国家公用经济信息通信网"，简称
ChinaGBN(金桥网)。其中，CHINA net 的国际线路容量所占比重最大。

　　根据中国互联网络信息中心(http://www.cnnic.net.cn/)发布的《中国互联网络发展状况统
计报告》，表 1-4 给出了中国互联网发展状况的有关统计数据。

**表 1-4　中国互联网发展状况统计表**

| 截止日期 | 上网计算机数 /万台 | 上网用户数 /万人 | CN 下注册的域名 /万个 | WWW 站点数 /万个 | 国际出口带宽 /(Mb/s) |
|---|---|---|---|---|---|
| 1997 年 12 月 31 日 | 29.9 | 62 | 0.4066 | 0.15 | 25.408 |
| 1998 年 12 月 31 日 | 74.7 | 210 | 1.84 | 0.53 | 143.256 |
| 1999 年 12 月 31 日 | 350 | 890 | 4.87 | 1.52 | 351 |
| 2000 年 12 月 31 日 | 892 | 2250 | 12.21 | 26.54 | 2799 |
| 2001 年 12 月 31 日 | 1254 | 3370 | 12.73 | 27.71 | 7597 |
| 2002 年 12 月 31 日 | 2083 | 5910 | 17.9 | 37.1 | 9380 |
| 2003 年 12 月 31 日 | 3089 | 7950 | 34 | 59.6 | 27 216 |
| 2004 年 12 月 31 日 | 4160 | 9400 | 43.21 | 66.9 | 74 429 |
| 2005 年 12 月 31 日 | 4950 | 11 100 | 109.69 | 69.4 | 136 106 |
| 2006 年 12 月 31 日 | 5940 | 13 700 | 180 | 84.3 | 256 696 |
| 2007 年 12 月 31 日 | — | 21 000 | 900 | 150 | 368 927 |
| 2008 年 12 月 31 日 | — | 29 800 | 1357 | 288 | 640 287 |
| 2009 年 12 月 31 日 | — | 38 400 | 1346 | 323 | 866 367 |
| 2010 年 12 月 31 日 | — | 45 700 | 435 | 191 | 1 098 956 |
| 2011 年 12 月 31 日 | — | 51 300 | 353 | 230 | 1 389 529 |

## 2. Internet 的组成

Internet 使用 TCP/IP 协议连接各个国家、各个地区、各个机构的计算机网络的数据通

信网。Internet 在组成上可归纳为以下几个部分。

1) 通信线路

通信线路将 Internet 中的计算机、路由器等设备连接起来，是 Internet 的基础设施，如光缆、铜缆、卫星和无线等。通信线路带宽越宽，传输速率就越高，传输能力也越强。

2) 路由器

路由器是 Internet 中最重要的设备，可实现 Internet 中各种异构网络间的互联，并提供最佳路径选择、负载平衡和拥塞控制等功能。

3) 终端设备

接入 Internet 的终端设备可以是普通 PC 机、服务器、巨型机等，它是 Internet 中不可缺少的设备。终端设备分服务器和客户机两大类，服务器是 Internet 服务和信息资源的提供者，有 WWW(World Wide Web，简称 Web)服务器、电子邮件(E-mail)服务器、文件传输(FTP，File Transfer Protocol)服务器等，为用户提供 Internet 上的信息服务。客户机是 Internet 服务和信息资源的使用者。

4) 计算机网络

计算机网络是指连接在 Internet 上分布于世界各地的各种计算机网络，这些网络可以是采用不同的局域网或广域网技术实现的异构网络，所有网络统一使用 TCP/IP 协议互联在一起，实现资源共享。

Internet 的"网际网"逻辑结构如图 1-17 所示。

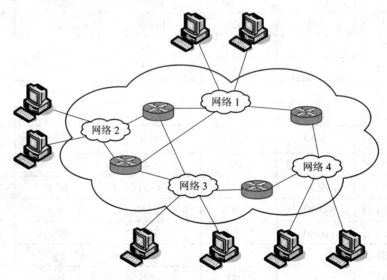

图 1-17　Internet 的"网际网"结构

### 3. Internet 的服务与应用

Internet 为用户访问信息资源和相互通信提供了一系列的网络服务，其中主要的服务如表 1-5 所示。

Internet 在各个领域得到广泛的应用，如信息交流、教育科研、医疗、政府工作、商业领域、娱乐等各个领域，其应用将越来越广。

表 1-5　Internet 提供的主要服务

| 英文名称 | 中文名称 | 服务功能 |
|---|---|---|
| Telnet | 远程登录 | 连接并使用远程主机 |
| E-mail | 电子邮件 | 发送和接收电子邮件 |
| Mailing List | 邮递表 | 多用户邮件的分发 |
| Finger | 查询 | 查询显示用户或主机信息 |
| Anonymous FTP | 匿名文件传输 | 公共文档的传输与复制 |
| Archie | 文档服务器 | 搜索匿名的 FTP 文档 |
| Gopher | 信息检索 | 以菜单驱动的信息检索系统 |
| WAIS | 广域信息服务器 | 数据库信息检索系统 |
| WWW | 万维网 | 超文本信息访问系统 |
| Usenet | 新闻论坛 | 专题讨论系统 |
| Talk | 对话 | 与个人的实时交互式通信 |
| ICQ | 网上传呼 | 网上即时交谈、网上搜索 |
| White Pages | 电子白皮书 | 电子化的电话号码簿 |
| BBS | 电子公告牌系统 | 信息共享系统 |
| Electronic Magazine | 电子杂志 | 电子出版物 |
| MUD | 多用户空间 | 虚拟真实系统 |

**4. 下一代 Internet(Internet Ⅱ)**

Internet 使用 TCP/IP 协议，使用 IPv4 版本，一方面，随着未来新的大量用户群的增加，如信息家电、移动终端、工业传感器、自动售货机和汽车等的需求，IPv4 无法为这些用户群提供服务；另一方面，新的分布式多媒体在线应用需要新的网络体系结构。新的网络体系结构包括转发机制、服务质量、网络内节点的智能化计算、案例以及减少高层协议的处理开销等。

Internet Ⅱ由大学高级因特网发展联盟(U-CAID)于 1998 年提出，有 170 所大学参加，致力于发展 IPv6、多点传输、服务质量技术、数字图书馆技术及虚拟实验室等应用。

IPv6 使用 128 位的地址空间替代 IPv4 的 32 位地址空间，大大扩充了 Internet 的地址容量，同时在安全性、服务质量及移动性等方面有较大的改进。

## 1.5.2　Intranet 技术

**1. Intranet 的概念与组成**

Intranet 是基于 TCP/IP 协议、使用 WWW 工具、采用防止外界侵入的安全措施、为企业内部服务并有连接 Internet 功能的企业内部网络，其基本组成如图 1-18 所示。

Intranet 的结构采用浏览器/服务器模式，如图 1-19 所示。Intranet 客户端不再与服务器直接相连，而是与 Web 服务器相连，Web 服务器再与数据库服务器相连。用户请求先送到 Web 服务器，再由 Web 服务器通过公用网关接口(CGI)送到数据库服务器。Web 服务器负责将处理结果格式化为 HTML 格式，最后送给用户的浏览器。

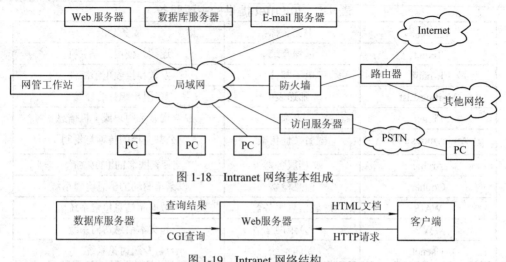

图 1-18 Intranet 网络基本组成

图 1-19 Intranet 网络结构

Intranet 的服务器端是一组 Web 服务器，用以存放 Intranet 上共享的 HTML 标准格式信息以及应用；客户端则为配置浏览器的工作站，用户通过浏览器以 HTTP 协议提出存取请求，Web 服务器则将结果回送给用户。例如，一个大型的企业集团的 Intranet 通常会有多达数百个 Web 服务器和工作站，这些服务器有的与机构组织的全局信息及应用有关，有的仅与某一个客户端有关。这些分布组织不仅有利于降低系统的复杂度，也便于开发和维护管理。

此外，考虑到安全性能，可以使用防火墙将 Intranet 与 Internet 隔离开。这样，既可提供对公共 Internet 的访问，又可防止机构内部机密的泄漏。

必须指出，Intranet 并不等于局域网，它可以是局域网、城域网甚至是广域网的形式。

### 2. Intranet 的特点

#### 1) 开放性和可扩展性

由于 Intranet 采用了 TCP/IP 协议，所以 Intranet 具有良好的开放性，可以支持不同计算机、操作系统、数据库等的互联。

#### 2) 通用性

Intranet 的通用性表现在多媒体集成和多种应用集成方面。在 Intranet 上，用户可以利用图、文、声等各类信息实现企业所需要的各种业务管理和信息的交流。

#### 3) 简易性和经济性

Intranet 的性能价格比远高于其他通信方式，主要是因为其网络基础设施的费用投入比较少，且易管理和维护。

#### 4) 安全性

Intranet 在与 Internet 互联时，必须加密数据、设置防火墙、控制接入 Internet 的数量，以防止内部数据的外泄以及黑客的入侵。

Intranet 有五项基于标准的服务：文件共享、目录查询、打印服务、电子邮件以及网络管理。Intranet 一般应用于信息共享与通信、数据库与工作流应用以及以业务流程为中心的应用等方面。

### 1.5.3　Extranet 技术

#### 1. Extranet 的概念与组成

Extranet 即"企业外部网"，它将 Intranet 的构建技术应用于企业间系统。Extranet 是一个使用公共通信设施和 Internet 技术的私用网，也是能使其客户和其他相关企业相连以完成共同目标的交互式合作网络。可以把 Extranet 视为 Intranet 向外的延伸。Extranet 也涉及主干网、网络互联设备和网络服务器等相关设备。

Extranet 是使用公共通信设施和 Internet 协议的私用网，为供需双方提供信息，可被看做企业网的一部分，是以最简单的形式扩展 Intranet 的更安全、更有价值的解决办法，充分考虑了企业自身结构和运行方式，使计算机网络体系结构与企业计算模式相协调。从技术角度讲，Extranet 是在保证信息安全的同时扩大网络的访问范围；从企业角度讲，Extranet 是将企业及其供应商、销售商、客户联系在一起的合作网络。

#### 2. Extranet 的应用

Extranet 可以使企业组织达到下述目标：

(1) 实现用户顾客自主服务。

(2) 加速商业运转。

(3) 广泛运行分布式应用程序。

(4) 增强生产力。

(5) 改善已有系统的生产力。

在客户服务方面非常成功的一个 Extranet 典范就是 Federal Express 公司，它的"do it yourself shipment tracking system"允许客户通过 Web 跟踪货物而不需要支付给 Federal Express 公司额外的费用，同时 Federal Express 公司也不需要支付额外的费用为客户提供服务。在竞争日益激烈，市场日益国际化的情况下，仅仅把焦点集中于企业内部应用是远远不够的，企业越早建立以客户为中心的外部应用，就会越早体现出良好的经济效益。

# 1.6　网站服务器的选择

网站构建即应用各种网络技术，为企事业单位、公司或个人在 Internet 上建立自己的站点并发布信息。网站是企业展示自身形象、发布产品信息、把握市场动态的新平台、新天地，企业可以通过电子商务开拓新的市场，以极少的投入获得极大的收益。

网站的信息存储在网站的服务器中，网站的服务器管理主要有专线接入、主机托管和虚拟主机等几种方式。虚拟主机和主机托管两种方式对服务器的管理由 ISP 负责，不需要用户关心；如果企业采用专线方式接入 Internet，并且服务器由用户自己管理，则需要管理服务器的硬件系统和软件系统。

### 1.6.1　硬件

一个网站的服务器作为网络的节点，存储、处理网络上 80% 的数据、信息，占据着资源子网的核心位置。服务器从本质上来说包含硬件和软件两个部分。硬件就是组成网站服务器的各种计算机配件，如 CPU、芯片组、内存、主板、网卡、硬盘等；软件就是在服务器上运行的程序以及后台支持的数据类型，如所使用的操作系统、数据库软件等。

常见的服务器有塔式服务器、机架式服务器、刀片式服务器等。常见的生产厂家有联想、IBM、HP、Dell 等。其中，塔式服务器是服务器家族中最为常见的一种，其外形和结构与普通立式计算机主机箱差不多，如图 1-20 所示。目前，比较热门的塔式服务器有戴尔 T710 系列、IBM x3400 M3 系列、HP ML110 G7 系列等。由于塔式服务器的主板扩展性较强，其插槽有时会比普通立式计算机主机箱多出一些，以便日后进行硬盘和电源的冗余扩展，应用范围较广。

图 1-20　塔式服务器

机架式服务器从外形上看更像是一台交换机或路由器，如图 1-21 所示。机架式服务器有很多种规格，大致可分为 1U、2U、4U、6U、8U 等。通常，机架式服务器安装在标准的 19 英寸机柜中，多为功能性服务器。目前，比较热门的机架式服务器有戴尔 R210 系列、IBM M3 系列、IBM X5 系列、Sun M4000 系列等。

图 1-21　机架式服务器

刀片式服务器是指在标准高度的机架式机箱内可插装多个卡式的服务器单元，实现高可用和高密度。每个刀片就是一块系统主板，可以通过"板载"硬盘启动本机系统，类似于一个个独立的服务器，如图 1-22 所示。在这种模式下，每个主板运行本机系统，服务于指定的不同用户群，相互之间没有关联，只有当管理员使用系统软件将这些主板集合成一个服务器

图 1-22　刀片式服务器

集群时，所有的主板才连接起来融为一体，提供高速的网络环境，同时共享资源，为相同的用户群服务。目前，比较热门的刀片式服务器有 IBM HS22 系列、戴尔 M910、联想 S5405 系列。

硬件是软件的基础。服务器的硬件配置要解决的主要问题是服务器的选择，即要选择什么样的服务器作为网站的服务器，其对计算机处理性能的要求比较高，具体与网络规模、网站的访问量有关。选择服务器要考虑的因素有以下三个方面。

## 1. 性能

性能是选择服务器首先要考虑的因素，如果服务器处理数据的能力不够，那么网站的实用价值就会受到限制。此外，稳定性与速度也是选择服务器所要考虑的因素。服务器是常年不间断地运行的，一旦服务器稳定性不好，就会影响到用户对此网站的访问。长久下去，将会失去很多的客户源。

由于网站服务器要同时为网络上所有用户服务，因此要求服务器具有较高的性能。选择网站服务器时主要考虑以下因素：

(1) CPU 速度和数量。

(2) 内存容量和性能。

(3) 总线结构和类型。

(4) 磁盘总容量和性能。

(5) 容错性能。

(6) 网卡性能等。

### 2. 价格

价格也是选择服务器时需要考虑的问题，尽量做到在有限的资金范围内将服务器配置为性价比最高。

从价格出发，首先考虑 PC 服务器，PC 服务器大体上可以分为工作组级、部门级和企业级三档。

(1) 工作组级产品一般配置：单 CPU 或双 CPU，绝大多数厂家使用 Intel 产品，主频在 2 GHz 以上，内存为 2 GB～16 GB，使用 SATA、SCSI 或 SAS 接口。此级别可以满足中小型网络用户的数据处理、文件共享、Internet 接入及简单数据库应用的需求。

(2) 部门级产品一般配置：2 或 4 颗服务器专用 CPU，使用双通道 SCSI 接口，硬盘容量较大，有冗余电源冷却系统。此级别适用于对处理速度和系统可靠性高一些的中小型企业网络。

(3) 企业级产品一般配置：4 颗以上服务器专用 CPU，有更高的内存、总线和 I/O 带宽以及冗余部件等。此级别具有高度的容错能力、优良的扩展性能、故障预报警功能、在线诊断功能，其 RAM、PCI、CPU 等具有热插拔性能。

PC 服务器的操作系统一般支持 Windows、Linux 和 Solaris 系统。

### 3. 售后服务与易维护性

售后服务与易维护性越来越受到广大消费者的重视，尤其是大型的重要设备。网站服务器一般选择品牌机，各个不同品牌之间的关键部件存在着很大的差异，在选购时一定要比较清楚各自的特性。一般对于某一品牌的机器，只有生产厂商指定的维修部门才有能力进行维修，同时，生产厂商会给予用户关于服务器技术问题上的支持与培训。现在很多厂商都提供专门的技术顾问公司来负责此项工作。

服务器的选择主要结合以上几个因素综合衡量，同时，在购买时还需要考虑硬件平台应具有一定的可扩充性。

## 1.6.2　软件

服务器的软件决定了服务器能向用户提供什么样的服务，在一定程度上影响着服务器的性能。

### 1. 网络操作系统

网络操作系统是服务器软件的基础。如果没有操作系统，则服务器与应用程序无法运行。目前比较流行的网络操作系统有 Windows、Linux、UNIX 等系统。选择网络操作系统时应综合考虑 Web 服务器软件、数据库等。Web 服务器软件和网络操作系统之间有着密切的联系，大多数 Web 服务器软件主要针对一种网络操作系统进行优化。

### 2. Web 服务器软件

目前应用较广的 Web 服务器软件有 IIS 和 Apache httpd。

IIS 由 Microsoft 公司推出，是当今广泛使用的 Web 服务器软件之一，只能运行在 Windows Server 操作系统中。

Apache httpd 源于 NCSA httpd 服务器，是当今最流行的 Web 服务器软件之一，主要运行在 Linux、UNIX 操作系统中。

当然，还有其他的 Web 服务器软件，如 UNIX 环境下的 iPlant Web Server，专门为商务网站设计的 IBM WebSphere、Novell NetWare Web Server 等。

作为当今互联网 Web 系统的主流平台，Apache httpd 和 IIS 各有特色。从开发和应用角度出发，将二者结合起来使用，将会带来极大的便利。考虑到稳定性因素，若利用 Apache httpd 作为主要的 Web 服务器，则能提供 WWW、FTP、E-mail、CGI 等基本服务；而从易用性的角度出发，用 Windows 平台下的 IIS 来提供诸如 ASP、ADO 等技术，用以连接多个数据库系统进行数据的动态查询和维护，容易实现动态网页的制作。

### 3. 数据库

目前流行的数据库有 MS Access、MS SQL Server、My SQL、Oracle 等，常用大型数据主要有 MS SQL Server、IBM DB2、Oracle、Informix 和 SyBase。

数据库的性能很大程度上决定了服务器提供给用户的服务质量，当网站所面向的对象群体比较大时应该考虑大型的数据库软件。

### 4. 其他软件

其他需要考虑的软件包括网页制作工具软件、图形图像处理软件、网站文件管理软件、网站上传软件等相关软件。

## ◆—————— 习题与思考题 ——————◆

1. 建设网站有哪几种方式？
2. 网络的主要功能与特点是什么？
3. CSMA/CD 是如何工作的？
4. 简述数据交换方式以及各自的区别。
5. Internet、Intranet 和 Extranet 之间有何联系与区别？
6. 自建网站需要做哪些工作？
7. 选择网站服务器的原则是什么？

# 第 2 章　网站集成基础

本章主要讲述网站的软件平台以及相关的技术。通过本章的学习，读者应掌握以下内容：

- 网络协议、OSI 参考模型；
- TCP/IP 协议、IP 地址；
- 网络操作系统的功能、特点以及常用的操作系统；
- 域名系统、域名申请；
- 网络数据库的基本操作。

网站建设与组成网站的硬件平台和软件平台建设密切相关。软件平台的建设是网站对用户的最终体现；网络协议、操作系统、Web 服务器软件、数据库系统、网页制作技术等是软件系统的具体实现。

## 2.1　网　络　协　议

要共享计算机网络中的资源，以及在网络中交换信息，就需要实现不同系统中的实体的通信。实体包括用户应用程序、文件传送包、数据库管理系统、电子邮件设备以及终端等，系统包括计算机、终端和各种设备。两个实体要想成功地进行通信，它们必须具有相同的语言。至于它们之间交流什么，怎样交流以及何时交流等都必须遵循有关实体之间某种相互都能接受的一些规则，这些规则的集合称为协议。

协议主要由以下要素组成：

- 语法(syntax)：包括用户数据和控制信息的数据结构形式和格式，即协议中元素的格式。
- 语义(semantics)：通信双方所要表达的内容，包括数据格式、编码及信号电平等，即协议中包含的元素。
- 时序(timing)：事件发生的顺序，即通信过程中状态的变换规则。

计算机网络中各个计算机系统是一个独立的系统，它们在本系统内部按照自己的方式工作，而在与其他计算机通信时，则按照网络协议进行。但为了使网络系统的实现、扩充和变更方便，要求把应用程序与网络中的通信管理程序分开，并且按照信息在网络中传输的过程，将通信管理程序分成若干模块，并标准化。

### 2.1.1　协议的层次化

两个系统之间的通信是十分复杂的，这给协议的制定带来了困难。通常，将复杂的协议分解为若干个容易处理的子协议，然后对这些较小的子协议进行研究和处理，并分别实现每个子协议的功能，再将它们复合起来，就产生了分层的协议。

分层协议具有以下一些优点：

(1) 简化协议，易于实现、调试和维护。

(2) 各层相对独立，彼此之间不需要知道对方的实现细节，而只要了解该层通过层间接口所提供的服务即可。

(3) 设计灵活性比较强，只要接口关系保持不变，上下层都不受影响。

(4) 易于标准化。因为每一层的功能和所提供的服务均已有明确的说明。

在层次模型中，两个系统上同一层次模块之间通信时的约定称为协议；同一系统内相邻层次之间的约定称为服务；相邻层次之间交换信息的连接点称为接口，下层通过接口向上层提供服务，如图 2-1 所示。

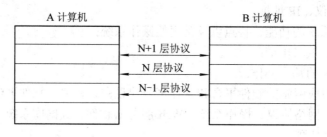

图 2-1　协议的分层

在层次化的结构中，用户程序一侧为最高层，通信线路一侧为最低层。在通信时，发送方的信息从最高层到最低层一层层传递，每通过一层，按该层协议对信息进行处理或变换，经过最低层变换后，信息变成可以直接通过物理传输介质传送的信号。接收方把收到的信号进行变换，并且一层层向上传递，每通过一层，就做相反的变换，直到接收方可以识别。由于采用分层的结构，因此发信端只要遵守第 N 层协议，发出的信息就可被收信端第 N 层正确地接收，就像在双方之间建立了一条通路一样。

## 2.1.2　OSI 参考模型

20 世纪 70 年代，国际标准化组织 ISO 建立了一个委员会，专门致力于研究一种用于开放系统的体系结构，提出了开放系统互连 OSI 参考模型，这是一个定义连接异种计算机的标准体系结构。OSI 参考模型采用层次型体系结构，共七层，如图 2-2 所示。

在同一节点，下层为上层提供服务；在两个节点之间，对等层之间通过该层协议进行通信。

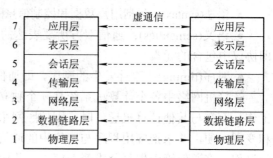

图 2-2　OSI 参考模型结构图

### 1. 物理层(Physical Layer)

物理层是 OSI 参考模型的最低层，其作用是为数据链路层提供一个物理连接，在物理介质上透明地传送比特流。此物理连接并不是永远存在于物理介质上的，而是需要由物理层去建立、保持和拆除的。物理层定义了机械、电气、功能性和规程性的特性。

### 2. 数据链路层(Data Link Layer)

数据链路层的作用是屏蔽掉物理层可能出现的差错，提供相邻节点间以帧为单位的可靠传输。帧是数据链路层传送数据的单位，包含地址、控制、数据和校验等相关信息，帧的控制信息起着帧同步和流量控制的作用。数据链路层通过校验、确认及反馈重发等手段将原始的物理连接改造成无差错的数据链路。与物理层类似，数据链路层也要负责建立、保持和拆除数据链路。

### 3. 网络层(Network Layer)

网络层是通信子网与高层结构的界面，是通信子网的最高层，它在节点之间为数据传输创建逻辑链路。在网络层，数据传输的单位是分组或包。网络层的任务就是在通信子网中选择一条合适的路径，使发送端传输层所传下来的数据能够通过所选择的路径到达目的端，网络层还要解决异构网络互联问题。

### 4. 传输层(Transport Layer)

传输层是 OSI 参考模型中惟一负责端到端节点间数据传输和控制功能的层。在传输层中，数据传输的单位是报文，由于网络层的数据传送单位是分组，因此当报文长度大于分组时，先将报文划分成若干个分组，然后再交网络层进行传输。它需要保证传输的可靠性，执行端到端的差错控制、顺序控制和流量控制。

传输层是 OSI 参考模型中承上启下的层，它下面的三层主要面向网络通信，以确保信息被准确有效地传输；它上面的三层是面向用户主机的，为用户提供各种服务。

### 5. 会话层(Session Layer)

会话层为两个进程之间提供对话连接、对话控制和同步功能。它在传输连接的基础上建立会话连接，并进行数据交换处理，允许数据进行单工、半双工和全双工的传送。如果会话过程中出现故障，则会话层的同步功能能够知道会话中断的位置，并从这个位置开始重发。

### 6. 表示层(Presentation Layer)

表示层为应用层提供数据变换的服务。表示层以下的各层只关心数据传输，而表示层关心的是所传输数据的语法和语义。因为开放系统各不相同，所以对数据的表示形式也可能不同。为了在这些系统之间进行通信，必须做相应的数据变换，表示层负责数据格式变换、数据加密与解密、数据压缩与恢复等功能。

### 7. 应用层(Application Layer)

应用层是 OSI 参考模型的最高层，负责为用户的应用程序提供网络服务。如文件传输、电子邮件、资源管理和远程登录等。

在 OSI 参考模型中，低三层与通信双方的端系统间的信息传输有关，负责网络中的数据通信及信息的发送和接收；高三层向应用进程提供直接支持的功能，处理用户程序之间的连接、信息的表示等相关操作。

# 2.2　TCP/IP 协议

TCP/IP(Transfer Control Protocol /Internet Protocol) 是 Internet 的核心技术，是指以 TCP 和 IP 为核心的一组协议，称为 TCP/IP 协议簇，简称 TCP/IP 协议。

| 应用层 |
| --- |
| 传输层 |
| 网络层 |
| 网络接口层 |

图 2-3　TCP/IP 模型

TCP/IP 协议分为四层，由下而上分别为网络接口层、网络层、传输层和应用层，如图 2-3 所示。

## 2.2.1　TCP/IP 的分层结构

TCP/IP 事实上是一个协议系列或协议簇，目前包含了 100 多个协议，用来将各种计算机和数据通信设备组成实际的 TCP/IP 计算机网络。TCP/IP 模型各层的一些重要协议如图 2-4 所示。

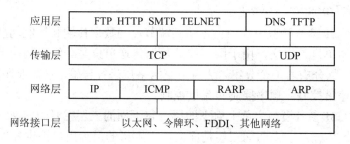

图 2-4　TCP/IP 各层使用的协议

### 1. 网络接口层

网络接口层是 TCP/IP 层次结构中的最低层，在此层中包括各种逻辑链路控制协议和介质访问控制协议，对应 OSI 的数据链路层和物理层，主要负责接收 IP 数据包，并通过传输介质发送数据包。

### 2. 网络层

网络层是 TCP/IP 层次结构中的第二层，对应 OSI 的网络层，负责数据包的路由选择，保证数据包能顺利到达指定的目的地。

此层包含多个协议，主要有以下几个：

(1) IP 协议：是这一层的核心协议，规定网络层数据分组的格式。

(2) ICMP 协议：提供网络控制和消息传递功能。

(3) ARP 协议：提供 IP 地址和 MAC 地址之间转换的地址解释功能。

(4) RARP 协议：提供反向地址解释功能。

### 3. 传输层

传输层是 TCP/IP 层次结构中的第三层，对应 OSI 的表示层、会话层和传输层，提供端到端的通信。它提供了两个协议，面向连接可靠传输的传输控制协议——TCP 协议和面向无连接的不可靠传输服务的用户数据报协议——UDP 协议。

### 4. 应用层

应用层是 TCP/IP 层次结构中的最高层，对应 OSI 的应用层，是面向用户的各种应用软件，是用户访问网络的界面。应用层包括一些向用户提供的常用应用程序，如电子邮件、Web 浏览器、文件传输、远程登录等，也包括用户在传输层之上建立的自己的应用程序等。

## 2.2.2　IPv4 地址

Internet 是由不同物理网络互联而成的，不同网络之间实现计算机的相互通信必须有相应的地址标识，这个地址标识称为 IP 地址。IP 地址是独立于网络物理地址的逻辑地址，由软件提供和维护。凡是连入 Internet 的计算机都要有一个 IP 地址，若要访问 Internet 上的其他计算机，则必须知道该计算机的 IP 地址才能与它通信。

IP 地址具有以下的特点：

(1) 每台主机的 IP 地址在 Internet 中是惟一的。

(2) 网络地址在 Internet 范围内统一分配，主机地址则由所在的本地网络分配。

IP 地址有 IPv4 和 IPv6 两个版本。IPv4 是 Internet Protocol Version 4(网际协议版本 4)的简称，它是互联网协议开发过程中的第四个修订版本，也是此协议第一个被广泛部署的版本。因特网所采用的协议簇是 TCP/IP 协议簇，IP 是 TCP/IP 协议簇中网络层的协议，是 TCP/IP 协议簇的核心协议。IPv6 是用于替代现行版本 IPv4 的下一代协议。目前为止，IPv4 依然是使用最广泛的互联网协议版本。

### 1. IPv4 地址分类

IPv4 地址由 32 位二进制数组成，分成三个部分：类标识、网络地址和主机地址。书写 IP 地址时，IP 地址被写作四个数字，这四个数字之间用 "." 分隔，如 "152.8.207.21" 就是一个 IP 地址。

IP 地址共分为 A、B、C、D、E 五大类，A、B、C 为基本类，见表 2-1，D 类用于多目的地址广播，E 类地址保留，主要用于研究和试验。

表 2-1　IP 地 址 分 类

| 类型 | 网络 ID | 主机 ID | W 值范围 | 该类中的网络数 | 每个网络中的主机数 |
|------|---------|---------|----------|----------------|---------------------|
| A 类 | W | X.Y.Z | 1~126 | 126 | 16 777 214($2^{32}-2$) |
| B 类 | W.X | Y.Z | 128~191 | 16 384 | 65 534($2^{16}-2$) |
| C 类 | W.X.Y | Z | 192~223 | 2 097 152 | 254($2^8-2$) |

IP 地址为 127.*.*.* 时，是保留地址，用来做循环测试，不可用做其他用途，如发信息给 127.0.0.1，则此信息将传递给自己。

### 2. 子网掩码

子网掩码是一个与 IP 地址对应的 32 位数字。其中用所有的 1 表示 IP 地址中的网络地址段和子网地址段，用所有的 0 表示 IP 地址中的主机地址段。与 A、B、C 类地址对应的缺省子网掩码分别是 255.0.0.0、255.255.0.0 和 255.255.255.0。

用子网掩码判断 IP 地址的网络号与主机号的方法是用 IP 地址与相应的子网掩码进行与运算，可以区分出网络号部分与主机号部分。如 10.68.89.1 是 A 类地址，默认子网掩码为 255.0.0.0，分别转化为二进制进行与运算后得出网络号为 10。再如 202.30.152.3 和 202.30.152.80 为 C 类地址，默认子网掩码为 255.255.255.0，进行与运算后得出二者网络号相同，说明两主机位于同一网络。

子网掩码的另一功能是用来划分子网。在实际应用中，经常遇到网络号不够的问题，需要把某类网络划分出多个子网，采用的方法就是将主机号标识部分的一些二进制位划分出来进行子网标识。

**3. IP 地址的分配**

网络地址由国际组织按级别统一分配，以保证惟一性；主机地址则由获得网络地址的网络自己分配。网络地址由用户在接入 Internet 时向指定的国际组织申请。

- A 类网络地址：由国际性的网络信息中心(NIC，Network Information Center)负责分配。
- B 类网络地址：由三个组织分配，即 InterNIC 负责北美地区，ENIC 负责欧洲地区，APNIC 负责亚太地区。
- C 类网络地址：由国家级网络信息中心分配。

## 2.2.3 IPv6 地址

IPv6 由 IETF(Internet Engineering Task Force，互联网工程任务组)设计，设计的目的是为了解决 IP 地址耗尽的问题。IPv4 使用 32 位地址，而 IPv6 使用 128 位地址，这个地址空间提供了 $2^{128}$(约 $3.4 \times 10^{38}$)个不重复的地址。如果一个地址是一粒沙子，那么一辆小卡车可以装载所有 IPv4 地址，而对于 IPv6 地址，则需要一个能够盛装 13 万个地球的容器。

**1. IPv6 地址的表示**

IPv6 地址由 8 个 4 位十六进制数组成。每组之间以冒号"："隔开，各自表示一个 16 位(16bit)的数。

下面就是一个完整的 IPv6 地址：

　　2001:0DB8:3FA9:0000:0000:0000:00D3:9C5A

可以通过除去各块开头连续的零来简化 IPv6 地址，以这种方式简化后的上述 IPv6 地址为

　　2001:DB8:3FA9:0:0:0:D3:9C5A

还可以进一步简化该地址，将所有连续的 0 块用一个双冒号"::"表示，在单个 IPv6 中"::"只能出现一次。如上述地址可以简化为

　　2001:DB8:3FA9::D3:9C5A

**2. IPv6 地址的类型**

IPv6 地址有单播(Unicast)、多播(Multicast)和任意播(Anycast)三种类型。单播和多播地址与 IPv4 的单播与多播地址概念相同，而任意播地址则是 IPv6 独有的地址类型。

单播地址适用于单一接口的地址，带有单播地址的封包会传送到具有该地址的接口(网卡)。

多播地址适用于一组接口的地址，带有多播地址的封包会传送到具有该地址的组中的所有接口。也就是说，特定的一群主机可以组成一个组，而这一个组中所有的成员会具有

相同的多播地址，所以要传播给组中所有成员封包时，只要在其目的端位置填入该组的多播地址，组中所有成员就都会收到该封包。

任意播地址适用于一组接口的地址，并且这些接口通常都属于不同节点，带有任意播地址的封包会传送到具有该地址的组中的某一个接口。此地址与多播地址的功能十分相似，但不同的是，多播会将封包传送给组中所有的成员，而任意播地址则只会传送给最近的一个成员。

### 3. IPv6 地址的范围

IPv6 地址除了上述三种类型外，根据其使用的范围还可以分为全局地址、链路-本地地址和惟一本地地址。

IPv6 全局地址(GA，Global Address)对应于 IPv4 中的公共地址，可以在 Internet 的 IPv6 区域中进行全局定位。

GA 目前使用的地址前缀为 2000::/3，也就是说，以十六进制表示，第一块的值在 2000 到 3FFF 之间，如"2001:db8:21da:7:713e:a426:d167:37ab"就是一个全局地址。全局地址的前 48 位为全局路由前缀，指向组织的站点，随后的 16 位为子网 ID，最后的 64 位则表示接口 ID，用于标识各子网中惟一的接口，如图 2-5 所示。

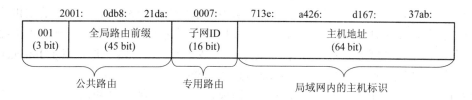

图 2-5　全局 IP 地址

链路-本地地址(LLA，Link-Local Address)类似于 IPv4 中的自动专用 IP 寻址地址，都是针对本地子网通信自行配置且不可路由的地址。但与 IP 寻址地址不同的是，即使在为接口获得可路由的地址后，链路-本地地址仍会作为该接口分配一个从地址。链路-本地地址总是以"fe80"开头的，如"fe80::154d:3cd7:b33b:1bc1%13"就是一个链路-本地地址，其中"fe80::"可以理解为："fe80:0000:0000:0000"，后半部分表示接口 ID，每台计算机会以"%ID"的形式为链路-本地地址标记区域 ID(区域 ID "不是链路-本地地址的一部分"，且不同计算机标记的值可能不同)，表示指定连接到当前地址的网络接口，如图 2-6 所示。

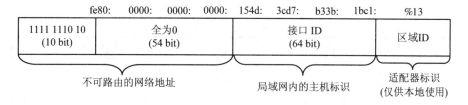

图 2-6　链路-本地 IPv6 地址

IPv6 中的惟一本地地址(ULA，Unique Local Address)对应于 IPv4 中的专用地址(10.0.0.0/8、172.16.0.0/12 和 192.168.0.0/16)。此类地址可以用于在专用网络的子网间进行路由，但不可以在公共网络上路由，这种地址可以不用分配公共地址空间，也可以创建复杂的内部网络。惟一本地地址以"fd"开头，如"fd65:9abe:efc0:1::2"就是一个惟一本地地址。此类地址的前 7 位总是"1111 110",如果第 8 位为 1,则表示该地址为本地地址;随后的 40 位代表全局 ID,是随机生成的值,用于标识组织中的特定站点;接着的 16 位代表子网 ID,用于进一步对内部站点的网进行划分,以便进行路由选择;最后的 64 位代表接口 ID,用于确定每个子网中惟一的接口,如图 2-7 所示。

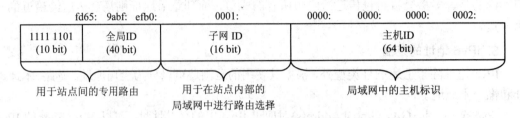

图 2-7　惟一本地 IPv6 地址

## 2.3　域　名　策　略

要访问 Internet 中的其他计算机,就必须知道该计算机的 IP 地址。由数字组成的 IP 地址本身没有规律,不便记忆,同时也不可能从 IP 地址中了解该 IP 地址表示的主机能提供什么样的服务,属于什么机构和在何地等相关信息。于是人们使用了另一种给主机编号的方法,称为"主机的域名表示法",由英文字符、数字或两者的混合形式表示 Internet 中的主机。在这种情况下形成了当前使用的域名系统 DNS(Domain Name System)。

与 IP 地址一样,域名在整个 Internet 范围内是惟一的。IP 地址和域名都是惟一确定在 Internet 上主机的标识,它们之间存在对应关系。

一个域名对应惟一的一个 IP 地址,域名与对应的 IP 地址表示同一台主机,用户在网络上进行通信时,使用域名或 IP 地址的结果是一样的。如果使用域名,则 Internet 要先把域名转换为对应的 IP 地址才能进行通信。

### 2.3.1　域名命名法

域名可分为国际域名和国内域名两类。国际域名也称为机构性域名,它的顶级域表示主机所在机构或组织的性质,如表 2-2 所示。国际域名由国际互联网络信息中心(InterNIC)负责统一管理。

表 2-2　顶　级　域　名

| 域名 | 域机构 | 域名 | 域机构 |
|------|--------|------|--------|
| com | 商业组织 | net | 网络服务机构 |
| edu | 教育机构 | org | 非盈利的组织、团体 |
| gov | 政府部门 | int | 国际性组织 |
| mil | 军事部门 | | |

域名系统是一个树型结构,如图 2-8 所示。

Internet 拥有几个顶级域,也叫主域,是 Internet 域结构的最高层次。顶级域下面是子域，子域下面可以有主机，也可以再分子域，直到最后是主机。

例如，对于全称域名 www.niit.edu.cn，其中，"niit.edu.cn"是域名，"www"说明该机器是 Web 服务器；对于全称域名"Server1.niit.edu.cn"，其中，"Server1"是主机名，该主机在"niit.edu.cn"域中。

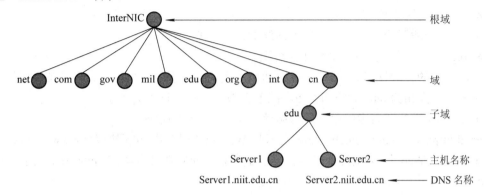

图 2-8　域名系统示意图

随着 Internet 信息量的不断增大，原有的七个域名已经不能够完全表示日益增多的机构了，于是 Internet 特别委员会于 1997 年发布了扩充的七个新的通用顶级域名，如表 2-3 所示。

表 2-3　新的通用顶级域名

| 域名 | 机构名称 | 域名 | 机构名称 |
|---|---|---|---|
| firm | 公司或企业 | rec | 消遣性娱乐活动为主的单位 |
| store | 代表商店 | info | 提供信息服务的单位 |
| web | 主要活动与 WWW 有关的单位 | nom | 代表个人 |
| arts | 文化性娱乐活动为主的单位 | | |

国内域名也称为地理性域名，它的顶级域表示主机所在区域的国家代码。表 2-4 所示为部分地区域名对照表。

表 2-4　地理域名表

| 域名 | 国家或地区 | 域名 | 国家或地区 | 域名 | 国家或地区 |
|---|---|---|---|---|---|
| at | 奥地利 | es | 西班牙 | mo | 澳门 |
| au | 澳大利亚 | fr | 法国 | nl | 荷兰 |
| br | 比利时 | uk | 英国 | no | 挪威 |
| br | 巴西 | hk | 中国香港 | ru | 俄罗斯 |
| ca | 加拿大 | il | 以色列 | se | 瑞典 |
| ch | 瑞士 | in | 印度 | sg | 新加坡 |
| cn | 中国大陆 | it | 意大利 | tw | 中国台湾 |
| de | 德国 | jp | 日本 | us | 美国 |
| dk | 丹麦 | kr | 韩国 | | |

中国大陆的地理域名代码为 cn，在中国大陆境内的主机可以注册顶级域为 cn 的域名。中国大陆的二级域名又分为类别域名和行政域名两类。

中国大陆的类别域名有六个，分别是：

- ac——适用于科研机构。
- com——适用于工、商、金融等企业。
- edu——适用于教育机构。
- gov——适用于政府部门。
- net——适用于互联网络、接入网络的信息中心。
- org——适用于各种非盈利性的组织。

中国大陆的行政域名有 34 个，分别适用于我国大陆各省、自治区、直辖市。例如，北京市为 bj，上海市为 sh，天津市为 tj，江苏省为 js，浙江省为 zj 等。

顶级域 cn 下的域名由中国互联网络信息中心(CNNIC)管理。

例如 http://www.niit.edu.cn，http 表示此 Web 服务器使用 http 协议，www 表示该站点在 World Wide Web 上，niit 表示该服务器位于南京工业职业技术学院，edu 表示属于教育结构，cn 则代表的是国家代码。

## 2.3.2 我国的域名申请和管理

### 1. 域名申请规则

1990 年，我国正式向总部设在美国的 Internet 信息管理中心(InterNIC)注册了域名 cn，并于 1994 年开通了 Internet 的全部功能服务。

按照 ISO-3166 标准，国家域名一般由全国的网络信息中心 NIC(Network Information Center)负责管理，中国的 cn 域名除 edu.cn 由 CernNIC(教育网)管理外，其他均由 CNNIC 负责管理。CNNIC 是经国务院信息化工作领导小组办公室授权的，为国内企业提供域名注册服务的惟一合法单位，也是中国国内的域名管理执法单位。

CNNIC 工作委员会制定的《中国互联网域名注册暂行管理办法》和《中国互联网络域名注册实施细则》中规定了我国互联网络的域名管理机构、域名体系结构及对申请注册域名单位的要求；对三级域名命名及使用的规定；域名注册的审批程序等。

cn 下域名命名的规则如下：

(1) 只能注册三级域名，三级域名长度不超过 20 个字符。

(2) 三级域名由字母(A~Z，a~z，不区分大小写)、数字(0~9)和连字符"_"组成，各级域名之间用小数点"."连接。

用户申请的三级域名为以下情况之一时，将被通知更改。

- 已定义的最高级及二级域名。
- CHINA、GERMAN、CHINESE 等国家名称及其缩写，以及与其类似的域名。
- Internet 上的专用名称与习惯用语，如 WWW、FTP 等。
- 地名的全称与缩写，如 BeiJing、ShangHai 等，但地名可用于和单位名组合。
- 有关行业的名字，如 Hospital、Factory 等。
- 非注册单位使用在中国已注册过的商标或企业的名字。
- 不礼貌或有可能引起纠纷的名字。
- 已被其他单位注册为三级域名的名字。

- 注册域名与单位、公司名称或缩写不符或对用户产生误导的域名。
- 域名交叉者。
- 长度超过 20 个字符或其中包括有特殊符号的域名。

### 2. 域名的选择

域名不仅是企业的网络商标，也是人们在网上查找企业的依据之一。一个好的域名，意味着一个良好的开端。确定域名时，要选择有显著特征和容易记忆的单词，最好要简短有意义。一个好记又好用的域名往往会带来事半功倍的效果。

选择域名时应遵循以下基本原则：

(1) 域名要短小。最好能让人通过域名直接看出该网站的性质。域名通常可以利用一些单词的缩写，或缩写字母加上一个有意义的简单词汇。例如，cnnews.com 就属于这种情况，是中国的英文缩写 cn 加上英文单词 news 组成的，仍然可以让人看出其含义。

如果汉语拼音较短而且没被人注册，用它注册域名也是一种较好的办法；利用数字注册域名也很常见，如 163.com、8848.com 等。域名究竟该用多少个字母，也没有绝对的标准，所以域名字符数的多少也是相对的，只要便于人们记忆即可。

(2) 域名要容易记忆。为了让人们记住你的网站域名，除了字符数少以外，选择域名时应该注意容易记忆。一般而言，通用词汇的域名更容易记忆，如 sport.com 和 art.com 等。

(3) 域名与公司名称密切相关。一个好的域名应与该企业的性质、企业名称、商标及平时的企业宣传相一致，如用单位名称的中英文缩写；企业的产品名册商标；企业商品或服务类别名称；与企业广告语一致的中英文内容等。

如 ibm.com，很容易想到是 IBM 公司，intel.com、microsoft.com 等域名，使人们很容易找到该公司网站。

### 3. 域名注册

在确定了企业域名后，就可以进行域名的申请注册。目前，国际域名可以直接向 InterNIC(http://www.internic.com)注册，图 2-9 所示为 InterNIC 首页。也可以根据语言来选择不同国家的代理网站来申请，还可以通过 CNNIC 进行域名注册，图 2-10 所示为中国互联网络信息中心(http://www.cnnic.net)网站首页。除此以外，国内有很多商业网站代理申请国际、国内域名，如 http://www.cnsky.com 等。申请过程视不同网站有所不同。

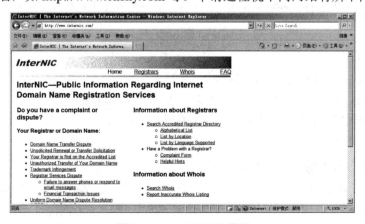

图 2-9　InterNIC 网站首页

图 2-10　中国互联网络信息中心(http://www.cnnic.net)网站首页

### 2.3.3　中文域名

中文域名是含有中文的新一代域名，同英文域名一样，是互联网上的门牌号码。中文域名在技术上符合 2003 年 3 月份 IETF 发布的多语种域名国际标准(RFC3454、RFC3490、RFC3491、RFC3492)。中文域名属于互联网上的基础服务，注册后可以对外提供 WWW、EMAIL、FTP 等应用服务。

中国互联网络信息中心负责管理(中文.cn、中文.中国、中文.公司和中文.网络)四种中文域名；VERISIGN 管理中文.com；中央编办机关服务局事业发展中心管理中文.政务和中文.公益。中文域名体系如图 2-11 所示。

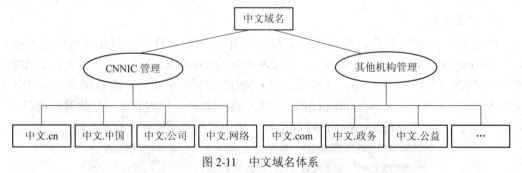

图 2-11　中文域名体系

#### 1. 中国域名

中国域名是中文域名的一种，特指以".中国"为域名后缀的中文域名，与".cn"结尾的英文域名一样，同为我国域名体系和全球互联网域名体系的组成部分。".中国"是在全球互联网上代表中国的中文顶级域名，全球通用，具有惟一性，是用户在互联网上的中文门牌号码和身份标识。

#### 2. ".中国"写入全球根域名系统的含义

".中国"域名于 2010 年 7 月正式纳入全球互联网根域名体系，全球华语网民可通过联网计算机在世界任何国家、地点实现无障访问。目前，全球华语网民使用 Chrome、Firefox、Netscape、Safari、Opera 及微软 IE7 以上版本的浏览器均可直接体验".中国"域名所带来的全新中文上网感受。

### 3. 中文域名与 CN 域名的区别

中文域名必须含有中文字符，而 CN 英文域名不含有中文字符。中文域名在使用上和英文域名近似。作为域名的一种，可以通过 DNS 解析，支持虚拟主机，电子邮件等服务。

前 CNNIC 负责管理维护的中文域名包括".cn"、".中国"、".公司"和".网络"四种，英文域名只有".cn"一种。

### 4. 注册中文域名

目前可以注册".cn"、".中国"、".公司"、".网络"四种类型的中文域名。例如：

中国互联网络信息中心.cn

中国互联网络信息中心.中国

中国互联网络信息中心.公司

中国互联网络信息中心.网络

注册域名时，注册".cn"免费赠送".中国"简繁体；注册".公司"免费赠送".公司.cn"；注册".网络"免费赠送".网络.cn"简繁体。

1) 注册中文域名的规则

● 至少需要含有一个中文文字，可以包含中文、字母 a～z(大小写等价)、数字 0～9 或者半角的连接符"-"。

● "-"不能放在开头或结尾。

● 最多可以注册 20 个字符。

2) 选择中文域名的方法

可以根据自身的需求和喜好选择中文域名。可用以下方法选择中文域名：

● 可用自己单位的商标商号+自己的产品名称命名，如一汽汽车.中国、xx 樱桃.cn、xx 游戏.中国等。

● 直接使用注册者单位名称。如使用单位名称全称注册中文域名，如富士康科技集团.中国、xxx 有限公司.cn，还可以用中英文缩写法，如国泰人寿.中国、海尔.中国、腾讯.中国等。

● 企业或产品的广告推广语。

● 网络流行用语等简单易记的词汇，如贴吧.cn。

3) 中文域名注册过程

中文域名遵循"先申请先注册"的原则。中文域名的最高注册年限为 10 年，可以自主选择域名的注册年限(以"年"为单位)。中文域名注册过程如图 2-12 所示。

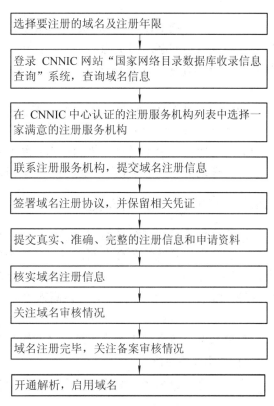

图 2-12 中文域名注册过程

**5. 如何使用中文域名**

以 IE7.0、IE8.0、Firefox、Opera、Google Chrome、Safari 等为代表的全球主流浏览器，已经实现对以 ".cn"、".中国"、".公司"、".网络" 为结尾的中文域名的直接支持。在地址栏输入中文名即可访问相应网站，如

清华大学.cn

教育部.中国

新浪.公司

北京大学.网络

并且，中文域名的分隔符中，英文字符 "." 的半角、全角形式与中文句号 "。" 完全等效，如

北京大学.中国

北京大学．中国

北京大学。中国

这 3 个域名是等价的，均可到达同样的相应网站。

对于 IE 7.0 以下版本浏览器，则需在地址栏键入：http://中文.cn，通过中间页面引导，即可到达相应的网站，如 http://新华网.cn。

# 2.4　网络操作系统

网络操作系统(NOS，Network Operating System)是网络的核心，是指能使网络上的计算机方便而有效地共享网络资源，为用户提供所需的各种服务的操作系统软件及相关规程的集合。网络操作系统控制网络上文件的传输方式以及处理的效率，是网络与用户之间的界面。

网络操作系统是一种运行在硬件基础上的网络操作和管理软件，是网络软件系统的基础。它建立一种集成的网络系统环境，为用户方便而有效地使用和管理网络资源提供网络接口和网络服务。除了具有一般的操作系统所具有的处理机管理、存储器管理、设备管理和文件管理功能外，网络操作系统还提供高效而可靠的网络通信环境和多种网络服务功能。

## 2.4.1　网络操作系统的功能

网络操作系统在网络中的作用直接影响着整个网络所具有的性能，所以网络操作系统必须考虑到网络系统的各个方面，以保证整个网络在网络操作系统的控制下正常工作。因此，网络操作系统除了具备单机操作系统所需的功能外(如内存管理、CPU 管理、输入/输出管理、文件管理等)，还应具有提供高效可靠的网络通信能力以及多项网络服务的功能(如远程管理、文件传输、电子邮件、远程打印等)。

具体来说，网络操作系统应具备以下的基本功能：

1) 文件服务功能

文件的拷贝、归档、保护以及全部目录的锁定。

2) 资源的共享功能

在对等系统中，工作站可以使用网络上的任何共享资源。在专用系统中，硬盘和打印机安装在文件服务器上，甚至安装在一台专用服务器上，供各工作站共享等。

3) 磁盘缓冲功能

通过文件和目录通知缓存，将读取频度高的数据预先从硬盘读到存储器中，系统在查找文件时将在内存中进行搜索，从而提高查找和读取速度。

4) 系统容错 SFT(System Fault Tolerance)功能

当系统部分发生故障时，SFT 提供网络生存能力。生存级别取决于最初建立的 SFT 级别。

5) 事务跟踪系统 TTS(Transaction Tracking System)功能

TTS 是网络的一个容错特性，用来防止在数据库应用过程中发生传输故障或其他事故而造成数据库的损坏。事务是指对数据库进行变更操作的整个过程。事务必须整个地完成或整个地退回，即任何操作都不进行。只有事务正确执行后，跟踪才结束。如果对数据库的更改操作失败，则 TTS 放弃已作的修改，使数据库恢复到初始完整状态，以保证数据的一致性。

6) 安全保密性功能

由于文件集中存放在文件服务器中，共享这些文件的用户多，因此需要文件有很高的安全性。网络管理员负责向用户赋予访问权限和口令，建立安全保密机制，只有授权的用户才可以访问服务器及文件，从而保证了文件的安全性。

7) 管理工具功能

提供丰富的实用管理工具箱，使系统管理员和授权用户能更好地管理和使用系统，包括失效管理、配置管理、性能管理、计费管理和安全管理等。

8) 远程访问功能

提供用户远程访问服务器资源的能力，并保证远程访问的安全性。

9) 用户通信

在网络上的各用户可以通过网络进行通信，互发文件。

10) 打印服务器

打印服务器是一种专门执行网络打印服务任务的专用计算机。它的整个存储器都是网络打印作业伪脱机处理用的，打印服务器上可以连接多台打印机，也可以用专门软件管理网络打印任务。

11) 远程脱机打印

用户把文件送给打印机后，立即返回并继续做其他的工作。服务器或打印服务器的存储器保存这些尚未打印的文档，直到被打印为止。网络的打印队列决定打印作业的优先级别，保证打印作业能在打印时间内被打印。

12) 特殊服务器

允许应用程序在服务器上运行，而不是在工作站上运行。这使应用程序可以临时使用服务器的超级文件、存储器及处理资源，进行远程作业录入及处理等操作。

### 2.4.2　常用的网络操作系统

常见的网络操作系统主要有 Windows Server 2008、UNIX、Linux、NetWare 等。

#### 1. Windows 操作系统

Windows Server 2008 是微软最新版本的服务器操作系统,其功能更强、系统运行稳定,集成了 Windows 系统的所有功能,支持客户/服务器模式与对等模式,适宜各种规模的网络。Windows Server 2008 完全基于 64 位技术,在性能和管理等方面,系统的整体优势相当明显。Windows Server 2008 各个版本的比较如表 2-5 所示。

表 2-5　Windows Server 2008 各个版本的比较

| 操作系统版本 | 支持 CPU 总数/个 | 支持存储器容量/GB | 特　性 | 适用对象 |
|---|---|---|---|---|
| Windows Server 2008 Standard | X86　4 个<br>X64　4 个 | X86 4GB<br>X64 32GB | 内置的强化 Web 和虚拟化功能,是专为增加服务器基础架构的可靠性和弹性而设计的,亦可节省时间及降低成本 | 企业和部门日常需求 |
| Windows Server 2008 Enterprise | X86　8 个<br>X64　8 个 | X86 64GB<br>X64 2TB | 可提供企业级的平台,部署企业关键应用。其所具备的群集和热添加(Hot-Add)处理器功能可协助改善可用性,而整合的身份管理功能可协助改善安全性;利用虚拟化授权权限整合应用程序,可减少基础架构的成本 | 针对关键业务应用系统的可靠性功能需求 |
| Windows Server 2008 Datacenter | X86　32 个<br>X64　64 个 | X86 64GB<br>X64 2TB | 可在小型和大型服务器上部署企业关键应用及大规模的虚拟化。其所具备的群集和动态硬件分割功能可改善可用性,而通过无限制的虚拟化许可授权来巩固应用,可减少基础架构的成本 | 在可伸缩性,可用性和可靠性方面满足最高级别的关键任务 |
| Windows Web Server 2008 | X86　4 个<br>X64　4 个 | X86 4GB<br>X64 32GB | 是特别为单一用途 Web 服务器设计的系统,其整合了 IIS 7.0、ASP.NET 和 Microsoft .NET Framework,以便提供任何企业快速部署网页、网站、Web 应用程序和 Web 服务 | 特别针对各种规模企业和部门 Web 平台 |
| Windows Server 2008 for Itanium-Based Systems | IA64 64 个 | IA64 2TB | 针对大型数据库、各种企业应用程序进行优化,符合高要求且具关键性的解决方案的需求 | 大型数据库,各种企业级应用 |

### 2. UNIX 操作系统

UNIX 最早是由美国贝尔实验室发明的一种多用户、多任务的通用操作系统。作为最早推出的网络操作系统，UNIX 是一个通用、多用户的计算机分时系统，并且是大型机、中型机以及若干小型机上的主要操作系统，目前，UNIX 被广泛地应用于教学、科研、工业和商业等多个领域。由于 UNIX 具有技术成熟、可靠性高、网络和数据库功能强、伸缩性突出和开放性好等特色，可满足各行各业的实际需要，特别能满足企业重要业务的需要，因此它已经成为主要的工作站平台和重要的企业操作平台。

### 3. Linux 操作系统

Linux 操作系统是一种类似 UNIX 操作系统的自由软件，是由芬兰的大学生 Linux 发明的。Linux 操作系统支持很多应用软件，其中包括大量免费软件。

最初产生设计 Linux 操作系统想法的是一位来自芬兰的学生——Linux 在实习时使用 Minix(简易的 UNIX 操作系统)时，发现 Minix 的功能不算完善后自己写的一个保护模式下的操作系统，即 Linux 原型。在 20 世纪 90 年代初，Linux 将此代码公布在 Internet 上，由于 Linux 具有结构清晰、功能简捷和完全开放等特点，从而使得众多大学生和科研机构的研究人员将其作为学习和研究的对象。后来，在大家的努力下，Linux 操作系统得到了快速的发展，成为一个稳定可靠、功能完善的操作系统，并得到了许多公司的支持以及提供的技术支持。目前，全球使用 Linux 操作系统的用户多达千万之多，同时，绝大多数是在网络上使用的。在中国也同样得到了很快的发展，正日益普及。

### 4. NetWare 操作系统

Novell 网是 Novell 公司推出的一种多任务、高性能的局域网，其操作系统是 NetWare，是 Novell 网的核心。NetWare 始于 20 世纪 80 年代初期，并于 80 年代末被确定为网络工业标准。其代表性产品主要有 Advanced NetWare 2.15、NetWare3.11 SFT III、NetWare 3.12、NetWare 4.1、NetWare 5 等。

Novell 公司同时还开发了专门的网络管理软件 NetWare Wire，可以管理和控制整个局域网，也可以管理由不同操作系统构成的异构环境。

## 2.5　网络数据库

数据库系统就是对数据进行存储和管理的系统。随着计算机技术的发展，人们要求数据库系统不仅能处理以前的简单数据类型，而且能处理包括声音、音像等多种音频、视频信息。

### 2.5.1　数据库的特点

#### 1. 网络数据库的体系结构

网络数据库的体系结构主要有以下几种：

1) 集中共享式网络数据库体系结构

集中共享式网络数据库体系结构是将数据库大量信息存储在网络服务器上，用户可以通过运行工作站上的客户程序来使用之。由于数据操作全部在工作站上进行，因此导致在网络上要传输大量的数据，增加了网络的负荷。它一般不支持事务处理，使得数据的一致性不易维护。

2) 分布式网络数据库体系结构

分布式网络数据库体系结构是将整个数据库系统管理与事务处理相互分离，分布到网络的各个服务器或工作站上进行。这种结构的特点是数据库系统结构复杂，对硬件和软件的要求也比较高。

3) 客户/服务器式网络数据库体系结构

客户/服务器式网络数据库体系结构能够合理地在网络服务器和客户机上分配数据库处理任务，提高数据库系统的综合性能，是网络数据库使用的较高级形式。

目前流行的网络数据库(如 SQL Server、Oracle 等)采用客户/服务器结构，在数据库服务器上运行数据库服务器软件，响应所有客户程序的数据库操作请求，并在服务器上进行数据库操作，然后将结果返回给客户程序。由于该结构比较合理地在网络服务器和工作站上分配数据库处理任务，因此可使数据库系统的综合性能得到明显的加强。

**2. 网络数据库系统的特点**

网络数据库的主要特点如下：

(1) 网络数据库系统是基于客户/服务器模式的产品。

(2) 允许多用户并发地使用数据库，共享其中的数据，可避免并发程序之间的互相干扰，并为此提供多方面的数据控制功能。

(3) 有处理大量数据的能力。在大型的应用系统中，数据库所能存储处理的数据量应达到 TB 级。

(4) 具有操作独立性。在使用数据库时，应用程序可以不依赖于数据的存储结构和存取方法。

(5) 具有良好的开放性。用户可以不依赖于某种产品和平台，能选择众多的应用软件甚至是跨平台软件的支持，有利于用户进行系统集成和应用开发。

(6) 数据语言符合 SQL 国际标准，有跨平台的开发接口及开发软件的支持，能够方便地利用用户自定义的数据类型及函数。

(7) 支持复杂的数据模型和结构，能大大减少数据的冗余度，节省空间和时间，并可避免互不兼容。

(8) 具有功能强大的、健壮的对象关系体系结构。

(9) 支持多媒体数据，如视频、音频、图像等数据在网络中的快速传输。

**3. 网络数据库访问方式**

借助服务器的中介作用，可以通过 Web 浏览器访问、查看或存取数据。访问的方式有ODBC 和数据库开发工具两种。

1) ODBC

ODBC(Open DataBase Connection)是 Microsoft 公司推出的一种通用数据库接口标准，是专为应用程序与各种数据库之间的连接而设计的。只要数据库软件提供了 ODBC 的驱动程序，就可以让应用程序使用相同的方法来存取这些支持 ODBC 的数据库的数据，不必针对不同的数据采用不同的访问方式。

使用 ODBC 访问数据库，而不是让应用程序直接访问数据库，可以达到数据库改变而应用程序不变的效果，应用程序可以忽略各种数据软件不同的存储方式，而采用相同的方法来访问数据库。应用程序通过 ODBC 驱动程序来访问数据的原理如图 2-13 所示。

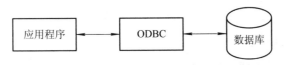

图 2-13　通过 ODBC 访问数据库

2) 数据库开发工具

大多数数据库产品具备支持 Web 的数据库工具。与数据库管理系统相比，数据库开发工具的作用类似于用语言来开发系统。目前占主流应用的集成开发工具有 PowerBuilder、Delphi、InterDev 和 PHP/MySQL。

表 2-6 列出了建立网站常用的操作系统、Web 服务器软件与数据库管理系统的组合方案。

表 2-6　网站常用系统组合方案

| 操作系统 | Web 服务器软件 | 数据库管理系统软件 |
| --- | --- | --- |
| Windows Server 2008 | Microsoft IIS | MS SQL Server |
| Linux | Apache | MySQL |
| UNIX | UNIX Web Server | Oracle、DB2 |

## 2.5.2　常用的大型数据库

数据模型是数据库系统的核心和基础，一个好的数据库一般能够真实地模拟现实世界，容易为人理解和便于在计算机上实现等特点。数据库中常用的数据模型有四种：层次模型、网状模型、关系模型和面向对象模型，其中，层次模型和网状模型统称为非关系模型。目前，主要流行的是面向对象关系型数据库(ORDBMS)，当今面向对象的主流数据库产品有 MS SQL Server、IBM DB、Oracle、Informix 和 Sybase。

### 1. MS SQL Server

SQL Server 是 Microsoft 公司在原来与 Sybase 公司合作的基础上推出的一款面向高端的数据库系统。SQL Server 定位于 Internet 背景下的数据库应用，它为用户的 Web 应用提供了一款完善的数据管理和数据分析解决方案。

### 2. IBM DB2 Universal Server

IBM DB2 Universal Server 是对象关系型数据库系统的代表，是通用性的数据库产品。利用 DB2 提供的对象关系特征，DB2 基于内容搜索能力可以扩展到文本、影像、视频和音频等新的数据类型。它采用 ORDBMS 技术，支持多媒体、多种平台(OS/2、Windows 和 UNIX 等)和集群，具有良好的安全性和稳定性。

### 3. Oracle Universal Server

Oracle 是最著名的大型数据厂商，Oracle Universal Server 具有支持多媒体、多种平台

(OS/2、Windows 和 UNIX 等)、多种网络协议的优点；具有良好的安全性、扩展性、高稳定性和容错功能，它可与内置的 Web 服务器 Oracle Web Server 相结合，做到无缝集成。

### 4. Informix Universal Server

Informix Universal Server 是一种对象关系型数据库管理系统，支持多媒体和所有流行网络协议，确保能无限扩展数据库；其核心部分是 DSA(Dynamic Scalable Architecture)，具有良好的安全性和稳定性，并提供与 Web 服务器的完整集成。

### 5. Sybase SQL Server

Sybase SQL Server 是一种关系型数据库系统(RDBMS)，从理论上来看，它对多媒体的支持不如 ORDBMS，但它支持大内存，可处理大数据量，支持并行备份机制，备份简单、方便，性能稳定。

## 2.5.3　数据库的基本操作

### 1. ADO 操作

一般常用的数据库基本上都可以成为网络数据库，如 Access、MS SQL Server、Oracle 等。在互联网上访问数据库的方法主要有 SQL Server 提供的 WebAssistant，IDC 存取以及 ADO(ActiveX Data Objects)存取。其中，又以 ADO 方法较为方便，它提供了网页开发人员实时存取数据库的能力。

使用 ADO 访问数据库时需要编写脚本程序，它能实现更复杂、灵活的数据库访问逻辑。目前 ADO 中包含 Command、Connetcion、Recordset、Field 等七个对象，通过它们的组合可实现对数据库的访问。其对象描述分别为：

1) Command 对象

Command 对象定义了从一个数据库连接中获取何种数据的详细信息，既可以基于一个数据库对象(如一个表、视图、存储过程或同义词)查询，也可以基于一个结构化查询语言(SQL)查询。

2) Connection 对象

Connection 对象用来建立数据源(Data Source)和 ADO 程序之间的连接，它代表与数据源进行的惟一会话。

3) Recordset 对象

Recordset 对象表示的是来自基于表或命令执行结果的记录全集，任何时候，Recordset 对象所指的当前记录均为集合内的单个记录。

4) Parameter 对象

Parameter 对象代表参数或与基于参数化查询或存储过程的 Command 对象相关联的参数。

5) Field 对象

Field 对象代表使用普通数据类型的数据的列，即用来取得一个 Recordset 内不同字段的数据。

6) Error 对象

Error 对象包含与单个操作(涉及提供者)有关的数据访问错误的详细信息，任何涉及

ADO 对象的操作都会生成一个或多个提供者错误。每个错误出现时，一个或多个 Error 对象将被放到 Connection 对象的 Errors 集合中。当另一个 ADO 操作产生错误时，Errors 集合将被清空，并在其中放入新的 Error 对象集。

7) Property 对象

Property 对象代表由提供者定义的 ADO 对象的动态特性，它有四个自己的内置属性：Name 属性，标识属性的字符串；Type 属性，用于指定属性数据类型的整数；Value 属性，包含属性设置的变体型；Attributes 属性，指示特定于提供者的属性特征的长整型值。

ADO 可以使用 VBScript、JavaScript 脚本语言来控制数据库的存取以及结果输出。

**2. SQL 语句**

SQL 语句是发送给数据库，并要求数据库操作的指令，是专门为数据库设计的语言。SQL 语句由两部分组成：数据定义语言 DDL(Data Definition Language)和数据操作语言 DML(Data Manipulation Language)，其中 DDL 是用来建立数据表及数据列的指令群，DML 是操作数据库记录的指令群，如对数据库记录的筛选、添加、删除、更新等的操作。

1) Select 语句

Select 语句功能是筛选及排序记录，Select 语句用于从数据库中读取全部、部分或满足一定条件的数据记录，其语句格式为

　　　　Select column_list From table_name Where search_condition Order By field1，field2，…

(1) 通配符"*"。例：

　　　　Select * From authors

表示将 authors 表中的所有记录显示出来；其中"*"为通配符，用来表示数据表的所有字段。

(2) 字段重命名。如果只是选取表中的某一部分字段时，还可以实现对其部分字段的重命名，其格式为

　　　　Select　field1 as alias1，field2　as　alias2，…

例：

　　　　select au_id as 作者编号，author　from　authors

表示从表 authors 中选择字段 au_id，但 au_id 更名为"作者编号"。

(3) 条件筛选。当要对所显示的信息进行筛选时，可以通过 Where 子句来实现。例：

　　　　Select　*　from　authors　where　age>30

表示选择 authors 表中年龄大于 30 岁的记录，即 age>30。当有多个并列或可选条件时，可以通过逻辑运算符"Or"、"And"等来实现。

(4) 排序。当希望所选择的记录按照某一个或几个字段进行排序时，只需要将这些字段放在 Order By 关键字后面即可，也可以根据其字段在 Select 后面的位置数值来确定。例：

　　　　Select au_id，author From Authors Where age>30 Order By 1

表示是按照 au_id 来进行排序的。

2) Insert Into 语句

Insert Into 语句的功能是在表中添加数据记录。其语句格式为

　　　　Insert　Into　table_name(column_list)　Values field1，field2，…

　　　　Insert Into table_name(column_list1) Select column_list1 From table_list Where search_condition

例：

  Insert　Into　authors(au_id，author，age)　Values('001 ', '罗元'，35)

表示对 authors 表添加一条记录，该记录的 au_id、author、age 三个字段的值分别是"001"、"罗元"和"35"。

  如果 authors 表中只有这三个字段，则字段名可以省略，如上例也可写成 Insert Into authors Values('001 ', '罗元'，35)。

  从另外一个表中选择符合一定条件的记录追加到某个数据表时，可以通过第二个添加语法实现。例：

  Insert authors Select au_id,author,age title From employee

  3) Delete 语句

  Delete 语句的功能是删除数据记录，其语法句式为

  Delete From table_name Where search_condition

表示删除数据表中符合指定条件的数据记录。

  例：

  Delete From authors Where au_id='001'

表示删除 authors 表中 au_id 字段值为"001"的记录。如果省略 Where 子句，则表示删除数据表中的所有数据记录，但并不删除数据表。

  4) Update 语句

  Update 语句的功能是更新数据记录，其语句格式为

  Update table_name Set expression Where search_condition

  例：

  Update authors Set age=age+1 Where au_id='001'

表示对 authors 表中 au_id 字段值为"001"的记录，将其 age 字段值加 1，如果省略 Where 子句，则表示将所有的数据表记录中的 age 字段值加 1。

  如果更新的字段不止一个，则只要将更新的各个字段的指定运算式一一接在 Set 关键字之后即可。

# ◆———— 习题与思考题 ————◆

1. 简述 OSI 模型各层的功能。
2. 简述 TCP/IP 模型和 OSI 模型之间的联系与区别。
3. 简述网络操作系统的功能与特点。
4. IPv4 与 IPv6 有什么区别？
5. 如果让你申请一个你们班级的中文域，请问你该如何做？
6. 常见的网络操作系统有哪些？
7. SQL 语句主要有什么操作？其格式是什么？

# 第 3 章  网站规划与设计

本章主要讲述建设网站的基本规划及设计、实现措施，通过本章的学习，读者应掌握以下内容：

- 网站的概念及分类；
- 网站的规划及设计步骤；
- 网站的 Internet 接入技术；
- 网站提供的服务。

用户在建立了自己的企业内部网络后，紧接着要做的就是实现内部网和 Internet 的连接，并着手规划和设计网站的内容以及网站所能提供的 Internet 服务。

## 3.1  网站的分类

根据网站上信息的传递和服务方式的不同，可以将网站分类为政府类、查询检索类、电子商务类、远程交互类、娱乐休闲类、个人自助类和无线服务类等类型的网站。

### 3.1.1  政府类网站

从 1999 年开始，我国"政府上网工程"就进入了积极的推进时期，经过多年的摸索和实践，我国电子政务建设取得了巨大成就，为电子政务的迅速发展奠定了良好的基础。

网上的政府机构部门信息具有及时性、权威性与综合性等特点。政府类网站是一座沟通政府与社会各界的桥梁。政府类网站所提供的主要信息服务包括政府新闻、政府职能/业务介绍、统计数据/资料查询、法律法规/政策文件、办事指南/说明、办公/业务咨询、通知/公告、办事进程状态查询、企业/行业经济信息、便民生活/住行信息和表格下载等。

目前，我国各部委建立的信息中心都在网上面向社会服务，我国许多驻外使馆也都建立了网站。我国的政府上网工程树立了各级机关在 Internet 上的形象，提高了工作透明度与办公效率，该工程的建成极大地丰富了网上的中文信息资源。图 3-1 所示为南京市政府网站 (http://www.nanjing.gov.cn)。

图 3-1  南京市政府网站

### 3.1.2　查询检索类网站

Internet 的丰富资源吸引了越来越多的用户。在如此浩瀚的信息面前，如何迅速找到自己想要的信息，成了人们很关心的问题。百度网站(http://www.baidu.com)在这方面也取得了巨大的成功，百度是目前全球最大的中文搜索引擎，于 2000 年 1 月创立于北京中关村。百度以"让人们最便捷地获取信息，找到所求"作为自己的使命，秉承"以用户为导向"的理念，始终坚持如一地响应广大网民的需求，不断地为网民提供基于搜索引擎的各种产品，其中包括：以网络搜索为主的功能性搜索，以贴吧为主的社区搜索，针对各区域、行业所需的垂直搜索，mp3 搜索，以及门户频道、即时通信(Instant Messenger，简称 IM)等，全面覆盖了中文网络世界所有的搜索需求。百度网站首页如图 3-2 所示。

图 3-2　百度网站首页

### 3.1.3　电子商务类网站

电子商务是以互联网为核心利用信息技术手段的商务活动，可提供网上交易和管理等全过程服务，具有广告宣传、咨询洽谈、网上订购、网上支付、电子账户、服务传递、意见征询与交流、企业与交易管理等各项功能。电子商务的常见模式有企业对企业(B to B)、企业对客户(B to C)、客户对客户(C to C)和客户对企业(C to B)。

电子商务的发展将会提供一个良好的交易管理的网络环境及多种多样的应用服务系统。电子商务的特性可以归纳为以下几点：商务性、服务性、集成性、可扩展性、安全性、协调性等。随着 Internet 的发展，基于互联网的电子商务对企业的吸引力越来越大，原因是因为它比基于 EDI(电子数据交换)的电子商务具有以下一些优势：

● 费用低廉。互联网是国际的开放性网络，使用费用很便宜，这一优势使得许多企业尤其是中小企业对其非常感兴趣。

● 覆盖面广。互联网几乎遍及全球的各个角落，用户通过普通电话线就可以方便地与贸易伙伴传递商业信息和文件。

● 功能更全面。互联网可以全面支持不同类型的用户实现不同层次的商务目标，如发布电子商情、在线洽谈、建立虚拟商场或网上银行等。

● 使用更灵活。基于互联网的电子商务可以不受特殊数据交换协议的限制，任何商业文件或单证可以直接通过填写与现行的纸面单证格式一致的屏幕单证来完成，不需要再进行翻译，任何人都能看懂或直接使用。

阿里巴巴网站(http://china.alibaba.com)是著名的以 B to B 形式为主要模式的电子商务网站，这家拥有优秀的国际化管理团队的网站提出建设全球最大的网上交易平台的目标。目前其日访问量及成交额均居世界电子商务网站前列。阿里巴巴网站首页如图 3-3 所示。

图 3-3　阿里巴巴网站首页

## 3.1.4　远程交互类网站

远程交互类网站是利用互联网进行诸如远程办公、远程医疗、远程教学等交互性应用服务的网站。此类网站也是随着 Internet 技术的不断提高和基础设施的不断完善而逐步发展起来的。远程交互类网站是从非实时互动向实时互动发展的结果，通常运用多媒体技术增强互动感性效果。

## 3.1.5　娱乐休闲类网站

娱乐休闲类网站近几年也得到飞速发展。这类网站满足了工作和学习之余的娱乐消遣。常见的有游戏类、影视音乐类、娱乐节目类、娱乐新闻类等网站。随着 Internet 的普及和发展，这类网站的访问量越来越高。如非常流行的联众世界(http://www.ourgame.com)，是以棋牌在线为主营的娱乐网站。该网站不仅极大地丰富了人们的网上生活，也在一定程度上宣扬、传播了中华传统文化，在很短的时间里，迅速成为全球最大的中文休闲娱乐社区。

## 3.1.6　个人自助类网站

Internet 是一个全球性的开放网络，任何人均可以注册自己的域名，建立属于自己的网站。可以说，Internet 上最多的网站是个人网站，这类网站的分类比较复杂，许多个人网站由于各种原因有始无终，但少数品位高、内容独特的个人网站的访问率甚至可以超过专业网站，如华军软件园(http://www.onlinedown.net)和天空软件站(http://www.skycn.com)等众多个人网站。由于这两个个人自助网站提供大量电脑实用信息、共享软件等，因此成为众多计算机爱好者的必去之处。

### 3.1.7　无线服务类网站

　　随着人们对通信及信息交换的要求的不断提高，国内的移动非话音双向短消息服务业务需求大量增加。近年来，使用便捷的无线通信的用户越来越多，Internet 也理所当然地进入了这个领域。与普通的 Internet 网站不同，无线 Internet 需使用专门的通信协议，网页的编制也与 HTML 不同。

　　1997 年 6 月，爱立信、摩托罗拉、诺基亚和无线星球移动通信界的四大公司联合发起了无线应用协议(WAP，Wireless Application Protocol)论坛，目的是建立一套适合不同网络类型的全球无线协议规范。所以，人们将无线网站称为 WAP 网站，与 TCP/IP 一样，它是一项网络通信协议，是全球性的开放标准。它使移动互联网有了一个通用的标准，标志着移动互联网标准的成熟。

　　WAP 将 Internet 和移动电话技术结合起来，使手机也能够访问 Internet 网的丰富资源。目前的 WAP 协议版本是 WAP2.0。

　　专家预测，未来几十年中，Internet 上的无线接入用户将超过目前的 PC 接入用户，人们将普遍使用手机、掌上电脑等设备，通过无线实现对 Internet 网站的浏览。建立无线网站，也许是未来的新兴增长点。WAP 通信示意图如图 3-4 所示。

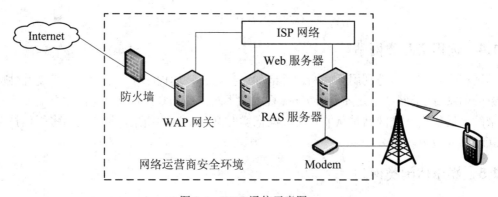

图 3-4　WAP 通信示意图

## 3.2　网站建设的实现

　　Internet 已经得到全世界的认可，也逐渐地改变了世界，促成了网络经济的形成。人们也都感觉到了网站在生活中的重要性。对企业或单位来说，网站在宣传方面起到新的作用，也是一个趋势，同样也会在一定程度上促进企业的发展。对于其他一些个人来说，有目的地建设自己的网站，便于开展自己的工作，开创新的职业，同时也为适应 Internet 时代掌握了一项技能。但网络中更多的是企业网站。

### 3.2.1　网站建设的目的

　　在信息时代，传统的经营观念已经不适应这个社会的发展。企业要生存和发展，就必须适应社会的整体发展，关注社会动态，了解先进技术，走在科技前沿，这样才不至于被时代所淘汰。

网络强大的通信能力和电子商贸系统悄然改变了商品交易的环境，也改变了原有的市场影响理论的根基。在网络环境和电子贸易时代，时间和空间的观念、市场的性质、消费观念和行为等都将发生深刻的变化。建立企业网站、通过网站对外宣传和交流商务信息是中国企业进行电子商务的基础和突破口。企业建立网站已经是形势所迫之事。

### 1. 提高企业的知名度，创立网络品牌

网站直接面对全球网络用户，这些用户是各种类型的，有着各种各样的需求。企业网站就是用户面前的一个宣传窗口。网站上的内容具有文字、图片、色彩、声音、动画、三维空间特效、虚拟现实世界等。具备了所有多媒体的广告功能。同样有能力通过网络将自己公司的一些科技成果展现在网络上，提高自己的企业知名度。这对发展一个企业来说是极有益处的。

### 2. 有利于拓展营销渠道，扩大市场，提高营销效率

企业通过网站可以开展电子营销。首先，电子营销可作为传统的营销补充；其次，电子营销可以拓展新的空间，增加销售渠道，接触更多的新客户，扩大市场；再次，电子营销可以减少环节、减少人员、节约费用、降低成本，有利于提高营销效率。

### 3. 中小企业可以以低成本进入有发展前途的市场

在 Internet 空间中，没有人知道你的企业本身的大小，也就意味着谁都可以使自己的企业和世界 100 强企业一样拥有一个页面豪华的网站，开展网络营销。此时，小企业与大企业是站在同一个水平线上。企业一旦上网，就成了一个面向全世界的企业。同样，小企业一样可以开拓国际市场。

### 4. 建立良好顺畅的客户互动交流机制，提高服务质量

企业可以利用自己的网站，应用多媒体技术向客户提供有关产品和服务的丰富的数据资料，及时提供最新的服务项目。它有以下优点：

(1) 有利于了解客户的意见，掌握客户的需求。在不干扰客户正常生活和工作的条件下，企业通过网站上的调查表、留言簿、定制服务以及 E-mail 可以倾听客户的意见，了解客户的心声，加强企业与客户间的联系，建立良好的客户关系。

(2) 有利于改善服务，提高企业服务质量。利用网站，通过电子沟通方式，企业开展的在线服务是传统的沟通方式(如邮件、电话和传真等)所无法比拟的，在线服务能够更加及时准确地掌握客户的需求，通过网站的交互服务使得被动提供和主动获得统一起来，从而实现售前、售中、售后的全过程和全方位的服务。

如美国联邦快递公司提供了网上货物查询服务，客户可以跟踪货物递送的全过程，此举不仅提高公司的信誉，更极大地方便了用户。

### 5. 增强企业综合竞争能力

通过网站进行业务经营，不仅可以丰富服务内容，提高服务效率，同样也可以增强企业综合竞争能力。在贸易过程中，由于贸易持续的简化，使得网络贸易通信及时，资金回笼时间减短，使得企业有机会与更多的贸易伙伴建立联系，增加贸易机会。同时，企业网

站可以发挥促销推广的作用，以非常低的成本建立全球市场，从而大大地增强企业的市场拓展能力，提高了企业的市场竞争力和经营效益。

### 3.2.2　网站设计的原则

无论是大型的门户网站，还是中小型的电子商务类网站或其他类型网站，成功与否，主要取决于网站所具备的基本原则。要规划与设计一个有生命力的网站，至少应该遵循以下八条基本原则。

**1. 明确网站设计目的**

首先应明确建立网站的目的。例如，所建网站主要是向大众宣传自己的单位，进而扩大知名度和影响力，还是宣传单位所拥有的技术、设计生产的产品，进而促进销售，还是建立主要进行企业与企业的电子商务的网站呢，因为主题不同所需的时间、人力、物力均大不相同。对于多数企业来说，建立网站是展现企业形象，介绍产品和服务，体现企业发展战略的重要途径。因此，必须明确设计网站的目的和用户需求，从而做出切实可行的计划。现在网络上有很多网站并没有起到预想的效果，其主要原因是，在设计前期，对网站的最终目的和用户的需求理解有偏差，缺少分析网站对行业作用和用户的需求。

**2. 总体设计主题鲜明**

在明确了网站设计目的的基础上，完成网站的总体构思创意，即总体方案设计。对网站的整体风格和特色进行恰当定位，细致规划网站组织结构，是设计制作的前提。Web 站点的形式应该针对所服务对象(机构或人)的不同而有所不同。有些站点只提供简洁文本信息；有些则采用众多的多媒体表现手法，提供精美的图像、动听的音乐、错综复杂的页面布局等。设计者应该根据网站的目的和用户的特点，规划出最终的表现手法和表现形式。但必须做到主题鲜明突出，要点明确，画面整体形式要体现出站点的主题，当然，可以发挥其他手段充分表现网站的个性和情趣，办出网站的特色。

**3. 网页形式与内容相统一**

网页的内容虽然各不相同，但作为一个完整的网站，要力求做到网页形式与内容的相统一。要将页面中的丰富意义和多元化的形式相统一，形式语言必须符合页面的内容，体现丰富的内涵。用户可以运用对比调和、对称与平衡以及留白等手段，通过文字、表格、图形相互之间的关系建立整体的均衡状态，产生和谐的美感。如合理的应用对称原则，页面就不会显得呆板，若加入一些富有动感的文字、图片、动画等，或采用一些非常规的夸张手法来表现，可能也会达到比较好的效果。

**4. 网站网页结构设计合理**

网站的结构可以分为网站的物理结构和链接结构。其中，物理结构是指网站文件的物理存储结构，即网站的目录结构；链接结构是指页面之间相互链接的拓扑结构，是建立在网站物理结构之上的一种结构。

**1) 物理结构**

网站的物理结构体现在网站服务器上的目录结构。设计时要求层次之间功能明确，同时根据网站文件的功能、地位以及逻辑结构来建立树状目录结构。一个好的目录结构设计对于网站本身的维护以及以后内容的扩充和移植具有一定的好处。

在设计时需要注意以下原则：

● 不要将所有的文件都存放在同一根目录下，基本上所有网站的建设都是边设计边充实的，所以刚开始时因为文件较少而将所有的文件都存放在根目录下，随着文件的越来越多就造成了文件管理的混乱以及上传速度的下降。

● 按栏目内容建立子目录，按照主栏目建立子目录，对于内容较多，并且需要经常更新的内容可以建立独立的子目录，而一些不需要经常更新的栏目，如网站的主要框架、接口程序等都放在特定的目录之中，从而便于网站的管理与维护。

● 在每个主目录下建立一个独立的存放图片的目录。将不同目录文件的图片存放在各自的图片文件夹，当需要对某一栏目进行操作时就能够很方便地执行。

● 目录的层次不要太深，一般不超过三层，尽量使用便于记忆和管理的英文目录名，尽量使用意义明确的目录名。

随着网站技术的不断发展，利用数据库技术或其他后台程序自动生成网页的技术越来越普遍，网站的目录结构也发展到一个新的结构层次。

2) 逻辑结构

网站的逻辑结构是指页面之间相互链接的拓扑结构，是建立在目录结构基础上，并且跨越目录的结构。每个页面都是一个固定点，链接则是表示在两个固定点之间的链接。一个点可以链接一个或多个点，并且这些点存在于一个立体空间中。

目前，在网站设计的实际过程中，常采用顺序结构、层次结构、网状结构和复合结构四种网页组织结构。

顺序结构又称为线性结构，是一种比较简单的网页组织方式。在这种结构中，主页为标题或引言，其他各页按顺序排列，前后一般互有链接，如图 3-5 所示。这种结构适合组织一些顺序性较强的内容，用户只须简单地按照一定的顺序在页面之间前进或后退即可，如电子图书、网上教材和小说等。

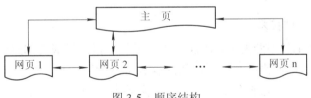

图 3-5　顺序结构

层次结构是最常见的网页组织方式，又称为树形结构。大部分网站均采用这种组织结构，主页可以直接链接到下一层的各个页面，这些页面可能有再下一层的页面链接，如图 3-6 所示。其优点是层次清楚、关系明确、扩展性好、便于查找。但这种结构的层次不宜太深，最好不超过四层，这种结构一般适合于结构性较强的中小型网站，如个人网站、企业网站等。

将内容相关的不同页面链接在一起，便形成了如图 3-7 所示的网状结构。与前两种结构相比，这种结构更加灵活，查找效率高，而且符合人们联想思维的习惯，因而受到用户的欢迎。由于这种结构中的网页添加或删除会引起"死链"，因此其扩展性较差，一般在网页中设置"导航"、"返回上页"或"返回首页"等链接。

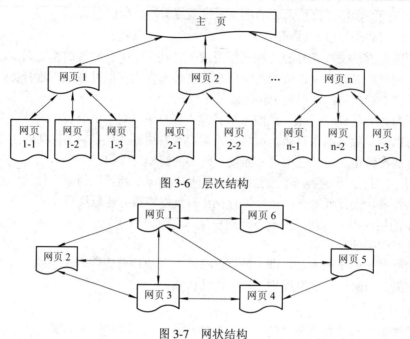

图 3-6　层次结构

图 3-7　网状结构

　　大多数网站在制作网页时，并不是采用单一的结构形式，而是结合使用多种组织结构，因此称为复合结构。

### 5. 安全快速访问

　　再精彩、精美的网站，如果需要人们焦急地坐在电脑面前苦等一阵才能浏览，这可能需要用户有足够的耐心。影响互联网运行的最大瓶颈不是通常人们所认为的信息显示能力，而是网页的传送速度。要想网站有足够多的人访问，并能够快速的访问，前提是网站的服务器本身要保证有足够的运行速度和传输带宽，这样将直接影响网站的日访问量，也就影响了网站原本应该发挥的作用。

### 6. 合理利用多媒体技术

　　随着 Internet 技术的不断发展，多媒体这一现代元素已经成为网络时代的基本要素。为了最大程度地吸引浏览者的注意力，页面的内容可以设置添加一些很有冲击力的多维图像效果。但在设计、添加动态的多媒体效果时，必须考虑到网络带宽的限制，考虑到效果的应用会不会直接影响到用户浏览页面的下载速度。要时刻记住互联网的用户掌握着主动权，是他们在主动地选择。如果网站下载信息的速度太慢，很容易让用户失去必要的信心，进而点击"退出"。所以在设计网页时可以充分了解用户的兴趣所在，用一些很有吸引力的多媒体效果来抓住用户，前提是必须让用户方便快捷地得到，并且保证用户不会忽略那些有用的信息。

### 7. 网站信息的时效性

　　作为一个希望有越来越多的用户来点击访问的网站，必须做到信息的及时更新，因为建设网站不是一次性的，而是一个持之以恒的行为。有很多网站在初次设计制作时，为了让网站能够吸引住更多浏览者，把主页设计得精彩、漂亮。但随着时间的推移，网站上最初的吸引力已经不再存在，用户会感觉到没有变化的内容是枯燥的、乏味的。所以，要想长期吸引住浏览者，最终还是要靠网站内容的不断更新，站点信息的不断更新。在更新中，浏览者可以及时了解企业的发展动态和新的网上服务等，同时也会帮助企业建立良好的形象。网站在更新时，要注意尽量在主页中提示给浏览者。若浏览者如期地来到网站，却并没有发觉网站已经更新，哪些内容已经更新，这恐怕不是网站设计者的初衷，所以最好要在网站的最显眼的地方告诉浏览者这些信息。

#### 8. 网站的交互性

如果网站只是简单罗列设计了一些供浏览者浏览的页面，而不能引导浏览者参与到网站的内容建设中去，那么它的吸引力是有限的。用户现在不仅需要被动按照设计者的思维顺序来浏览，更多的用户现在很想将自己融入到网站中，通过自己的主观性，合理、有机地选择要浏览的内容(如网页中的搜索功能)，或希望与其他浏览者互相交流些信息、疑惑等。这时就需要网站能够方便地让用户浏览信息、发布信息、交流信息，这些交互性强的功能，才能将网站的魅力体现得更持久。

### 3.2.3　网站建设的主要步骤

建设网站的具体实施过程主要包括服务器的建立与网页制作两大部分。不同单位和个人建设网站的目的不同，如有为企业自身服务的网站、有电子商务类网站、有各行业网站(如教育等)。根据不同类型的网站，在网站建设前，首先要明确网站建设的目的和目标，网站需要提供的服务、建设网站的经费等，要综合考虑各种因素，最终确定网站建设步骤。图3-8 给出了建设网站的一般步骤。

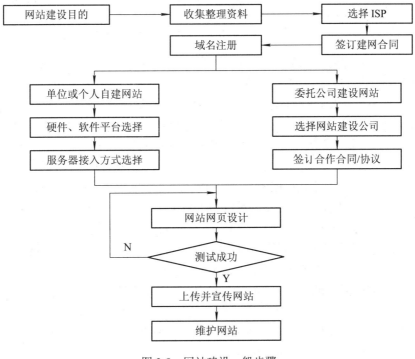

图 3-8　网站建设一般步骤

## 1. 网站建设前的准备

### 1) 确定网站建设目的

建设网站的目的对网站的计划和实施有决定性的作用，所以在网站建设前就必须明确网站建设的目的和功能。不同类型的网站，其建设目的各不相同，如一般企业建设网站的目的主要有介绍企业情况、发布企业产品、服务信息、收集客户反馈意见、网上市场调查、开展网络营销、网上客户服务、实施电子商务等方面。应在明确目标的基础上，进一步确定网站功能，即根据企业的需要和计划，确定网站的功能(如产品宣传型、网上营销型、客户服务型、电子商务型等)，并充分掌握企业内部网的建设情况和网站的可扩展性。

### 2) 制定网站建设计划

网站建设不是某个人或某个部门的事情，而应由企业各个部门共同协助完成。网站建设计划主要是安排和协调企业相关部门共同去建设网站，对企业的各个部门应该负责的事务进行统筹安排。计划的主要内容包括确定网站建设目的、根据建站目的确定网站的功能、安排网站建设时间、收集整理的网站内容、选择网站软/硬件平台(企业自己建设网站还是委托其他公司建设)、选择网页设计(是由企业自己做还是进行委托)、发布网站测试、推广网站、经费预算等。

### 3) 选择 ISP 和域名注册

网站建设前，应该确定企业的域名，并选择合适的 ISP 对域名进行注册。

## 2. 确定网站开发方式

目前，网站开发方式主要有自主开发方式、委托开发方式、合作开发方式和购买现成网站方式。每种开发方式均各有其优、缺点，企业建设网站需要根据具体情况选择开发方式，也可以综合使用各种开发方式。

### 1) 自主开发方式

自主开发即网站的开发完全由企业自己完成。自主开发的优点是开发费用少，开发的系统能够适应本单位的需求，便于维护；缺点是由于不是专业开发队伍，因此，开发水平较低，容易使得系统开发时间加长，且使系统整体优化性变弱。

企业自己开发建设网站，需要根据网站的功能确定网站技术解决方案，主要是确定网站的软/硬件平台、网页设计等各种技术。主要需考虑以下方面：

● 采用自建服务器，还是租用虚拟主机。大型网站服务器有多种类型，如文件搜索服务器(Archie Server)、电子公告栏服务器(BBS Server)、域名服务器(DNS Server)、文件传输服务器(FTP Server)、Gopher 信息查询系统服务器(Gopher Server)、网络论坛服务器(News Server)、电子邮件接收服务器(POP Server)、电子邮件发送服务器(SMPT Server)、拨号接线服务器(PPP/SLIP)、以终端模式连线的服务器(Terminal Server)、全球信息网服务器(WWW Server 或称 Web Server)等诸多服务器，而一般小型网站仅有一个 Web 服务器即可。

● 操作系统的选择，如选用 Windows Server、UNIX 还是 Linux？操作系统的选择应与Web 服务器、网页设计、数据库等各种技术综合考虑。

● 相关程序开发技术的选择，如网页程序采用 ASP、PHP 还是 JSP？数据库可采用Access、SQL Server、MySQL、Oracle 等。

● 网站安全性措施，如防黑客、防病毒等方案。

● 系统性的解决方案的选择，如 IBM、HP 等公司提供的企业上网方案、电子商务解决方案，也可以自己开发。

● 投入成本、功能、开发方案以及稳定性和安全性等的分析。

2) 委托开发方式

委托开发方式适合资金充足，但企业信息技术队伍力量较弱的企业，这种方式需要企事业的业务骨干参与系统的论证工作，开发过程需要开发单位和企业双方紧密合作，企业需要对开发单位进行监督、检查和协调。

委托开发再进一步，就形成了业务外包。业务外包是指企业聘请专门从事网站开发服务的公司进行开发工作，由开发商负责网站的建设，甚至日常管理工作，企业不需要依靠自身的内部资源建立信息系统。

委托开发一般是针对一次性项目签订委托合同，而业务外包则可能是签订一个长期的服务合同，并对企业的信息技术业务进行日常支持。

3) 联合开发方式

联合开发适合于有一定的信息技术人员，但技术力量不太强的企业，希望通过网站的建设完善并提高企业的技术队伍，便于以后网站的维护和进一步拓展。

联合开发方式可以培养企业的技术力量，所需资金比委托开发少。开发准备工作要充分，对技术上的问题最好能在开发前达成共识，以免开发过程中出现不必要的过多的扯皮现象；开发过程中也需要双方不断进行协调和检查，以达到完美的整体效果。

4) 购买现成网站方式

目前，有大量的专业网站建设公司已经开发出一批现成的网站，为了提高系统开发的经济效益，企业也可以购买现成的网站。这种方式节省时间和费用、技术水平较高，但是这种网站的专用性较差，往往根据用户的具体要求需要再进一步进行二次开发工作。

### 3. 网页设计

1) 网站内容规划

根据网站的目的和功能规划网站内容，在进行网页设计之前，必须收集、整理需要发布的网页的内容，并制定网页改版计划，如需半年到一年时间进行较大规模改版等。

在制作网页前，应规划好以下三方面内容：

● 确定栏目和版块。

● 确定网站的目录结构和链接结构。

● 确定网站的整体风格、创意设计。

2) 网页设计

网页设计效果会影响一个网站在互联网中的形象。网页设计时需注意以下几个方面：

● 网页设计美术设计要求，网页美术设计一般要与企业整体形象一致，要符合规划网站的整体定位(CI, Corporate Identity)规范；要注意网页色彩、图片的应用及版面规划，保持网页的整体一致性。

● 网站形象设计，需要设计网站标志(Logo)，设计网站的标准颜色、标准字体等。

● 网页布局设计，布局就是以最适合浏览器的方式将图片和文字排放在页面的不同位置，首页的布局设计尤为重要。

● 新技术的采用上要考虑主要目标访问群体的分布地域、年龄阶层、网络速度、阅读习惯等。

### 4. 网站测试

网站发布前要进行细致周密的测试，以保证正常浏览和使用，测试过程如果发现错误可以立即修改。

网站测试的主要内容有服务器稳定性、安全性，程序及数据库测试，网页兼容性测试(如浏览器、显示器)以及根据需要的其他测试。

### 5. 网站的发布与推广

网页制作完毕，需要将网页上传到 WWW 服务器，可以使用专门的上传软件，将相应内容上传到指定的位置，并对网页进行测试，保证网页在 Web 服务器上正常运行。

网站建设完毕后，应该进行对网站的推广工作，如果不宣传主页，一般人是很难找到你的主页的，则所建设的网站也就失去了意义。一般情况下，可通过导航台注册、有偿广告、交换链接、E-mail 等方式进行推广。

### 6. 网站的维护与管理

网站开始正常运行后，需要管理员对网站进行正常的维护与管理，主要工作有：

● 服务器及相关软、硬件的维护，对可能出现的问题进行评估，制定响应时间。

● 数据库维护，有效地利用数据是网站维护的重要内容，因此数据库内容的更新、调整等的维护要受到重视。

● 及时将最新的信息充实到网站，及时更新网页陈旧的信息，对用户的留言、信件做出反馈，进一步完善网页，不断采用新的技术更新升级网页，使网页的访问更迅速，外观更美观，信息资源更丰富。

● 制定相关网站维护的规定，将网站维护制度化、规范化。

## 3.3　接入 Internet 的方式

从信息资源角度出发，网站是提供 Internet 信息资源的地方，个人用户是信息资源的使用者。网站和个人用户接入 Internet 的方式也有所不同。这是两种不同类型的连接，网站连接到通信干线上是全天候的，即每时每刻都连在网上，而用户一般上网时才通过一定方式连接到 Internet 上，不上网时则不必连接。

### 3.3.1　网站接入 Internet 的方式

目前国内的网站接入 Internet 的方式主要有专线接入、虚拟主机和主机托管三种，用户可以根据情况选择其中的一种。

#### 1. 专线接入

专线接入即通过专门的线路将企业的网站接入到 Internet。它是指所有可以连接到 Internet 的连接线路方式，包括帧中继、DDN 和光纤等形式。

　　无论哪种方式接入 Internet，除了连接线路的租用费用外，还需要有相应的软、硬件设备，如路由器、服务器、调制解调器、防火墙、交换机以及配套软件(如操作系统、Web 服务器软件、数据库)等相关接入设备。

　　根据网站访问量的大小，所租用线路也可以不同，对服务器的要求也不一样，从几万元到几十万元不等，甚至可能用到上百万元。

　　专线接入方式费用昂贵，但也有很多优点，因为服务器在自己企业的工作环境中，开发和维护方便，一条专线可以提供多种 Internet 服务，可以同时拥有 Web 服务器、E-mail 服务器、FTP 服务器、代理服务器等，可以提供 Web 服务、E-mail 服务、FTP 服务、BBS、新闻组、Telnet 服务等 Internet 常用的服务。

## 2. 虚拟主机

　　使用虚拟主机方式可以使得一些小规模的网站能与其他网站共享同一台物理机器，可以减少系统的运行成本，并且可以减少管理网站的难度。对于个人用户，也可以使用这种虚拟主机方式来建立有自己独立域名的 Web 服务器。目前国内有很多公司都提供这种服务。如中华企业网(http://www.companycn.com)。

　　Web 服务器虚拟主机是指使用同一台服务器来充当多个主机名的 Web 服务器。比如，由一台机器同时提供 http://www.abcd1.com 和 http://www.abcd2.com 等的 WWW 服务，而浏览这些 WWW 站点的用户感觉不到在这种方式下和由不同的机器提供的服务有什么差别。

　　虚拟主机有三种工作方式。

　　1) 基于 IP 地址的虚拟主机方式

　　这种方式下，不同的主机名解析到不同的 IP 地址，提供虚拟主机服务的机器上同时设置有这些 IP 地址。服务器根据用户请求的目的 IP 地址来判定用户请求的是哪个虚拟主机的服务，从而进一步做相应的处理。

　　这种方式需要在提供虚拟主机服务的机器上设置多个 IP 地址，既浪费了 IP 地址，又限制了一台机器所能容纳的虚拟主机数目。因此，这种方式目前使用较少。但是，这种方式是早期使用的 HTTP 1.0 协议惟一支持的虚拟主机方式。

　　2) 基于主机名的虚拟主机方式

　　HTTP 1.1 协议中增加了对基于主机名的虚拟主机的支持。具体来说，就是当客户程序向 Web 服务器发出请求时，客户想要访问的主机名也通过请求头中的"Host:"语句传递给 Web 服务器。比如，http://www.abcd1.com 和 http://www.abcd2.com 都对应于同一个 IP 地址(即由同一台机器来给这两个虚拟域名提供服务)，客户程序要存取 http://www.abcd1.com/index.htm 时，发出的请求头中包含有如下的内容：

GET /index.html HTTP/1.1

Host: www.abcd1.com

　　Web 服务器程序接收到这个请求后，可以通过检查"Host:"语句来判定客户程序请求的是哪个虚拟主机的服务，然后再做进一步的处理。

　　优点：提供虚拟主机服务的机器上只要设置一个 IP 地址，理论上就可以给无数多个虚拟域名提供服务，占用资源少，管理方便。目前基本上都是使用这种方式来提供虚拟主机服务的。

缺点：在早期的 HTTP 1.0 版本下不能使用。实际上现在使用的浏览器基本上都支持基于主机名的虚拟主机方式。

3）基于端口的虚拟主机方式

如果只有一个 IP 地址，但需要建设多个网站就可以采用基于端口的虚拟主机方式。用户访问所有的网站都是需要使用相应的 TCP 端口的，Web 服务器默认的 TCP 端口为 80，访问端口为 80 的网站时不需要在浏览器输入端口号。所设置的 Web 服务器的端口不为 80时，就可以建立一个网站，访问时只需要在网址后面加上"：端口"号即可。

例如，http://www.abcd1.com 和 http://www.abcd1.com:8000 是两个不同的网站。http://www.abcd1.com 网站的端口号为默认值 80，访问时不需要输入端口号，平时浏览的网站基本上都是这种形式的；http://www.abcd1.com:8000 网站的端口号为 8000，访问时需要加上"：8000"。

### 3. 主机托管

主机托管又称为服务器托管，是指将一台服务器放到 ISP 机房或向 ISP 租用一台服务器，客户可以通过远程控制将服务器配置成 WWW、E-mail、FTP 等服务器。ISP 为客户提供了优越的主机环境，包括机架空间、恒温恒湿环境、网络防护、UPS 供电以及防火设施等。客户只需将设备放到 ISP 的中心机房或数据中心，就可通过其他线路进行网站的远程管理和维护，提供主机托管的 ISP 向用户收取机架空间和接入费用。

目前，主机托管服务在国际上非常流行，因为它满足了企业对于上网的高速、经济、安全的要求。主机托管的缺点是对服务器需要进行远程维护，技术难度比较大。不过随着服务器性能的稳定、网络带宽的提高和应用软件的丰富，这种情况将逐步改变。许多大型网站就是利用服务器托管的形式来建立自己的站点的，包括各地的镜像站点。主机托管适合于中、大型规模的网站。

网站选择哪种方式接入 Internet，应该按照自身的特点决定，应该从有利于网站发展的角度出发，不可一味地图节省，也不可只图方便。对于一般的企业网站，可以考虑虚拟主机、主机托管等方式，对于政府部门、媒体、安全部门及一般的大型电子商务的网络公司的网站，为了保证自身信息的安全，不便采用远程管理，因此适用专线接入方式。

## 3.3.2　用户接入 Internet 的方式

### 1. 通过局域网与 Internet 连接

每种局域网络都有自己的通信协议和服务体系。例如，基于 UNIX 系统的网络、基于Linux 或 Windows Server 的网络等。将一个局域网连接到 Internet 主机可以有两种方法：一种是通过局域网的服务器，使用高速调制解调器，通过电话线路把局域网与 Internet 主机连接起来，局域网的所有微机共享服务器的一个 IP 地址；另一种是通过路由器把局域网与Internet 主机连接起来，局域网上的所有主机都有自己的 IP 地址，让整个局域网加入到Internet 中成为开放式局域网。路由器与 Internet 主机的通信可以通过 X.25 网或 DDN 专线实现。通过调制解调器连接的方法与仿真终端以及 SLIP/PPP 方法大致相同。通过路由器连接的方法与建立 Internet 子网的方法基本一样。

Internet 是网中网，可以把所有构成 Internet 的网络都看成是 Internet 的子网。由于

Internet 的网络拓扑结构系层次结构，所以这些子网还可以进一步分割成若干子网。子网进入上级网络的出口点(即路由器的存放点)也可以称为节点。子网与 Internet 主机的连接涉及到一系列较复杂的技术问题，如通信量的估算、通信方式的选择、路由器参数的设定、域名服务器的建立以及路由协议的选择等。子网与 Internet 主机连接的一般过程如下：

(1) 确定子网的 IP 地址。

(2) 建立一个域名服务器，并把该域名服务器与上级名服务器连接起来。

(3) 确定子网进入 Internet 的连接点，即已经与 Internet 连接的主机。

(4) 设置、安装与调试路由器。

(5) 在子网的主机上安装并调试连接 Internet 所需的软件。

(6) 对某些不采用 TCP/IP 协议的子网，虽然也可以实现与 Internet 的连接，但要使用具有协议转换功能的网管，以实现不同协议之间的数据传输，并且在功能上也要受到一定的限制。

局域网一般设置"防火墙"(fire wall)与 Internet 相连。建立防火墙的目的是防止局域网中某些数据的外传和阻止局域网中用户浏览某些网站。企业网络一旦与 Internet 相连之后，就可以利用 Internet 向世界介绍自己的企业形象，制作自己的主页，对外提供本地信息，如产品目录、技术支持等，让 Internet 上所有的用户都可以看到自己的消息和产品，也能让企业内部局域网的用户浏览 Internet。

随着 Internet 在各个领域中的广泛应用和普及，如何使现有的局域网中的每个工作站都能够访问 Internet、上网浏览及下载国内外各个网站的实时信息，并且能够单独发送与接收电子邮件，已成为改造公司、学校与工厂中现有局域网的一个迫切任务。解决此问题，可以采用增添硬件设备方式和使用仿真软件的方式，但这两种方式都有一定的缺陷。采用代理服务器(proxy)或网关(gateway)软件，仅需一个账号和一个调制解调器(Modem)，就可以使局域网中各工作站共享 Internet 服务。虽然局域网中仅有一台机器与 Internet 相连，但每个工作站用户在使用时就如同本机直接与 Internet 相连一样，可以自主访问不同的网站，浏览不同的网页；还可以各自发送与接收电子邮件。这种方式是目前组建网站过程中应用最多的方式。

### 2. 仿真入网方式

普通计算机安装了相应的仿真软件后，就可以把计算机仿真成主机的一台终端，成为仿真终端的计算机在使用与功能方面与真正的终端完全一样，这是一种简单经济的连接方式，对计算机的要求也不高，可以使计算机实现以仿真终端方式上网的功能。虽然这种连接方式简单易行，但也有很大的局限性，主要的缺点是没有 IP 地址，无法使用高级用户接口软件。传给用户的电子邮件和各类文件均存放在主机上，因此影响上网速度与时间。

### 3. 拨号 IP 方式

拨号 IP 方式也称为 SLIP/PPP 方式。这种方式采用串行网间协议 SLIP(Serial Line Internet Protocol)或点对点协议 PPP(Point to Point Protocol)，通过电话线把计算机和主机连接起来。

拨号上网方式是使用自己的环境和用户界面(如 Macintosh、UNIX、Windows 等)进行联网操作的，其优点是可以在计算机上运行 Internet Explorer、Netscape 等浏览器程序，而这些程序在仿真终端上是无法运行的。可以在同一时刻建立多个连接，而且还可以与多个 Internet 主机建立连接，操作时可以打开多个窗口同时进行各种不同操作。此外，E-mail 文件及 FTP 获得的文件可以直接传送到本地的机器上。如今，大多数用户都采用这种方式上网。当然，采用这种方式上网对机器性能的要求也相对较高。

### 4. ISDN 上网

ISDN(Integrated Service Digital Network)中文名称是综合业务数字网，电信部门将其俗称为"一线通"，它采用数字传输和数字交换技术，将电话、传真、数据、图像等多种业务综合在一个统一的数字网络中进行传输和处理。ISDN 用数字服务代替了铜线上语音的服务，从而使服务的容量更大，质量明显提高。ISDN 一线通的突出优点在于：它可以在一条电话线上同时进行两路不同方式的通信。ISDN 可以用于多个局域网的互联，而取代局域网网间的租用线路，从而节省了费用。在这种应用中，局域网仅是 ISDN 的一个用户，ISDN 可以在用户需要通信时建立高速、可靠的数字连接，而且还能使主机或网络端口分享多个远程设备的接入，这种特性比专线租用灵活经济。因此，ISDN 是一种经济有效，并能承担多种业务的、较理想的通信手段。要实现用 ISDN 上网，还必须将原先的普通的电话号码改装成 ISDN 号码。ISDN 连接结构如图 3-9 所示。

图 3-9  ISDN 连接结构

### 5. ADSL 上网

ADSL(Asymmetrical Digital Subscriber Line)又称为非对称式数字用户线路。ADSL 的优点是利用现有的电话线路，配上特殊的 Modem 接到用户的计算机上。传统的 Modem 虽然也是使用电话线传输的，但只使用了 0 k～4 kHz 的低频段，而电话线理论上有接近 2 MHz 的带宽，ADSL 正是利用电话线的 26 kHz～2 MHz 高频部分进行高速数据传输的。经 ADSL Modem 编码后的信号通过电话线传到电话局后再通过一个信号识别器——分离器，将语音信号接到交换机上，数字信号接入 Internet。由于 ADSL 采用了频分复用技术，因此数据和语音分别走在不同的通道上，用户完全可以在打电话的同时上网，两者互不影响。

ADSL 利用普通电话线的上传速率可达到 640 kb/s～1 Mb/s，下载速率为 1 Mb/s～8 Mb/s，有效传输距离约 3 km～5 km。用户实际享受的通信速率需根据 Modem 型号的不同、用户端到通信中心的距离长短、线缆尺寸以及干扰等多种因素来决定，范围一般在 10 kb/s～640 kb/s 不等，而 ADSL 对于不同质量的线路，其表现也有较大的差异，在质量较差的线路上，其下行速率就会下降。

ADSL 可以为访问互联网、公司远程计算机或专用网络应用带来便利，使得交互视频，包括需要高速网络视频通信的视频点播(VOD)、在线电影、网络游戏等成为可能。

### 6. HFC 上网

HFC 上网就是利用有线电视的传送线路实现对 Internet 的高速访问。为了传送电视信号，已经建立了一组封闭式的电缆传输线路，而且有线电视采用的同轴电缆的数据容量相当庞大，同轴电缆的传输速率大约为 30 Mb/s。用户只需在自己的电脑上安装高速缆线调制解调器(Cable Modem)便可实现高速上网浏览。HFC 网不仅可以提供原有的有线电视业务，而且可以提供话音、数据以及其他交互型业务。因为有线网的用户网点已经相当普及，局部地区甚至超过了电话普及率，所以 HFC 被认为是通向信息高速公路的捷径之一。"有线通"连接结构如图 3-10 所示。

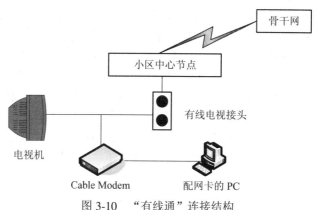

图 3-10　"有线通"连接结构

### 7. 卫星上网

随着卫星通信的发展，使用卫星上网在技术上已不是一件困难的事。卫星通信网与地面的光纤网相结合形成了一个统一的信息流载体，而卫星互联网接入系统也已逐渐得到越来越多的 Internet 用户的青睐。

卫星上网设备分为两部分：室外部分和室内部分。室外部分包括伞状卫星反射面天线，这是 KU 波段的天线，而一般常见的天线是 C 波段的天线，比 KU 波段的天线要大得多。天线与高频放大器相连，其作用是将天线接收的信号放大。室内部分十分简单，只需在电脑主板上插上一块卫星接收卡即可，电脑上的卫星接收卡与室外的天线通过 75 Ω 的同轴电缆相连。完成相应的设置后就可以拨号上网，整个安装调试过程只需一两小时就可以完成。下载时，通信速率可达 400 kb/s 左右。目前，申请使用卫星上网的费用较 ADSL 及 Cable Modem 昂贵，但仍是一种不错的高速上网接入方式。

## 3.3.3　ISP 的选择

ISP 即 Internet 服务提供商。任何计算机或局域网接入 Internet，实际上就是采用某种接入技术，通过接入网与 ISP 的一台主机连接在一起。因此，正确地认识和选择 ISP 是十分重要的。

为了提供接入服务，ISP 至少应具备三个条件：

(1) 具有或租用专线与 Internet 相连。

(2) 有 24 小时运行各种 Internet 服务程序的主机。

(3) 有 IP 地址资源。

我国的 ISP 可以分成两个层次：第一个层次是直接拥有国际出口线路的国家级电信企业和教育科研机构，第二个层次是租用国际出口线路的次级 ISP。

我国全国性、跨省市和地市级的次级 ISP，据统计已达 600 余家。

一般来说，选择 ISP 时应从以下几个方面加以考虑：

(1) 速率。这里需要考虑三个速率指标：第一个是 ISP 提供的接入速率；第二个是 ISP 到互联网的专线速率；第三个是国际出口速率。

(2) 中继线。对于中继线需要考虑数量和电话拨入方式两个问题。中继线的数量反映了 ISP 所能支持的拨号用户的数量。如果用户较多，中继线数量不足会出现"占线"，用户较难拨入。电话拨入方式分为选中继线和非中继线两种。前者为用户提供单一的拨入电话号码，后者提供几个拨入号码，需要试拨，显然前者较好。

(3) 网络可靠性。网络可靠性包括硬件、软件及专线的稳定性和可靠性，应选择服务器运行稳定、不丢失用户数据、计费不出错误的 ISP。

(4) 费用。应选择收费价格合理，并且收费方式适合用户情况的 ISP。

(5) 漫游服务。经常出差的用户可以选择提供漫游服务的 ISP。

(6) 技术支持及服务。全面的技术支持和高质量的服务对用户也是十分重要的。

# 3.4　网站的服务功能

Internet 的主要功能之一就是为客户提供服务。Internet 以客户/服务器工作模式提供多种类型的应用服务。

Internet 提供的服务主要分为三类：信息查询与发布、信息交流和资源共享。信息查询与发布主要是指 WWW 服务等。信息交流主要是指电子邮件(E-mail)服务、网络新闻(Usenet)服务、电子公报(BBS)服务等，当然也包括视频会议，网上聊天等。资源共享指远程登陆(Telnet)服务和文件传输(FTP)服务等。

## 3.4.1　信息浏览及检索

WWW 是一种信息系统，可以为上网用户提供 Internet 信息查询和浏览服务。

### 1. WWW 的功能

WWW 系统是由位于日内瓦的欧洲粒子物理研究中心(The European Particle Physics Laboratory)开发的。他的初衷是使世界各地的科学家能通过 Internet 方便地共享信息和科研成果。1990 年底，第一个 WWW 软件问世，并于 1991 年在 CERN 超文本会议上进行了演示。此后，WWW 的发展极为迅速，很快延伸到医学、教育、旅游、传媒、商业等各个领域，到 1995 年全球的 WWW 服务器已超过一万台。

WWW 是浏览查询工具，可以使用户方便、快捷地查到 WWW 服务器提供的文本、图形、声音等文件。用户在浏览文件时，可以随时在多个文档或多个服务器之间任意切换。这种切换可以是随机的。这种方式的文档称为超文本文件。WWW 就是一个基于超文本方式的信息查询工具。

### 2. WWW 系统的工作方式及技术特点

WWW 是客户/服务器系统。客户端运行 WWW 客户端程序，WWW 客户端程序一般称为 WWW 浏览器。浏览器是用户访问 WWW 服务器的工具软件，提供良好的用户界面。

用户启动浏览器并登陆到某一台 WWW 服务器上，通过浏览器将用户的查询请求送给相关的服务器。WWW 服务器运行服务端程序，服务端程序负责完成规定的查询，并将结果送给用户端，用户就可以在自己的计算机上查询和得到 Internet 上的各种信息。

WWW 服务器采用了超文本技术，该技术允许用户不按照顺序读文档。所谓超文本，是指链接了图像、动画、声音等技术的文本。在超文本中，被链接的信息以节点为基本单位。一个节点对应了一个信息块，这些信息块可以是文本(Text)、图形(Graphics)、图像(Images)、动画(Animations)、声音(Sound)或是它们的结合体。在超文本的数据库内部，节点之间用链接指针(Links Pointers)链接起来，每个超文本页可以包括很多与这些链接指针相关的条目。通过这些条目可以找到此链接指针所指向的数据库中的内容，这些数据库可能在本地主机上，也可能在网络的远程主机上。

WWW 以 Web 信息页的形式提供服务，Web 信息页又称网页，是基于超文本技术的一种文档，既可以用超文本标记语言 HTML 书写，也可以用网页编辑软件来制作。常用的网页制作软件有 Dreamweaver、FrontPage 等。当客户端与 WWW 服务器建立连接后，用户浏览的都是一张张的网页，每个网站的首页称为该网站的主页。

使用统一资源定位器(URL，Uniform Resource Locator)可以完整地描述 Internet 上任意一张网页的地址，通常将这个地址称为网址。URL 书写格式为"协议：//主机地址/路径和文件名"。例如，"http://www.niit.edu.cn/jiaowc.htm"中，"http://"是超文本传输协议，表示所连接的资源是 WWW 服务，"www.niit.edu.cn"是主机地址，"jiaowc.htm"是该网页的文件名。URL 可以根据不同的协议指向不同的资源，根据不同的主机地址指向不同的服务器，还可以根据不同的路径和文件名指向不同的网页。例如，用"ftp://ftp.niit.edu.cn"可以访问南京工业职业技术学院的 FTP 服务器。

## 3.4.2　电子邮件

电子邮件是 Internet 提供的一种电子邮件服务，是指计算机之间通过网络传送信件。电子邮件可以传送文本、声音、图像、视频等多媒体信息。目前，电子邮件是 Internet 上使用最多的通信工具之一。

### 1. 电子邮件的特点

电子邮件保留了普通邮政信件的基本特点，发件人可以随时"寄"出信件，无需事先与收件人联系。邮件写好后可以立即发送，也可以几天后发送，还可以不发送。收件人可以在任何时间从邮箱中取出信件阅读，阅读后可以回信或转发，也可以不回信或转发。

与普通邮政信件相比，电子邮件具有以下优点：

(1) 传送速度快。普通邮政信件一般需要一天甚至几天才能送达，电子邮件最快仅需几秒或几分钟就可送达。

(2) 价格便宜。发一封普通邮政信件至少需要一元或几元钱，发一封电子邮件只需几分钱，当然，Internet 上还存在很多免费邮件服务。

(3) 信息内容丰富。普通邮政信件只能包含文字或图像，电子邮件不但可以包含文字或图像，还可以是语音邮件，或是包含一段视频(如录像、电影)等的多媒体信息的邮件。

(4) 电子邮件具有一信多发的功能。一封电子邮件一次可以发送给若干个接收者，只要给出每个收信人的地址，同一封信就会自动变成若干个邮件送达收信人的信箱。

### 2. 电子邮件系统的工作方式

电子邮件系统采用以客户/服务器模式工作，服务器运行电子邮件服务程序，电子邮件服务程序负责接收、分拣和转发邮件，最终将邮件送达各个用户信箱。电子邮件服务器如同一个"邮局"，管理着众多的用户信箱，每个信箱是管理员在服务器硬盘上开辟的一小块空间，其容量一般在 10 MB 以上，信箱的编码就是用户申请的用户名，即 E-mail 地址。客户端运行电子邮件应用程序，电子邮件应用程序为用户提供各种信息格式的邮件书写、组织和编辑功能，负责将写好的邮件发送给服务器，并从服务器的用户信箱中取回接收到的邮件。

电子邮件有固定的地址书写格式，即 E-mail 地址格式。E-mail 地址格式是用户名@电子邮件服务器域名。例如：njwanggang@126.com 中，"njwanggang"是用户名，用户名可以是英文字符或数字；"@"是 E-mail 地址格式符号；"126.com"是邮件服务器域名，是由 Internet 服务器(ISP)提供的。用户发信时必须准确填写 E-mail 地址，否则邮件系统无法发送，收信方收不到信件。电子邮件这种简单、方便、廉价的通信方式将越来越多地替代普通信件、传真或电话。

## 3.4.3　文件传输

文件传输是 Internet 提供的一项获取网络资源的服务，允许在计算机之间传送文件和程序。FTP 服务器如同一个远程拷贝命令，用户可以跨地域，在全球范围内的 Internet 上将需要的文件、程序和信息复制到本地计算机上。

### 1. FTP 的特点

FTP 可以传输任何类型的文件，其中包括 ASCII 码的文本文件、压缩文件、可执行程序、图像和语音文件等。FTP 把上述文件分为文本文件和二进制文件两类。前者又称为 ASCII 码文件，其内容为一系列 ASCII 码字符。除 ASCII 码文件外，其余文件均称为二进制文件。由于两类文件的数据不同，故传输文件时需指明被传输文件的类型。如果事先未指明被传送文件的类型，则 FTP 以文本格式为默认格式传送文件。

在 Internet 上，FTP 传输的通信流量比任何应用程序的通信流量都大，其原因主要在于 FTP 的传输数据量大，可以传输大型程序和数据文件。例如，网络操作系统程序、图形程序或一本字典。FTP 的传输速率高，在文本传输过程中不进行复杂的转换，直接以原文件类型传送副本。FTP 应用程序可以在 Internet 上免费下载。FTP 应用程序容量不大，占用硬盘空间很少。

FTP 是一种实时的联机服务，如同打电话一样，需要传送方与接收方的计算机同时工作，如果有一方出现故障或网络线路有问题，则自动停止传输。待故障排除后，用户需要重新登录，并根据所传送文件的具体情况选择"断点续传"(服务程序必须支持续传功能)或重新传输。

### 2. FTP 的工作方式

FTP 采用客户/服务器模式工作，在服务器端运行 FTP 服务程序，在 FTP 客户端运行 FTP 客户应用程序。FTP 服务程序负责用户的登陆管理，资源维护和提供用户传输文件的副本。FTP 服务器一般分两种：一种是需要事先注册和交费的专用 FTP 服务器，登陆时需要输入用户名和口令；另一种是可以随意访问的匿名文件服务器，对所有用户开放，允许没有注册的用户使用这些服务器上的共享资源，可以使用 anonymous 作为用户名，无须输入任何密码。FTP 客户应用程序负责给出 FTP 服务器的地址，建立与服务器的连接并登陆到服务器上，登陆成功后，进行文件的搜索，查找到所需要文件后即可把它下载到本地计算机上。目前 Internet 上有几千台 FTP 服务器提供匿名文件传输服务，为 Internet 用户提供丰富的资源共享和交流。

### 3.4.4　远程登录

远程登录是 Internet 提供的一项远程登录服务，是指本地计算机通过 Internet 连接到一台远程计算机上，登录成功后，本地计算机完全成为远程主机的一个远程仿真终端，用户可以像使用自己的计算机一样输入命令，运行远程计算机中的程序。

#### 1. Telnet 的特点

首先，Telnet 提高了本地计算机的功能。通过远程登录，本地计算机用户可以直接使用远程计算机的资源，一些在自己计算机上不能完成的复杂处理可以通过 Telnet 登录到可以进行该处理的计算机上去完成，从而大大提高了本地计算机的处理功能，简化系统。其次，Telnet 扩大了计算机系统的通用性，有些软件系统只能在特定的计算机上运行，通过远程登录，不能运行这些软件的计算机也可以使用这些软件。第三，Telnet 增强了实现网络服务的能力，使用 Telnet 可以登录到 WWW、FTP、Gopher 和 BBS 等服务器上，完成相应的服务功能。

#### 2. Telnet 的工作方式

Telnet 采用客户/服务器模式工作，在用户计算机上运行 Telnet 客户程序，在远程计算机(Telnet 服务器)上运行 Telnet 服务程序，负责审查远程用户的登录过程，提供用户所需要的资源。客户程序负责建立与远端计算机的连接，完成登录过程。当 Telnet 客户程序启动后，用户应首先给出远程计算机的域名或 IP 地址，系统开始建立本地机与远程计算机的连接。连接成功后，开始进行登录，即根据远程计算机系统的询问正确地键入自己的用户名和口令。登录成功后，用户的键盘和屏幕显示就好像在远程计算机上操作一样，用户可以直接输入远程计算机系统命令或执行远程计算机上的应用程序。工作完成后可以通过"登录退出"结束 Telnet 的联机过程，返回到自己的计算机系统。

### 3.4.5　新闻组

网络新闻是 Internet 提供的一项信息交流服务，允许网上用户以电子邮件的形式进行公开的分组讨论。

Usenet 不是实时的新闻讨论系统，新闻稿从一个地点传输到另一个地点有时会产生延误，有时会好几天得不到对方的回应，但这并不影响网上用户的讨论兴趣和讨论能力。新闻稿的内容一般是一条信息、一个课题或一份报告，同一类问题被归纳在一个新闻组中，每个新闻组内设有若干个大专题，每个大专题下又分许许多多的小专题。参加讨论的人可以选择感兴趣的问题发表新闻稿，与组内其他成员交换意见。

### 1. 新闻组与新闻稿的管理

Usenet 是树型的分层管理结构，每一篇新闻稿都隶属于一个小专题，每个小专题称为一个新闻小组，同类的新闻小组编成一个较大的新闻组，相同行业的较大新闻组又编成一个更大的新闻组，每一层之间用"."隔开。例如，rec.music.pop 表示艺术组中音乐组下的流行音乐组。下面给出了几个主要新闻组的通用名称：rec——艺术/娱乐；sve——文化/社会；sci——科学技术；comp——计算机；new——Usenet 本身；talk——对有争论问题的辩论；music——音乐等。用户一般可以在通用新闻组名称下创建各种名目的新闻组，并在新闻组中发表新闻稿。

新闻稿是文本格式的电子邮件，可以预先写好也可以随机书写。新闻稿的发布有两种形式：一是发给隶属的新闻组，这样的新闻稿一经发布就是一个公开的文件，任何用户都可以阅读和评价；二是直接发给某篇文章的作者，这样的新闻稿只有对方可以收到，其他人收不到，如果仅想与作者单独探讨某个问题，则可以使用这种形式。

用户在阅读新闻稿时，可以将所需要的新闻稿或新闻组列表随时摘录下来，保存在自己的计算机上或直接打印出来。

### 2. Usenet 系统的工作方式

Usenet 采用客户/服务器模式工作，由 Usenet 服务器和新闻阅读器组成。Usenet 服务器负责存储、更新和管理新闻组和新闻稿，并负责与其他 Usenet 服务器建立联系，接收和转发新闻组和新闻稿。用户的新闻稿先在本地的新闻服务器上发表，然后经过新闻转发从一个新闻服务器传给另一个新闻服务器，一两天之内就可以传遍覆盖全球的整个 Usenet 系统。

新闻阅读器是一种专用的新闻阅读软件，安装在客户端的计算机上。最早的新闻阅读器是由 Duck 大学的两名大学生开发研制的，他们开发的目的是为了使不同机型的用户可以共同讨论某个课题，彼此方便地交流信息。新闻阅读器具有阅读和讨论两个主要功能。阅读包括浏览新闻组、阅读新闻稿、摘录新闻资料。讨论包括发布新闻稿、对他人新闻稿内容答复或争议、与新闻稿记者联系。目前在 Internet 上使用的新闻阅读器有很多种，其中使用最多的新闻阅读器可以分为两类：一类是 UNIX 系统的新闻阅读器，如 nn、rn、tin 和 trn 等；另一类是 Windows 环境下的新闻阅读器，如 Netscape 公司的 Netscape news、微软公司的 Outlook Express 等。

## 3.4.6　电子公告板

电子公告板(BBS，Bulletin Board Service)是 Internet 提供的一项信息交流服务，在 Internet 上开辟了一块类似公告板形式的公共场所供人们彼此交流信息。这种交流信息的方式是公开、轻松、没有保密性的。

### 1. 公告板的使用和管理

任何用户都可以在公告板上阅读和张贴信息，其张贴的信息可以是供别人阅读的文章，也可以是对别人文章的评论。当一个用户在 BBS 上张贴了一个消息后，会陆续看到其他用户对此消息的反应，这些反应来自全球，但反应速度比较慢，可能需要几个小时或几天的时间，有时消息的发起人已失去了兴趣，但还能够不断地看到其他人对此消息的反应，甚至由此而提出新的问题，吸引更多的用户参与进来。

一个 BBS 系统包含多个电子公告板，每一块公告板都大概有一个特定的内容，如足球公告板、歌剧公告板等。在这些公告板中有一部分有专人管理，另一部分没有专人管理。对于无人管理的公告板，用户可以自由出入并参与讨论；对于有人管理的公告板，其中大部分是经过申请并得到允许后才可以进入和参与讨论的，还有一些则是系统向用户发布信息使用的，这些公告板只能阅读，不能张贴。

### 2. BBS 系统的工作方式

BBS 系统是客户/服务器系统。BBS 服务器负责管理电子公告板、验证登录用户的身份以及向用户发布信息等。在 Internet 上有许多 BBS 服务器，每一个 BBS 服务器由于其发布的信息内容不同而各有特色。例如 Fedworld BBS 服务器，是美国国家技术信息服务部建立的，该系统提供了成千上万个文件，涉及各个领域，从环保到商务、从白宫资料到联邦工作通报等。在 BBS 系统中大部分的 BBS 服务器以轻松的话题为主，如 Prism Hotel BBS 服务器就是一个以赛马、曲棍球、音乐、文学等题目为主的服务器，人们可以在此轻松地漫游。BBS 服务器之间通过特定的协议交换信息。每个 BBS 服务器中都有一项"BBS 信息服务"，其内容是向用户提供 Internet 上其他 BBS 服务器的地址及主要内容。用户只要进入一个 BBS 服务器，就可以查到其他多个 BBS 服务器。

BBS 客户端一般使用 Telnet 客户程序，它是一个远程登录软件。这个软件可以使用户的计算机以登录的方式与远程的某一个 BBS 服务器相连，并以该服务器终端用户的身份使用服务器上的 BBS 服务软件及公告板信息。登录过程如下：

(1) 建立连接。用户在自己的计算机上先用拨号或其他形式与 Internet 建立连接，然后启动 Telnet 软件，输入一个 BBS 服务器地址，系统便开始登录。当 Telnet 软件在 Internet 上找到该地址后，屏幕会显示如下信息：

login:　　　(在此输入登录账号)

password:　　(在此输入登录密码)

用户输入了正确的登录账号及密码后，便可以像使用自己的计算机一样使用 BBS 服务器上所提供的服务了。

(2) 输入口令和密码。登录 BBS 系统前需要知道用户账号，否则无法登录。部分免费的 BBS 系统是开放的，用户可以在第一次登录时，按照 BBS 系统的提示，逐步注册，申请一个获得批准的账号。同时设定账号本身的密码等相关参数。

用户登录成功后，系统会给出一些提示信息，通常包括用户级别和使用时间等。由于每个 BBS 系统服务软件不同，提示信息的格式及内容也各不相同。

# 3.5　网站优化

网站优化也称 SEO，是一种利用长期总结出的搜索引擎收录和排名规则，对网站进行程序、内容、版块、布局等的调整，使网站更容易被搜索引擎收录，在搜索引擎中相关关键词的排名中占据有利的位置。

优化网站主要有以下几种方法。

### 1. 优化关键词

关键词选择错了，后面做的工作等于零，所以进行网站优化前，先要锁定自己网站的关键词。关键字、关键词和关键短语是 Web 站点在搜索引擎结果页面上排序所依据的词。根据站点受众的不同，可以选择一个单词、多个单词的组合或整个短语。关键词优化策略只需两步，即可在关键词策略战役中取得成功。第一步：关键词选择，判断页面提供了什么内容；第二步：判断潜在受众可能使用哪些词来搜索网站的页面，并根据这些词创建关键词。

### 2. 完善网站构架

URL 优化。把网站的 URL 优化成权重较高的 URL。

相关链接。做好站内各类页面之间的相关链接，此条非常重要，这方面做好，可以先利用网站的内部链接，为重要的关键词页面建立众多反向链接。

反向链接是网页和网页之间的，不是网站和网站之间的。所以网站内部页面之间相互的链接，也是相互的反向链接，对排名也是有帮助的。

### 3. 丰富网站内容

(1) 丰富网站的内容。丰富网站的内容是非常重要的，网站内容越丰富，说明网站越专业，用户喜欢，搜索引擎也喜欢。

(2) 增加部分原创内容。因为采集系统促使制作垃圾站变成了生产垃圾站，所以完全没有原创内容的网站，尽管内容丰富，搜索引擎也不会很喜欢。所以一个网站，尽量要有一部分原创内容。

### 4. 完善网页细节

(1) title 和 meta 标签的优化。按照 SEO 的标准，把网站中所有 title 和 meta 标签进行合理的优化和完善，以达到合理的状态。千万不要盲目地在 title 中堆积关键词，这是大部分人经常犯的错误。一个真正合理的网站，应该是看不出有刻意优化痕迹的。

(2) 网页排版的规划化。规划化主要是合理地使用 Hl、strong. alt 等标签，在网页中合理地突出核心关键词。千万不要把网页中所有的图片都加上 alt 注释，只需要将最重要的图片加上合理的说明即可。

### 5. 建立好的导航

人们进入站点之后，需要用链接和好的导航将他们引导到站点的深处。如果一个页面对搜索友好，但是它没有到 Web 站点其他部分的链接，那么进入这个页面的用户就不容易在站点中走得更远。

### 6. 尽可能地少使用 Flash 和图片

如果在站点的重要地方使用 Flash 或图片，会对搜索引擎产生不良影响。搜索引擎将无法抓取 Flash 或图片里的内容。

# 3.6　网　站　推　广

互联网的应用和繁荣提供了广阔的电子商务市场和商机，但是互联网上大大小小的各种网站数以千万计，如何让更多的人迅速地访问到您的网站是一个十分重要的问题。企业网站建好以后，如果不进行推广，那么企业的产品与服务在网上就仍然不为人所知，起不到建立网站的作用，所以企业在建立网站后应立即着手利用各种手段推广自己的网站。

网站推广主要有以下八种方法。

### 1. 注册到搜索引擎

目前互联网用户大部分都采用搜索引擎来查找信息，而通过其他推广形式访问网站的只占不到 15%。这就意味着当今互联网上最为经济、实用和高效的网站推广形式就是注册到搜索引擎。目前比较有名的搜索引擎主要有百度(http://www.baidu.com)、雅虎(http://www.yahoo.com.cn)、搜狐(http://www.sohu.com)、新浪(http://www.sina.com.cn)、网易(http://www.163.com)和 3721(http://www.3721.com)等。

注册时应尽量详尽地填写企业网站中的信息，特别是关键词应尽量写的普遍化、大众化，如"公司资料"最好写成"公司简介"。

### 2. 交换广告条

广告交换是宣传网站的一种较为有效的方法。登录到广告交换网，填写一些主要的信息，如广告图像、网站网址等，之后它会要求将一段 HTML 代码加入到网站中。这样广告条就可以在其他网站上出现了。当然，自己的网站上也会出现别的网站的广告条。

另外，也可以跟一些合作伙伴或者朋友公司交换友情链接。当然合作伙伴网站最好是点击率比较高的。友情链接包括文字链接和图像链接。文字链接一般就是公司的名称，图像链接包括 LOGO 链接和 Banner 链接。LOGO 和 Banner 的制作和上面的广告条一样，也需要仔细考虑怎么样去吸引客户点击。如果允许尽量使用图像链接，那么可以将图像设计成 GIF，或者 Flash 动画，将公司的 CI 体现其中，让客户印象深刻。

### 3. 专业论坛宣传

Internet 上各种各样的论坛都有，如果有时间，可以找一些跟公司产品相关，并且访问人数比较多的一些论坛，注册登录并在论坛中输入公司一些基本信息，如网址、产品等。

### 4. 直接跟客户宣传

一个稍具规模的公司一般都有业务部、市场部或客户服务部。可以通过业务员和客户打交道时直接将公司网站的网址告诉给客户，或直接给客户发 E-mail 等。

### 5. 不断维护更新网站

网站的维护包括网站的更新和改版。更新主要是网站文本内容和一些小图像的增加、删除或修改，总体版面的风格保持不变。网站的改版是对网站总体风格作调整，包括版面、配色等各方面。改版后的网站让客户感觉改头换面，焕然一新。一般改版的周期要长些。

### 6. 网络广告

网络广告最常见的表现方式是图像广告，如各门户站点主页上部的横幅广告。

### 7. 公司印刷品

公司信笺、名片、礼品包装都要印上网址，让客户在记住公司名字、职位的同时，也看到并记住网址。

### 8. 报纸

报纸是使用传统方式宣传网址的最佳途径。

## ◆————— 习题与思考题 —————◆

1. Internet 上传播的信息具有哪些特点？
2. 为什么说企业建立网站是当前形势所迫？
3. 规划和设计网站所需遵循的基本原则是什么？
4. 网站接入到 Internet，通常采用什么方式？用户通常又是采用哪些方式访问网站的？
5. 简述 WWW 系统的工作方式及技术特点。
6. 什么是 URL，它有什么用处？
7. 列出 6 个常用的 Internet 服务，简述其各自的特点。
8. 如何实现一个拥有独立域名的个人网站？简述实现过程及步骤。
9. 推广网站有哪些方法？

# 第 4 章　网站服务的安装与配置

本章主要讲述如何配置、管理 Windows 平台下架设网站和网站提供的域名解析服务。通过本章的学习，读者应掌握以下内容：

- 安装 Windows Server 2008 系统；
- 安装 DNS 服务器；
- 配置 DNS 服务器的资源记录值；
- 配置与管理 Web 服务器；
- 配置与管理 FTP 服务器。

用户自建网站需要操作系统平台，在流行的操作系统平台中，Windows Server 2008 具有强大的网站建设功能，它集成了 DNS 服务、Web 服务、FTP 服务和 SMTP 等 Internet 服务，和 Microsoft Exchange Server 软件共同构成电子邮件服务器，提供常用的网站应用服务。

## 4.1　安装 Windows Server 2008

Windows Server 2008 是微软于 2008 年 3 月发布的基于 Windows NT 技术开发的新一代网络操作系统，它能提供各种网络服务，其中的一些服务器角色包括 Web 服务器和 Web 应用程序服务器、域名系统(DNS)服务器、邮件服务器、文件和打印服务器、终端服务器、远程访问/虚拟专用网络(VPN)服务器、目录服务器、动态主机配置协议(DHCP)服务器、流媒体服务器等。

Windows Server 2008 共有七个版本，它们分别是 Windows Server 2008 标准版、Windows Server 2008 企业版、Windows Server 2008 数据中心版、Windows Web Server 2008、Windows Server 2008 安腾版、Windows HPC Server 2008 以及 Windows Server 2008 without Hyper-V。

Windows Server 2008 对计算机的硬件配置要求较高，而且不同版本对计算机硬件配置的要求也不相同。几种主要版本对硬件的要求如表 4-1 所示。

表 4-1　不同版本的 Windows Server 2008 系统需求

| 需　　求 | 标准版 | 企业版 | 数据中心版 | 安腾版 |
|---|---|---|---|---|
| CPU 最低速率 | 32 位：1 GHz<br>64 位：1.4 GHz | 32 位：1 GHz<br>64 位：1.4 GHz | 32 位：1 GHz<br>64 位：1.4 GHz | Itanium：Itanium 2 |
| CPU 推荐速率 | 2 GHz 或更快 | 2 GHz 或更快 | 2 GHz 或更快 | 2 GHz 或更快 |
| 内存最小容量 | 512 MB | 512 MB | 1 GB | 1 GB |
| 内存推荐容量 | 2 GB | 3 GB | 2 GB | 2 GB |

续表

| 需　求 | 标准版 | 企业版 | 数据中心版 | 安腾版 |
|---|---|---|---|---|
| 内存最大容量 | 32 位：4 GB<br>64 位：32 GB | 32 位：64 GB<br>64 位：2 TB | 32 位：64 GB<br>64 位：2 TB | 2 TB |
| 支持的 CPU 个数 | 1～4 | 1～8 | 8～32 | 1～64 |
| 所需硬盘空间 | 最小：10 GB<br>推荐：40 GB 或更大 | 最小：10 GB<br>推荐：40 GB 或更大 | 最小：10 GB<br>推荐：40 GB 或更大 | 最小：10 GB<br>推荐：40 GB 或更大 |
| 群集节点数 | 无 | 最多 8 个 | 最多 8 个 | — |

### 1. 安装方式

Windows Server 2008 可以进行全新安装、升级安装、通过 Windows 部署服务远程安装和 Server Core 安装四种方式，在安装前应确定安装的方式。

### 2. 选择磁盘分区

安装 Windows Server 2008 之前，应决定系统安装的磁盘分区。如果磁盘没有分区，则可以在安装过程中创建一个新的分区，然后将 Windows Server 2008 安装在此磁盘分区中；如果磁盘已经分区，则可以选择有足够空间的分区来安装 Windows Server 2008；如果要安装的分区已经存在其他的操作系统，则可以选择将其覆盖或升级安装 Windows Server 2008。

### 3. 选择文件系统

Windows Server 2008 支持 FAT32 和 NTFS 文件系统，其中 NTFS 文件系统具有较好的性能、系统恢复功能和安全性，建议采用 NTFS 文件系统安装 Windows Server 2008。

### 4. 选择网络信息

即收集并规划网络相关信息，如计算机名、域名、TCP/IP 配置等。

### 5. 备份数据

在安装 Windows Server 2008 之前，首先应该备份要保留的文件。特别是升级安装时，为了防止升级的不成功而导致数据丢失，备份尤为重要。

### 6. 断开 UPS 服务

如果计算机连接有 UPS 设备，那么在运行安装程序之前，应该断开与 UPS 相连的串行电缆。因为 Windows Server 2008 的 Setup 程序将自动检测连接到串行端口的设备，不断开串行电缆可能会导致检测过程出现问题。

### 7. 检查引导扇区的病毒

引导扇区的病毒会导致 Windows Server 2008 安装失败，为了证实引导扇区没有感染病毒，可运行相应的防病毒软件对引导扇区进行病毒检查。

### 8. 断开网络

如果计算机接入了 Internet，建议在安装 Windows Server 2008 之前断开网络，这样可以确保在安装防病毒软件之前不会受到 Internet 病毒的感染。

# 4.2　主 DNS 服务器的安装与配置

DNS 是 Internet 和 TCP/IP 网络中广泛使用的、用于提供名字登记和名字到地址转换的一组协议和服务。DNS 用于实现名称与 IP 地址转换，它广泛应用于局域网、广域网以及 Internet 等 TCP/IP 网络中。DNS 由名字分布数据库组成，建立了叫做"域名空间"的逻辑树结构。它是负责分配、改写及查询域名的综合性服务系统，其中的每个域都拥有一个唯一的名字。在网络中，计算机之间都是通过 IP 地址定位并通信的，但是纯数字的 IP 地址记忆非常困难，而且容易出错。DNS 服务可以将 IP 地址与域名一一对应，这样用户访问主机时不再使用 IP 地址，而是使用域名。DNS 服务器自动将域名解析为 IP 地址并定位服务器。如今大部分发布到 Internet 中的服务器，如 Web、FTP 及 E-mail 等网站都是使用域名的。

## 4.2.1　DNS 的查询模式

DNS 客户端扮演着提问者的角色，当客户机需要访问 Internet 上某一主机时，DNS 客户端首先向本地 DNS 服务器查询对方 IP 地址，如果在本地 DNS 服务器无法查询，则本地 DNS 服务器会继续向另外一台 DNS 服务器查询，直到得出结果，这一过程就称为"查询"。

查询是指客户端或一台 DNS 服务器发送到另一台 DNS 服务器的名称解析请求。查询方式可以分为递归查询、迭代查询和反向查询三种。

### 1. 递归查询

DNS 客户端与 DNS 服务器之间一般使用递归查询方式。当 DNS 客户端发出查询请求后，DNS 服务器必须告诉 DNS 客户端正确的数据或通知 DNS 客户端找不到其所需的数据。如果 DNS 服务器内没有所需的数据，则 DNS 服务器向其他的 DNS 服务器查询。在整个过程中，DNS 客户端只需要接触一次 DNS 服务器，如图 4-1 所示。

图 4-1　递归查询

### 2. 迭代查询

DNS 服务器与 DNS 服务器之间一般使用迭代查询方式。在 DNS 客户端送出查询请求以后，如果本地 DNS 服务器没有所需要的数据，则本地 DNS 服务器向另外一台 DNS 服务器送出查询请求，如果另外一台 DNS 服务器也没有所需要的数据，则该 DNS 服务器将提供第三台 DNS 服务器的 IP 地址给本地 DNS 服务器，让本地 DNS 服务器直接向第三台 DNS 服务器送出查询请求，直到找到所需的数据为止。迭代查询过程如图 4-2 所示。

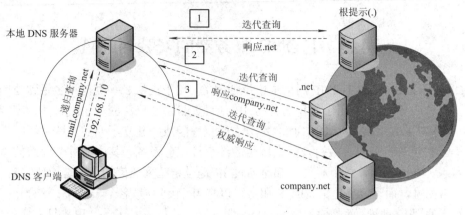

图 4-2   迭代查询

例如，查询 mail.company.net 域名过程如下：

(1) 本地 DNS 服务器从一个 DNS 客户端接收到要对 mail.company.net 域名进行解析的请求。

(2) 本地 DNS 服务器检查它自己的记录。如果找到地址，就返回给客户端；如果没有找到，本地 DNS 服务器继续下面的步骤。

(3) 本地 DNS 服务器向根(".")DNS 服务器发送一个迭代请求。

(4) 根 DNS 服务器为本地 DNS 服务器提供顶级 DNS 服务器(.com、.net 等)的地址。

(5) 本地服务器向顶级 DNS 服务器发送一个迭代查询请求。

(6) 顶级 DNS 服务器向本地域名服务器提供管理 company.net 域的域名服务器的 IP 地址。

(7) 本地 DNS 服务器向管理 company.net 域的 DNS 服务器发送一个迭代查询。

(8) 管理 company.net 域的 DNS 服务器向本地 DNS 服务器提供查找到的 mail.company.net 的 IP 地址。

(9) 本地 DNS 服务器将这个 IP 地址传给客户。

### 3. 反向查询

反向查询即依据 DNS 客户端提供的 IP 地址查询对应的主机域名。要实现反向查询，必须在 DNS 服务器内创建一个反向查询区域。在 Windows Server 2008 的 DNS 服务器中，该区域名称的最后部分为 in-addr.arpa。反向查询是通过 DNS 客户端提供的 IP 地址来查询主机的完整域名的，但是一旦域名与 IP 地址创建的区域进入到 DNS 数据库中，就会增加一个指针记录，将 IP 地址与相应的主机名相关联。当创建反向型查询区域时，系统就会自动为其创建一个反向型查询区域文件。

## 4.2.2   安装主 DNS 服务器

在网络中一个域通常会安装两台 DNS 服务器，以避免由于 DNS 服务器故障而导致 DNS 解析失败，其中一台作为主 DNS 服务器，另一台作为辅 DNS 服务器。当主 DNS 服务器正常运行时，辅 DNS 服务器从主 DNS 服务器上获取 DNS 数据，起到备份作用。当主 DNS 服务器出现故障时，辅 DNS 服务器便会代替主 DNS 服务器承担域名解析服务。辅助区域用来存储此区域内的副本，这些记录是只读的，不可修改。

在安装 DNS 服务器时，由于不会启动配置向导，因此需要在安装完成以后配置 DNS 域，添加相应的正向查找区域和反向查找区域及各种主机记录，将域名与相应的 IP 地址一一关联起来，从而为网络提供解析服务，使用户能够通过域名来访问网络中的主机。Windows Server 2008 的 DNS 服务器有正向查找区域和反向查找区域两个区域。

此处使用的域名为niit.edu.cn，其他相关信息如表4-2所示。用户配置网站时，所配置的计算机名、IP地址和域名应为实际所申请的数据。

表 4-2　本例配置 DNS 的相关信息

| 计算机名(主机名) | IP 地址 | 功　能 |
| --- | --- | --- |
| Server1 | 192.168.1.10 | 主 DNS 服务器 |
| Server2 | 192.168.1.11 | 辅 DNS 服务器(配置参见实训 3) |
| WebServer | 192.168.1.66 | Web 服务器、FTP 服务器 |
| mail | 192.168.1.86 | 邮件服务器 |
| Win7PC | 2001:db8:0:1::1 | PC 客户端，使用 IPv6 |

在 Windows Server 2008 中安装 DNS 服务器的步骤如下：

(1) 以管理员账号(administrator)登录，更改计算机名为 Server1，IP 地址为 192.168.1.10。

单击【开始】→【管理工具】→【服务器管理器】选项；单击左侧窗格中的【角色】；单击右侧窗格中的【角色摘要】→【添加角色】链接，如图 4-3 所示。

(2) 此时显示【开始之前】对话框，单击【下一步】按钮，显示【选择服务器角色】对话框，在【角色】选项组中单击【DNS 服务器】复选框，如图 4-4 所示。

图 4-3　添加角色

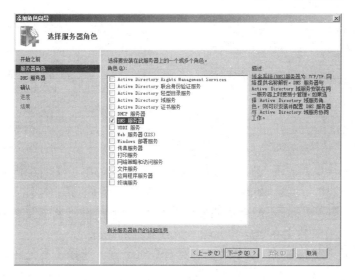

图 4-4　选择【DNS 服务器】

(3) 单击【下一步】按钮,显示【DNS 服务器】对话框。单击【下一步】按钮,显示【确认安装选择】对话框,让用户确认将会安装的 DNS 服务器角色。单击【安装】按钮,系统开始安装 DNS 服务器角色。

### 4.2.3　主 DNS 服务器的配置

#### 1.　创建正向查找区域

为了使 DNS 服务器能够将域名解析成 IP 地址,必须首先在 DNS 区域中添加正向查找区域。并且可以添加多个区域,以解析多个域名。

(1) 单击【开始】→【管理工具】→【DNS】选项,显示【DNS 管理器】窗口,如图 4-5 所示,在其中可配置 DNS 服务器。

(2) 单击【正向查找区域】选项,显示尚未添加的区域,如图 4-6 所示。

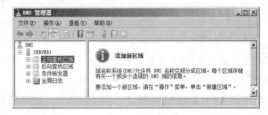

图 4-5　启动 DNS　　　　　　　　　　图 4-6　添加新区域

(3) 右击【正向查找区域】选项,执行快捷菜单中的【新建区域】命令,显示【新建区域向导】对话框。单击【下一步】按钮,显示【区域类型】对话框。在该对话框中可以选择的区域类型为主要区域、辅助区域和存根区域,选择【主要区域】,如图 4-7 所示。

(4) 单击【下一步】按钮,显示【区域名称】对话框。在【区域名称】文本框中输入在域名服务机构申请的 Internet 域名,本例输入 niit.edu.cn,如图 4-8 所示。

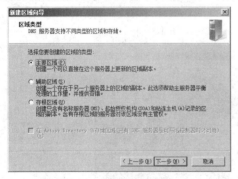

图 4-7　选择区域类型　　　　　　　　　图 4-8　输入域名

(5) 单击【下一步】按钮,显示【区域文件】对话框,单击【创建新文件,文件名为】单选按钮,创建一个新的区域文件,文件名使用默认值即可,本例文件名采用默认值 niit.edu.cn.dns,如图 4-9 所示。如果要从另一个 DNS 服务器将记录文件复制到本地计算机,则选中【使用此现存文件】单选按钮并输入现存文件的路径。

(6) 单击【下一步】按钮,显示【动态更新】对话框,选择【不允许动态更新】,如图 4-10 所示。

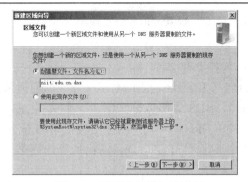

图 4-9  【区域文件】对话框

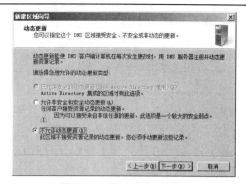

图 4-10  设置动态更新

动态更新有三种方式，其含义如下：

● 只允许安全的动态更新(适合 Active Directory 使用)：只有在安装了 Active Directory 的区域才能选择该选项。

● 允许非安全和安全动态更新：选择该选项，使任何客户端都可接受资源记录的动态更新。由于也可接受来自非信任源的更新，所以可能会不安全。

● 不允许动态更新：此区域不接受资源记录的动态更新，使用此选项比较安全。

(7) 单击【下一步】按钮，显示【正在完成新建区域向导】对话框。单击【完成】按钮，创建完成 niit.edu.cn 区域，结果如图 4-11 所示。

重复上述操作过程，可以添加多个 DNS 区域。并且分别指定不同的域名称，从而为多个 DNS 域名提供解析。

图 4-11  新建区域完成后的结果

### 2.  添加 DNS 资源记录

DNS 服务器配置完成以后，要为所属的域(如 niit.edu.cn)提供域名解析服务，还必须在 DNS 域中添加各种 DNS 资源记录，如 Web、FTP、E-mail 等使用 DNS 域名的网站都是需要添加 DNS 记录来实现域名解析的。常见的 DNS 资源记录如表 4-3 所示。

表 4-3  常见的 DNS 资源记录

| 记录名称 | 作　用 |
| --- | --- |
| 起始授权机构 (SOA) | 开始授权记录，记录该区域的版本号，用于判断主要服务器和次要服务器是否进行复制 |
| 主机(A 或 AAAA) | 主机记录，定义网络中的主机名称，将主机名称和 IP 地址对应。IPv4 为 A，IPv6 为 AAAA |
| 别名(CNAME) | 别名记录，定义资源记录名称的 DNS 域名，常见的别名是 WWW、FTP 等 |
| 邮件交换器(MX) | 邮件交换记录，指定邮件交换主机的路由信息 |
| 反向指针(PTR) | 指针记录，定义从 IP 地址到特定资源的对应，用于反向查询 |
| 名称服务器(NS) | 名称服务器记录，定义网络中其他 DNS 名称服务器 |
| TCP 服务器信息 记录(SRV) | 服务记录，指定网络中某些服务提供商的资源记录，主要用于标识 Active Directory 域控制器 |

正向查找区域主要创建主机记录(A)、别名记录(CNAME)和邮件交换器记录(MX)三种记录。

1) 添加主机记录(A 或 AAAA)

主机记录，也叫 A 记录，用于静态建立主机名与 IP 地址之间的对应关系，以便提供正向查询服务。因此，需要为 FTP、WWW、E-mail、BBS 等服务分别创建一个 A 记录，才能使用主机名对这些服务进行访问。下面介绍在 niit.edu.cn 区域中创建主机记录的方法：

(1) 在【DNS 管理器】窗口中选择已创建的主要区域 niit.edu.cn，右击执行快捷菜单中的【新建主机】命令，如图 4-12 所示。

(2) 显示【新建主机】对话框，在【名称】文本框中输入主机名称，如 Server1，在【IP 地址】文本框中输入 Server1 主机的 IPv4 地址，即 192.168.1.10；单击【添加主机】按钮，这样就添加了一个 IPv4 主机，即添加了一个 A 记录，如图 4-13 所示。

图 4-12　执行【新建主机】命令　　　　　图 4-13　添加 IPv4 主机

(3) 在【名称】文本框中输入主机名称，如 Win7PC，在【IP 地址】文本框中输入 Win7PC 主机的 IPv6 地址，如 2001:db8:0:1::1，这样就添加了一个 IPv6 主机，即添加了一个 AAAA 主机记录，如图 4-14 所示。

(4) 单击【添加主机】按钮，显示【成功创建了主机记录】的信息，表示已成功创建了一条主机记录。单击【确定】按钮，返回如图 4-13 所示的对话框。按照同样步骤，添加其他主机记录，如添加 Server2、WebServer、mail 主机记录，结果如图 4-15 所示。

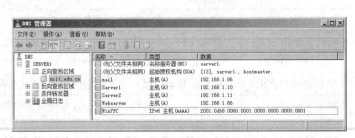

图 4-14　添加 IPv6 主机　　　　　图 4-15　成功创建的主机记录

2) 添加别名记录(CNAME)

在 ISP 处成功申请注册域名后(如 niit.edu.cn)，希望 Internet 用户通过域名形式访问网站主页，即在浏览器地址栏输入 http://www.niit.edu.cn 就能访问网站主页，此时可以通过配置 www 别名记录实现。

本例中，Web 服务器计算机名为 Webserver，IP 地址为 192.168.1.66。

(1) 在 DNS 管理器窗口中选取已创建的主要区域 niit.edu.cn，右击执行快捷菜单中的【新建别名】命令。

(2) 显示【新建资源记录】对话框，如图 4-16 所示。在【别名】文本框中输入主机别名，本例输入 www，在【目标主机的完全合格的域名】文本框中输入指派该别名的主机，如 Webserver.niit.edu.cn。

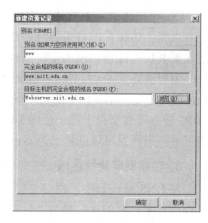

图 4-16　新建别名记录

3) 添加邮件交换器记录(MX)

邮件交换器记录(MX)为电子邮件服务专用，用来表示所属邮件服务器的 IP 地址。用户发送电子邮件时，根据收信人地址后缀向 DNS 服务器查询邮件交换器记录，从而定位接收邮件服务器的地址。

例如，在 DNS 区域 niit.edu.cn 中有一台邮件服务器，向用户的邮箱 liaocw@niit.edu.cn 发送邮件时，系统就会检查邮件地址中的域名 niit.edu.cn 的邮件交换器记录(MX)，并将邮件转发到相应的邮件服务器上。也就是说，如果不指定 MX 记录，那么，网络用户将无法实现与 Internet 的邮件交换，就不能实现 Internet 电子邮件的收发。

本例中，邮件服务器的计算机名为 mail，IP 地址为 192.168.1.86。

(1) 在【DNS 管理器】窗口中选择 DNS 区域 niit.edu.cn，在此区域先添加一个主机记录，主机名为 mail，IP 地址为 192.168.1.86。

(2) 右击 niit.edu.cn 区域，执行快捷菜单中的【新建邮件交换器(MX)】命令，显示【新建资源记录】对话框，如图 4-17 所示。

在对话框中设置如下选项：

● 主机或子域。【主机或子域】文本框保留为空，则表示创建 @niit.edu.cn 的邮件服务器的 MX 记录，可以得到如 Liaocw@niit.edu.cn 之类的邮箱。如果在【主机或子域】文本框中输入 mail，则会变成为如 Liaocw@mail.niit.edu.cn 之类的邮箱。

● 邮件服务器的完全合格的域名。设置域中负责邮件发送或接收的邮件服务器的全称域名 FQDN 时，可以直接输入全称域名，或单击【浏览】按钮选择全称域名。

图 4-17　新建邮件交换器记录

● 邮件服务器优先级。当该区域内有多台邮件服务器时，可以设置其优先级。数值越小，表示优先级越高，优先级范围为 0～65 535，数值 0 为优先级最高。优先级高的邮件服务器会被优先选择。如果有两台以上的邮件服务器的优先级相同，则系统会随机选择。

(3) 单击【确定】按钮，完成 MX 记录的添加操作。

重复上述操作，可为该域添加多个 MX 记录，并在【邮件服务器优先级】文本框中分别设置其优先级值，从而实现邮件服务器的冗余和容错。

值得注意的是，大型邮件系统中的 SMTP 服务器和 POP3 服务器通常不在同一台服务器上，因此需要分别使用 smtp 和 pop(或 pop3) 的主机记录；中小型系统中的 SMTP 服务器和 POP3 服务器通常位于同一台服务器，一般只创建一条主机记录即可，并且使 MX 记录指向该记录，当然也可以创建名为 pop、pop3 及 smtp 的主机记录，以满足大多数人的习惯。

### 3. 创建反向查找区域

在 DNS 服务器中，通过主机名查询其 IP 地址的过程称为"正向查询"，而通过 IP 地址查询其主机名的过程称为"反向查询"。如果 DNS 服务器只是向网络中提供域名解析服务，就无需创建反向查找区域，创建一个正向查找区域即可。但是，如果需要将 IP 地址解析为域名，则必须创建反向查找区域。在网络中，大部分 DNS 搜索都是正向查找。

1) 创建反向查找区域

(1) 打开 DNS 管理器窗口，右击【反向查找区域】，执行快捷菜单中的【新建区域】命令，如图 4-18 所示，显示【新建区域向导】对话框。

(2) 单击【下一步】按钮，显示【区域类型】对话框，选择【主要区域】单选按钮，如图 4-19 所示。

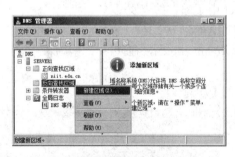

图4-18　创建反向查找区域

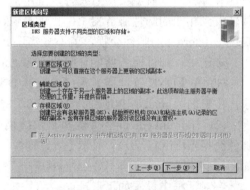

图4-19　指定区域类型

(3) 单击【下一步】按钮，显示【反向查找区域名称】对话框，本例选择【IPv4 反向查找区域】单选按钮，如图 4-20 所示。

(4) 单击【下一步】按钮，显示【反向查找区域名称】对话框，在该对话框中输入反向查找区域的名称(需要使用网络 ID)。本例在【网络 ID】文本框中输入 192.168.1，如图 4-21 所示。

(5) 单击【下一步】按钮，显示【区域文件】对话框，单击【创建新文件，文件名为】单选按钮，使用默认名称，如图 4-22 所示。

(6) 单击【下一步】按钮，显示【动态更新】对话框，单击【不允许动态更新】单选按钮，如图 4-23 所示。单击【下一步】按钮，显示【正在完成新建区域向导】对话框，对所显示的设置功能进行确认。

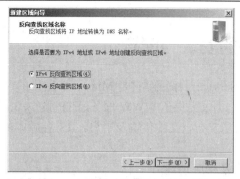

图 4-20　指定 IPv4 反向查找区域

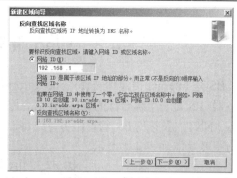

图 4-21　输入网络 ID

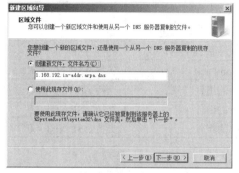

图 4-22　指定区域文件名

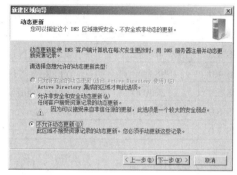

图 4-23　【动态更新】对话框

2) 创建 PTR 指针记录

创建"反向查找区域"后，可以添加 PTR 指针记录，PTR 指针记录支持反向查找过程，可通过计算机的 IP 地址查找计算机，从而解析出计算机的 DNS 域名。

(1) 在【DNS 管理器】窗口中展开【反向查找区域】，右击【1.168.192.in-addr.arpa】，在显示的快捷菜单中执行【新建指针(PTR)】命令，如图 4-24 所示。

(2) 显示【新建资源记录】对话框，在【主机 IP 地址】文本框中输入该主机的 IP，本例输入 Webserver 主机的 IP，即 192.168.1.66，再在主机名文本框中输入对应的主机名，或单击【浏览】按钮选择主机名，即 Webserver.niit.edu.cn，如图 4-25 所示。单击【确定】按钮，一个 PTR 即创建成功。

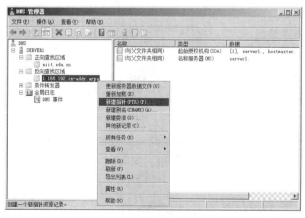

图 4-24　新建指针(PTR)

图 4-25　指定主机 IP 地址和主机名

# 4.3　Web 服务器的安装与配置

IIS 是 Internet 信息服务(Internet Information Service)的简称，它是 Microsoft 主推的 Web 服务器。IIS 是一个综合性的 Internet 信息服务器，它不仅提供了 WWW 服务、FTP 服务、SMTP 服务、NNTP 服务及 IIS 管理服务，还可以实现信息发布、文件传输及用户。IIS 各版本的发展历史及功能如表 4-4 所示。

表 4-4　IIS 发展史及相应功能

| 版本 | 日期 | 说　明 | 支持的 ASP.NET 版本 |
|---|---|---|---|
| IIS 1.0 | 1996 年第 1 季度 | IIS 第 1 个版本 | |
| IIS 2.0 | 1996 年第 3 季度 | 在 Windows NT4.0 中文版中免费附送 | |
| IIS 3.0 | 1997 年第 2 季度 | 在 Windows NT4.0 Service Pack3 中附送 | 支持 ASP |
| IIS 4.0 | 1998 年 3 月 | 在 Windows NT4.0 Option Pack 中附送 | 支持 ASP 2.0 版本 |
| IIS 5.0 | 2000 年 | Windows 2000 Server 中的组件 | 支持 ASP 3.0 版本 |
| IIS 6.0 | 2003 年 | Windows Server 2003 中的组件 | 支持 ASP.NET 2.0 |
| IIS 7.0 | 2008 年 | Windows Server 2008 中的组件 | 支持 ASP.NET 4.0 |

## 4.3.1　安装 IIS

在 Windows Server 2008 中，使用【服务器管理器】工具来完成 IIS 服务器的安装与管理。安装 IIS 7.0 必须具备管理员权限。本例相关信息如下：

- 计算机名为 Webserver。
- IP 地址为 192.168.1.66。
- 使用 Administrator 管理员权限登录。

IIS 7.0 的安装步骤如下：

(1) 单击【开始】→【管理工具】→【服务器管理器】选项；单击【服务器管理器】→【角色】选项；单击【角色摘要】→【添加角色】链接，显示【开始之前】对话框；单击【下一步】按钮，显示【选择服务器角色】对话框，如图 4-26 所示。

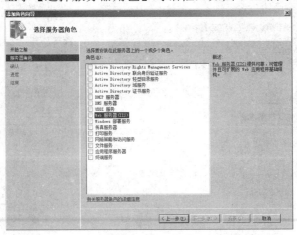

图 4-26　选择服务器角色

(2) 在【选择服务器角色】对话框中单击【Web 服务器(IIS)】复选框，显示【是否添加 Web 服务器(IIS)所需的功能?】对话框，如图 4-27 所示。该对话框提示在安装 IIS 时，必须同时安装【Windows 进程激活服务】。

图 4-27　【是否添加 Web 服务器(IIS)所需的功能?】对话框

(3) 单击【添加必需的功能】按钮之后，才能选择【Web 服务器(IIS)】复选框。单击【下一步】按钮，显示【Web 服务器(IIS)】对话框；单击【下一步】按钮，显示【选择角色服务】对话框，如图 4-28 所示。

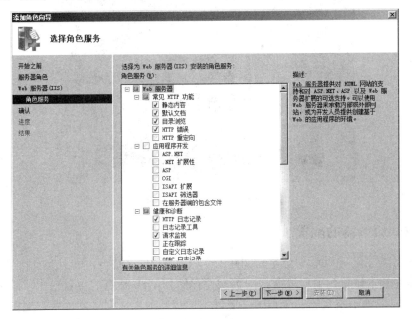

图 4-28　【选择角色服务】对话框

(4) 单击【添加必需的角色服务】按钮，本例选中【ASP.NET】和【ASP】复选框。单击【下一步】按钮，显示【确认安装选择】对话框，列出所有准备安装的组件。单击【安装】按钮，开始安装 Web 服务器。安装完成后显示【安装结果】对话框。单击【关闭】按钮，完成 Web 服务器的安装。

(5) 单击【开始】→【管理工具】→【Internet 信息服务(IIS)管理器】选项，打开【Internet 信息服务(IIS)管理器】窗口，在起始页中显示的是 IIS 服务的连接任务，如图 4-29 所示。

(6) 在客户端打开 IE 浏览器，在地址栏输入 Web 服务器的 IP 地址，如果显示如图 4-30 所示的窗口，则说明 Web 服务器安装成功；否则说明安装不成功，需要重新检查服务器及 IIS 设置。

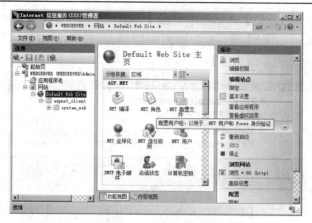

图 4-29 【Internet 信息服务(IIS)管理器】窗口

图 4-30 Web 服务器安装成功

### 4.3.2 Web 服务器的配置

Web 服务器安装完以后，会自动创建一个默认的 Web 站点，并且自动配置 IP 地址、端口、文档等基本设置，用户只需将网页文件存储到 Web 站点的主目录中，即可实现简单的 Web 网站。但为了系统的安全和网站更好地运行，应当根据实际需要，配置好网站的各项基本设置。

#### 1. 使用默认站点发布网站

设网站的所有文件均存储在 D:\Homepage 文件夹中，网站首页文件名为 myhome.htm，首页的效果如图 4-31 所示。

图 4-31 网站首页

可以使用 IIS 安装后的默认 Web 站点发布该网站，步骤如下所述。

1) Web 服务的基本配置

(1) 单击【开始】→【管理工具】→【Internet 信息服务(IIS)管理器】选项，打开【Internet 信息服务(IIS)管理器】窗口。

(2) 选择默认站点，显示【Default Web Site 主页】窗口，可以设置默认 Web 站点的各种配置，对 Web 站点进行操作。

(3) 右击【Default Web Site】选项，执行快捷菜单中的【编辑绑定】命令，显示【网站绑定】对话框，默认端口为 80，IP 地址为【*】，表示绑定所有 IP 地址，如图 4-32 所示。

(4) 单击【编辑】按钮，显示【编辑网站绑定】对话框。在【IP 地址】下拉列表中选择欲指定的 IP 地址，本例选择 192.168.1.66；在【端口】文本框中设置 Web 站点的端口号，不能为空，通常使用默认端口 80，如图 4-33 所示。使用默认的 80 端口时，客户端访问 Web 服务器时无需键入端口号。单击【确定】按钮保存设置。

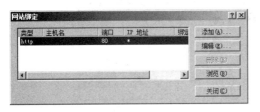

图 4-32　【网站绑定】对话框　　　　　　　图 4-33　【编辑网站绑定】对话框

2) 配置主目录

主目录是网站的根目录，在访问网站时，服务器会先从根目录调取相应的文件。主目录的默认路径是 %SystemDrive%\inetpub\wwwroot，其中的 %SystemDrive% 就是安装 Windows Server 2008 的磁盘，一般为 C:磁盘，即 "C:\inetpub\wwwroot"。此主目录是在安装 IIS 时由系统自动创建的。

网站的主目录一般不建议使用默认路径，因为数据文件和操作系统在同一磁盘分区中，可能造成磁盘空间不足等问题，最好将 Web 主目录保存在非系统分区，即另外一个磁盘中。

(1) 在【Internet 信息服务(IIS)管理器】窗口中选择 Web 站点，在右侧的【操作】栏中单击【基本设置】链接，显示【编辑网站】对话框，如图 4-34 所示。

(2) 在【物理路径】文本框中输入 Web 网站的新的主目录路径，本例输入 D:\Homepage，如图 4-35 所示。两次单击【确定】按钮完成主目录的配置。

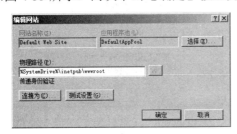

图 4-34　【编辑网站】对话框　　　　　　　图 4-35　输入物理路径

3) 配置默认文档

通常 Web 网站的主页都会设置成默认文档，也就是网站的主页名称。当用户访问 Web

网站时，Web 服务器会将默认文档反馈给浏览器并显示其内容。默认文档的文件名有六种，分别为 Default.htm、Default.asp、index.htm、index.html、iisstar.htm 和 default.aspx，通常足够用户使用。不过，用户也可以添加其他网页文件作为网站主页。

添加默认文档的配置方法如下：

(1) 在【Internet 信息服务(IIS)管理器】窗口中选择默认 Web 站点，在【Default Web Site 主页】窗口中选择【IIS】选项区域，如图 4-36 所示。

图 4-36　【IIS】选项区域

(2) 双击【默认文档】图标，打开【默认文档】窗口，如图 4-37 所示。

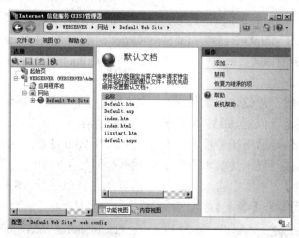

图 4-37　【默认文档】窗口

(3) 单击右侧任务栏中的【添加】链接，显示【添加默认文档】对话框，如图 4-38 所示。在【名称】文本框中键入要添加的文档名称，如 myhome.htm。单击【确定】按钮即可添加该默认文档。

图 4-38　【添加默认文档】对话框

(4) 新添加的默认文档自动排列在最上方，如图 4-39 所示。通过"上移"和"下移"超级链接可以调整各个默认文档的顺序。当用户访问 Web 站点时，IIS 会自动由上至下依次查找与之相对应的文件名。应将需要设置为 Web 网站主页的默认文档移动到最上面。

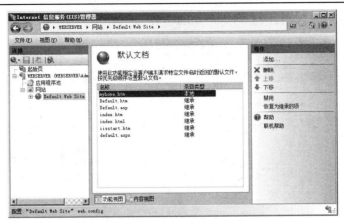

图 4-39　添加的默认文档

(5) 测试。在浏览器地址栏输入 http://192.168.1.66，显示如图 4-40 所示的测试页，说明网站设置正确。

图 4-40　测试网站

### 2.　创建虚拟目录

网站的网页需要存储在服务器的磁盘中，可以在网站主目录下新建多个子文件夹，然后将网页文件存储到主目录与这些子文件夹内，这些子文件夹被称为物理目录。

也可以将网页文件存储到其他地点，如本地计算机其他驱动器内的文件夹，或是其他计算机的共享文件夹，然后通过虚拟目录来映射到这个文件夹，每个虚拟目录都有一个别名，用户通过别名来访问这个文件夹内的网页。使用虚拟目录无论将网页存储地点更改到何处，只要别名不改，用户都可以通过相同的别名来访问到网页。

虚拟目录实际上就是一个文件夹，并不一定位于 Web 网站的主目录内，甚至可能位于其他服务器中，但在用户看来，如同位于同一台服务器。虚拟目录是主网站的下一级目录，并且要依附于主网站。

在 D：盘新建一个文件夹 VDir，在此文件夹内创建一个文件名为 default.htm 的首页文件，文件内容如图 4-41 所示。

图 4-41　虚拟目录首页

(1) 打开【Internet 信息服务(IIS)管理器】窗口，右击想要创建虚拟目录的网站，执行快捷菜单中的【添加虚拟目录】命令，如图 4-42 所示。

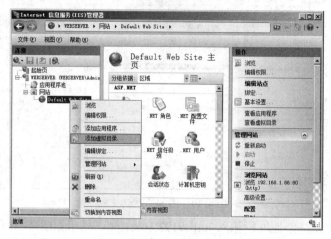

图 4-42　添加虚拟目录

　　(2) 单击【下一步】按钮，显示【添加虚拟目录】对话框，如图 4-43 所示。在【别名】
文本框中输入虚拟目录的名称，如 myvdir；在【物理路径】对话框中输入该虚拟目录所在
的物理路径，本例在此输入 D:\VDir。

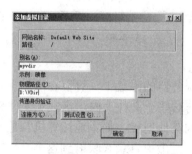

图 4-43　添加别名

　　(3) 单击【确定】按钮，虚拟目录添加成功，如图 4-44 所示。在 Default Web Site 网站
内多了一个虚拟目录 myvdir，单击【内容视图】后，便可以看到此目录内的文件 default.htm。

图 4-44　添加虚拟目录成功

(4) 测试虚拟目录。在浏览器地址栏输入 http://192.168.1.66/myvdir/，显示如图 4-45 所示的页面，此页面的内容就是从虚拟目录的物理路径(D:\VDir)中的 default.htm 读取的。

图 4-45　测试虚拟目录

# 4.4　FTP 服务器的配置与管理

FTP(File Transfer Protocol，文件传输协议)是用来在两台计算机之间传送文件的协议，这两台计算机一台是服务器，另一台是客户端。FTP 客户端可以从服务器下载(Download)文件，也可以将文件上传(Upload)到服务器。下载就是将远程主机上的资料复制到自己的计算机上，上传就是将资料从自己的计算机中复制到远程主机上。FTP 是一个客户机/服务器系统。虽然 Web 服务已经取代了 FTP 的部分功能，也可以提供文件下载服务，但是由于 FTP 服务的效率更高，对权限的控制更为严格，因此 FTP 服务仍然在 Internet 或 Intranet 中得到广泛应用。

## 4.4.1　安装 FTP

Windows Server 2008 支持 FTP 服务，提供普通 FTP 站点和隔离用户 FTP 站点的创建、发布以及维护功能，配置和管理都非常简单，但功能却很强大。FTP 服务虽然是 IIS 的一个组件，但 IIS 7.0 没有集成 FTP 功能，需要用户安装 IIS 6.0 组件来管理 FTP 服务。

(1) 单击【开始】→【管理工具】→【服务器管理器】选项，再单击【角色】选项和【添加角色服务】超级链接，显示【选择角色服务】对话框，选中【FTP 发布服务】复选框，同时选中【IIS 6 管理兼容性】复选框，如图 4-46 所示。

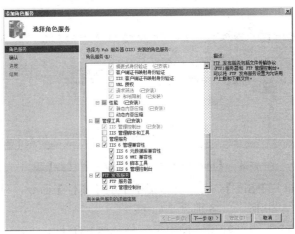

图 4-46　添加 FTP 服务

(2) 单击【下一步】→【完成】→【关闭】按钮，完成 FTP 服务的添加。

(3) 启动 FTP 服务。FTP 服务安装完成后，默认处于停止状态，需要管理员手动启动 FTP 服务。打开【服务器管理器】窗口，单击【角色】→【Web 服务(IIS)】选项，如图 4-47 所示。选择【系统服务】区域中的【FTP Publishing Service】服务，单击【启动】按钮，立即启动 FTP 服务。

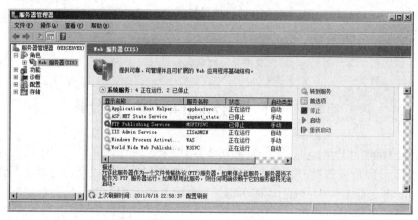

图 4-47　启动 FTP 服务

## 4.4.2　FTP 服务器的基本配置

FTP 服务器安装完成后，系统会自动创建一个默认的 FTP 站点，其主目录为 C:\intepub\ftproot，允许任何 IP 地址的用户以匿名方式访问 FTP 站点，因此需要对 FTP 站点进行一些基本设置。

### 1. 设置 IP 地址和端口号

新安装的 FTP 服务器的默认 IP 地址为【全部未分配】，即 FTP 网站与服务器中所有的 IP 地址绑定在一起，默认端口号为 21。为了 FTP 网站安全，应为 FTP 网站指定唯一的 IP 地址和端口。

(1) 单击【开始】→【管理工具】→【Internet 信息服务(IIS)6.0 管理器】选项，打开【Internet 信息服务(IIS)6.0 管理器】窗口，如图 4-48 所示。

图 4-48　【Internet 信息服务(IIS)6.0 管理器】窗口

(2) 右击【Default FTP Site】，执行快捷菜单中的【属性】命令，显示【Default FTP Site 属性】对话框，如图 4-49 所示。各项含义如下：

- 描述：设置 FTP 站点的标识，仅用于区分其他 FTP 站点。
- IP 地址：如果 FTP 服务器有多个 IP 地址，则应在【IP 地址】下拉列表框中指定唯一的 IP 地址,使客户端只能通过这一个 IP 地址访问该服务器。尤其在创建多个 FTP 站点后,应为每个 FTP 站点指定一个 IP 地址。

● TCP端口:FTP 服务默认的 TCP 端口为 21。如果需要设置不同端口号,可以通过修改该端口号实现。

● 连接不受限制:不限制连接数量,如果服务器配置和网络带宽均较高,或仅为网络内部提供访问服务时,可选择该选项。

● 连接数限制为:设置允许同时连接到 FTP 站点的最大用户数量。

图 4-49 Default FTP Site 属性

● 连接超时:设置多长时间内如果用户没有活动,则断开服务器连接,以及时释放系统性能和网络带宽,默认为 120 秒。

(3) 设置完成后,单击【确定】按钮,保存设置。

### 2. 设置主目录

FTP 服务器的主目录即 FTP 站点的根目录,其中保存着 FTP 站点所有的文件,也是 FTP 客户端在访问 FTP 服务器时所看到的文件所在的目录,通常位于本地磁盘或网络磁盘中,系统默认的主目录是C:\intepub\ftproot。

(1) 设置本地计算机上的目录。单击【主目录】→【此计算机上的目录】单选按钮,如图 4-50 所示。FTP 主目录为本地计算机中的某个文件夹、磁盘或卷,在【本地路径】文本框中输入该路径即可。本例设主目录为 D:\ftpfile,因此在【本地路径】文本框中输入 D:\ftpfile。

(2) 设置目录访问权限。

● 读取:允许用户查看或下载 FTP 主目录中的文件,但不允许上传或更改文件。

● 写入:不仅允许用户下载 FTP 主目录中的文件,还允许向主目录上传文件。

● 记录访问:启用日志记录,将访问目录的活动记录在日志文件中,默认情况下日志被启用。

(3) 单击【确定】按钮,完成主目录的设置。

图 4-50 主目录

### 3. 设置消息

通常 FTP 站点会设置欢迎和提示信息,当用户登录到 FTP 站点时,显示欢迎和说明信息,当用户退出 FTP 站点时,显示欢送信息,如图 4-51 所示。

图 4-51 【消息】选项卡

● 横幅：用户连接到 FTP 服务器时所显示的消息，通常用于设置该 FTP 站点的名称和用途。

● 欢迎：当用户连接到 FTP 服务器后显示的消息。

● 退出：当用户从 FTP 服务器注销时显示的消息。

● 最大连接数：当 FTP 服务器已达到允许的最大客户端连接数时，如果还有用户要连接 FTP 服务器，则连接失败，将此消息显示给用户。

#### 4. 设置安全账户

默认状态下，FTP 站点允许用户匿名连接，即无需经过身份认证就可以读取 FTP 站点中的内容，如图 4-52 所示。本例采用允许匿名连接。

当 FTP 站点中存储了重要或敏感的信息时，就需要禁用匿名访问。取消【只允许匿名连接】复选项，显示如图 4-53 所示的警告框。

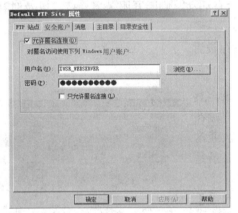

图 4-52 　【安全账户】选项卡

图 4-53 　警告框

单击【是】按钮，取消【允许匿名连接】复选项，即可禁止匿名用户访问 FTP 服务器站点。当禁止匿名用户连接后，只有 FTP 服务器中有效的账户才能通过身份认证，访问该 FTP 站点。

#### 5. 设置目录安全性

通过限制 IP 地址访问，可以只允许或拒绝某些特定范围内的计算机访问 FTP 站点，以避免来自外界的恶意攻击，并且将授权用户限制在某一个范围。对于企业内部的 FTP 站点，采用 IP 地址限制的方式非常简单而且行之有效。

单击【目录安全性】选项卡，显示如图 4-54 所示的对话框。目录安全性有【授权访问】和【拒绝访问】两种情况。

##### 1) 授权访问

如果目录安全性设置为【授权访问】，则所有计算机都有访问 FTP 站点的权限，但添加到列表中的

图 4-54 　【目录安全性】选项卡

计算机不能访问 FTP 站点。

单击【目录安全性】→【授权访问】→【添加】按钮，显示【拒绝访问】对话框。如果只限制一台计算机访问 FTP 站点，则单击【一台计算机】单选按钮，在【IP 地址】文本框中输入该计算机的 IP 地址，如图 4-55 所示。

如果要限制一个 IP 地址段的计算机，则单击【一组计算机】单选按钮，在【网络标识】文本框中输入 IP 地址，在【子网掩码】文本框中输入该网段的子网掩码，如图 4-56 所示。

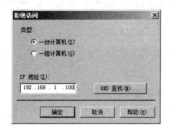
图 4-55　拒绝一台计算机

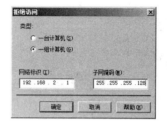
图 4-56　拒绝一组计算机

单击【确定】按钮，将该 IP 地址或 IP 地址段添加到【下列除外】列表框中，访问方式为【拒绝】，如图 4-57 所示。

图 4-57　拒绝访问的 IP 地址

2) 拒绝访问

设置为【拒绝访问】表示所有计算机都不允许访问 FTP 站点，而只有添加到列表中的计算机才能访问 FTP 站点。

单击【目录安全性】→【拒绝访问】→【添加】按钮，显示【授权访问】对话框。如果只允许一台计算机访问 FTP 站点，则单击【一台计算机】单选按钮，在【IP 地址】文本框中输入该计算机的 IP 地址，如图 4-58 所示。

如果要添加允许一组的计算机访问 FTP 站点，则单击【一组计算机】单选按钮，在【网络标识】文本框中输入 IP 地址，在【子网掩码】文本框中输入该网段的子网掩码，如图 4-59 所示。

图 4-58　授权一台计算机

单击【确定】按钮，将该 IP 地址或 IP 地址段添加到【下列除外】列表框中，访问方式为【接受】，如图 4-60 所示。

图 4-59　授权一组计算机

图 4-60　接受访问的 IP 地址

## 习题与思考题

1. 安装 Windows Server 2008 企业版时，对计算机硬件的配置要求是什么？
2. 安装 Windows Server 2008 企业版的方式有哪几种？
3. 主 DNS 服务器和辅 DNS 服务器的区别是什么？
4. 主 DNS 中正向查找区域和反向查找区域有何区别？
5. IIS 7.0 的服务包括哪些？
6. 什么是虚拟主机？
7. FTP 协议的功能是什么？
8. 测试 FTP 有哪几种方式？

# 第5章　网站邮件服务器的安装与配置

本章主要讲述 Windows Exchange Server 2007 邮件服务器的安装和配置。通过本章的学习，读者应掌握以下内容：

- Windows Exchange Server 2007 的安装方法。
- Windows Exchange Server 2007 的配置方法。
- 使用客户端软件收发电子邮件的方法。

电子邮件是指发送者和指定的接收者利用计算机通信网络发送信息的一种非交互式的通信方式，是最基本的网络通信功能。这些信息包括文本、数据、声音、图像和语音视频等内容。邮件服务器运行邮件服务端程序。在 Windows Server 平台上运行的电子邮件服务程序通常有 Exchange Server、MDaemon、iMail 等。在 Windows 上常用的邮件客户端程序有 Outlook Express、Foxmail 等。

## 5.1　安装 Exchange Server 2007 SP2

2009 年 8 月，Microsoft 发布了 Exchange Server 2007 Service Pack 2(SP2)，其设计宗旨是满足投资于邮件系统的所有不同组织的需求。Exchange Server 2007 主要是以角色为基础进行部署的，所以在设计时必须针对个别服务器，逐一指定担任的角色。Exchange Server 2007 中的服务器角色有边缘传输服务器、集线器传输服务器、统一消息服务器、客户端访问服务器以及邮箱服务器共五种。对于管理员而言，Exchange Server 2007 SP2 提供了针对垃圾邮件、病毒等的高级保护选项。

### 5.1.1　Exchange Server 2007 SP2 的环境需求

#### 1. 硬件需求

Exchange Server 2007 服务器推荐的最低硬件需求如下。

- CPU：生产环境必须配备 64 位处理器，Exchange Server 2007 仅可在测试和培训环境中支持 32 位处理器。
- 内存：推荐为服务器配置 2 GB 的内存，以及每个邮箱 5 MB 的内存。
- 磁盘空间：在安装 Exchange Server 2007 的驱动器上至少具有 1.2 GB 的可用磁盘空间，对于要安装的每个统一消息(UM)语言包，需要另外 500 MB 的可用磁盘空间，磁盘分区必须使用 NTFS 文件系统。
- 系统空间需求：系统驱动器上具有 200 MB 的可用磁盘空间，在 Exchange Server 2007

RTM(正式发布版)中，用于存储邮件队列数据库的硬盘驱动器上至少要有 4 GB 的可用空间，在 Exchange Server 2007 SP1 中，用于存储邮件队列数据库的硬盘驱动器至少要有 500 MB 的可用空间。

### 2. 软件需求

生产环境中的 Exchange Server 2007 仅支持 64 位操作系统，并且需要安装 Microsoft .NET Framework 3.0(适用于 Windows Server 2008)或.NET Framework 2.0组件以及 Microsoft WindowsPowerShell(适用于 Exchange 命令行管理程序)和 Microsoft 管理控制台 (MMC)3.0 等。Exchange Server 2007 需要 Microsoft Active Directory 目录服务的支持，建议选择域成员服务器作为目标服务器。

### 3. 客户端需求

Exchange Server 2007 的客户端可以是 Office Outlook 2007、Outlook 2003、Outlook 2002，也可以是安装了浏览器的计算机，运行与 Exchange ActiveSync 兼容的非 Windows 操作系统的移动设备，如手机等。

## 5.1.2　安装 Exchange Server 2007 SP2 前的准备工作

在安装 Exchange Server 2007 之前需要做的准备工作如下。

### 1. 卸载 SMTP

在 Windows Server 2008 系统中，Exchange Server 与 Windows Server 的 SMTP 不能同时安装，如果 Windows Server 已经安装 SMTP，则必须卸载原来已经安装的 SMTP。

### 2. 安装活动目录

Exchange Server 2007 要在 Active Directory 的域环境中运行，因此首先要在服务器中安装活动目录，并将此服务器升级为域控制器，然后再安装 Exchange Server 2007。安装活动目录，域名为 niit.edu.cn，计算机名为 Server，IP 地址 192.168.1.160。

### 3. 设置 DNS 服务器的 MX 记录

在 DNS 服务器中添加邮件交换器记录(MX)，【邮件服务器的完全合格的域名】选择 Server.niit.edu.cn。

### 4. 安装相关组件

在将服务器升级为域控制器之后，还需要安装如下组件：

- .Net Framework 2.0 或 3.0；
- MMC3.0；
- IIS7.0；
- PowerShell。

(1) 单击【开始】→【管理工具】→【服务器管理器】选项，再单击【角色】→【添加角色】，显示【选择服务器角色】对话框。

(2) 单击【Web 服务器(IIS)】复选框，显示【是否添加 Web 服务器(IIS)所需的功能】对话框，单击【添加必需的功能】按钮。返回【选择服务器角色】对话框，单击【应用程序服务】复选框，显示【是否添加应用程序服务器所需的功能】对话框，再单击【添加必需的功能】，如图 5-1 所示。

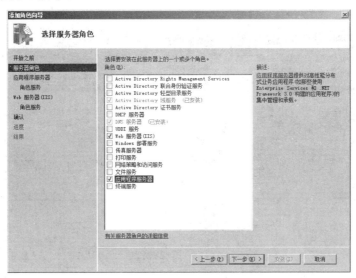

图 5-1 安装 IIS

(3) 返回【选择服务器角色】对话框，单击【文件服务】复选框，再单击【下一步】按钮，显示【应用程序服务器】对话框。单击【下一步】按钮，显示【选择角色服务】对话框，如图 5-2 所示，再单击【Web 服务器(IIS)支持】选项。

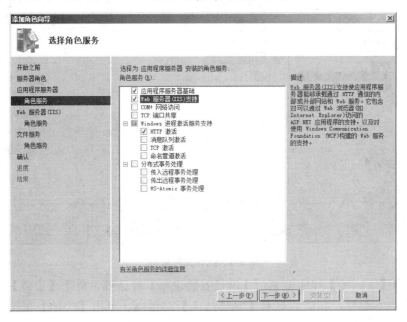

图 5-2 【选择角色服务】对话框

(4) 单击【下一步】按钮，显示【Web 服务器(IIS)】对话框。单击【下一步】按钮，返回【选择角色服务】对话框，再单击【IIS 6 管理兼容性】复选框，如图 5-3 所示。

(5) 单击【下一步】按钮，显示【文件服务】对话框。单击【下一步】按钮，显示【选择角色服务】对话框，如图 5-4 所示，选择为文件服务安装的角色服务。

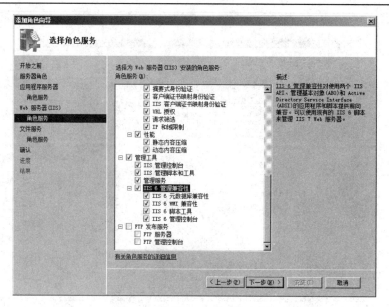

图 5-3　选择 IIS 6 管理兼容性

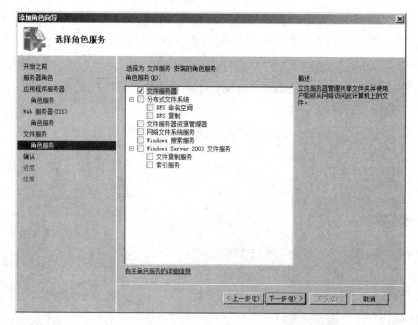

图 5-4　选择文件服务

(6) 单击【下一步】按钮，显示【确认安装选项】对话框。单击【安装】按钮，开始安装所选角色和组件，完成后显示【安装结果】对话框。单击【关闭】按钮，退出安装向导。

(7) 在【服务器管理器】窗口，单击【功能】→【添加功能】选项，显示【选择功能】对话框，如图 5-5 所示。单击【Windows PowerShell】复选框，再单击【下一步】按钮，显示【确认安装选择】对话框。单击【安装】按钮，开始安装，完成后显示【安装结果】对话框。单击【关闭】按钮，即完成安装。

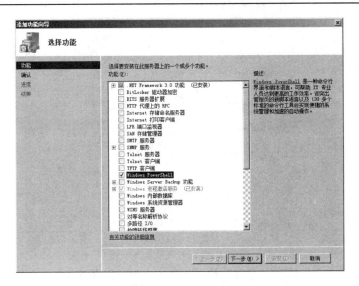

图 5-5　【选择功能】对话框

### 5. 安装 Microsoft Windows Installer 4.5

Microsoft Windows Installer 是 Windows 操作系统的一个组件，是安装和卸载软件的标准，以便快捷方便地进行软件安装、维护和卸载。下载网址为：

http://www.microsoft.com/downloads/zh-cn/details.aspx?familyid=5a58b56f-60b6-4412-95
b9-54d056d6f9f4&displaylang=zh-cn

32 位 Windows 系统下载的文件是 Windows6.0-KB942288-v2-x86.msu，64 位 Windows 系统下载的文件是 Windows6.0-KB942288-v2-ia64.msu。

本例使用 32 位系统演示，双击安装文件 Windows6.0-KB942288-v2-x86.msu，按提示进行安装。

## 5.1.3　安装 Exchange Server 2007 SP2

Exchange Server 2007 在生产环境中必须配备 64 位处理器，仅在测试和培训环境中支持 32 位处理器。下载 Microsoft Exchange Server 2007 SP2 软件的网址为：

http://www.microsoft.com/downloads/zh-cn/details.aspx?FamilyID=4C4BD2A3-5E50-42B0
-8BBB-2CC9AFE3216A&displaylang=zh-cn

32 位 Windows 系统下载的压缩文件是 E2K7SP2CHS32.exe(1 085.0 MB)，64 位 Windows 系统下载的压缩文件是 E2K7SP2CHS64.exe(1 099.4 MB)。

本例使用 32 位系统的 Exchange Server 2007 SP2，在 VMware Workstation V6.5.2 虚拟机安装，虚拟机的内存设置为 1 GB，客户端收、发电子邮件的软件为 Outlook 2003。为了安装简单方便，将 DNS 服务器、Active Directory、Exchange Server 2007 SP2 安装在同一台虚拟机中，计算机名为 Server，IP 地址为 192.168.1.160，域名为 niit.edu.cn。

(1) 从微软网站下载文件 E2K7SP2CHS32.exe，该文件是一个自解压文件，双击 E2K7SP2CHS32.exe 解开压缩包后可以看到 setup.exe 文件。双击 setup.exe 文件启动 Exchange Server 2007 SP2 中文版的安装，如图 5-6 所示。

图 5-6　启动 Exchange Server 2007 SP2 的安装

(2) 单击【Step5：Install Microsoft Exchange Server 2007 SP2】链接，显示【简介】对话框。单击【下一步】按钮，显示【许可协议】对话框，选择【我接受许可协议中的条款】。显示【错误报告】对话框，单击【下一步】按钮。

(3) 显示【安装类型】对话框，选择【典型安装】后，单击【下一步】按钮。典型安装表示将在此计算机安装集线器服务器角色、客户端访问服务器角色、邮箱服务器角色、Exchange 管理工具，如图 5-7 所示。

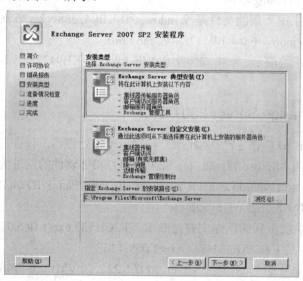

图 5-7　选择【典型安装】

(4) 显示【Exchange 组织】对话框，填入 Exchange 组织的名称，再单击【下一步】按钮，如图 5-8 所示。

(5) 显示【客户端设置】对话框，关于是否正在运行 Outlook 2003 选择【是】单选按钮，如图 5-9 所示，再单击【下一步】按钮。

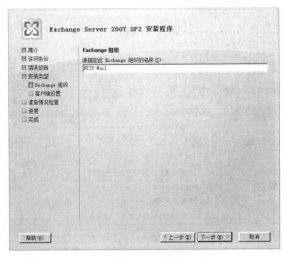

图 5-8　指定 Exchange 组织名称

图 5-9　【客户端设置】对话框

(6) 对服务器的准备情况进行检查，检查 Windows Server 2008 系统的准备情况是否达到能够安装 Exchange Server 2007 的环境要求。对服务器的准备情况进行检查，检查结束后显示检查结果，所检查的 4 个项目必须全部通过，显示【4 个成功，0 个失败】，然后才能进行下一步的安装。如果其中有项目检查失败，则要单击【上一步】按钮返回去处理，或者单击【取消】按钮退出此检查过程。待找到检查失败的原因并处理后，再重新双击 setup.exe 文件启动安装。安装过程结束后必须重新启动 Windows Server 2008 服务器，才能启用 Exchange Server 2007。

如果所有的检查都通过了，才能进行安装，如图 5-10 所示。

(7) 单击【安装】按钮，开始安装。安装完成后，显示【完成】对话框，如图 5-11 所示。单击【完成】按钮，显示【Microsoft Exchange Server 2007】对话框，提示需要重新启动计算机。

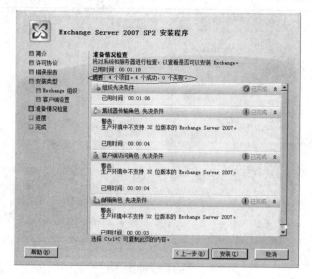

图 5-10　检查的 4 个项目必须全部通过才能够进行安装

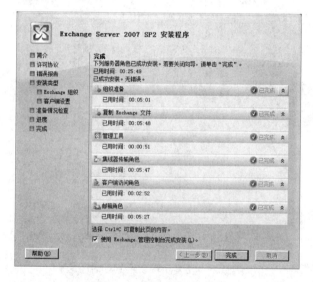

图 5-11　【完成】对话框

## 5.2　配置 Exchange Server 服务器

将 Exchange Server 2007 应用于生产环境之前，必须进行详细配置，以确保 Exchange 服务器能高效地提交各项服务。在此之前，应先通过查阅日志，确认 Exchange 服务器是否安装成功，如果安装了中心传输服务器角色或边缘传输服务器角色，则还应验证代理配置。

### 5.2.1　服务器规划向导

Exchange Server 服务器安装完成后，需要管理员对邮件系统进行进一步的调整。Exchange Server 提供系统检测和规划向导，根据向导可以完成邮件系统分析和配置。

### 1. 输入 Exchange Server 产品密钥

(1) 单击【开始】→【程序】→【Microsoft Exchange Server 2007】→【Exchange 管理控制台】选项，打开【Exchange 管理控制台】窗口，如图 5-12 所示。在【完成部署】和【端到端情况】选项卡中，将指导需要完成的配置任务。

(2) 单击【输入 Exchange Server 产品密钥】链接，显示【输入 Exchange Server 产品密钥】对话框，如图 5-13 所示，按照提示的步骤操作即可。

图 5-12　Exchange Server 2007 管理控制台　　　　图 5-13　输入产品密钥

### 2. 运行 Microsoft Exchange 最佳实践分析工具

(1) 单击【运行 Microsoft Exchange 最佳实践分析工具】链接，显示【运行 Microsoft Exchange 最佳实践分析工具】对话框，如图 5-14 所示。

(2) 单击【转到"工具箱"】链接，显示【工具箱】窗口，双击【工具箱】→【最佳实践分析工具】选项，显示【欢迎使用 Exchange 最佳实践分析工具】窗口，如图 5-15 所示。接下来根据需要按照向导操作完成即可。

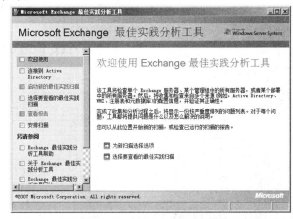

图 5-14　最佳实践分析工具　　　　图 5-15　【欢迎使用 Exchange 最佳实践分析工具】窗口

### 3. 配置【防止 Exchange Server 受到病毒、蠕虫病毒和其他恶意软件的攻击】

(1) 安装 Microsoft Forefront Security for Exchange Server 工具。下载网址：
http://www.microsoft.com/china/forefront/serversecurity/exchange/download.mspx。

配置【防止 Exchange Server 受到病毒、蠕虫病毒和其他恶意软件的攻击】选项之前，需要先安装 Microsoft Forefront Security for Exchange Server 工具。Microsoft Forefront

Security for Exchange Server 将来自业界领先的安全公司的多个扫描引擎集成在一个解决方案中，帮助企业保护其 Exchange 邮件环境，防范病毒、蠕虫和垃圾邮件。它提供并集成了多个业界领先的防病毒引擎，为对抗最新威胁提供全面、分层的保护。通过与 Exchange Server 的深入集成、扫描技术的创新和对性能的控制，Forefront Security for Exchange Server 可以在维护正常工作和优化服务器性能的同时，帮助保护邮件环境。Forefront Security for Exchange Server 还使管理员能够在服务器和企业层面，方便地对配置与操作、自动化扫描引擎特征的更新和报告功能进行管理。

(2) 按提示安装。

## 5.2.2　配置脱机通讯簿及公用文件夹分发

在 Exchange Server 2007 中，启用基于 Web 的分发和公用文件夹分发后，才能使客户端计算机能够使用 Web 方式登录邮箱。

(1) 打开【Exchange 管理控制台】窗口，单击【组织配置】→【邮箱】，在主窗口中选择【脱机通讯簿】选项卡，如图 5-16 所示。

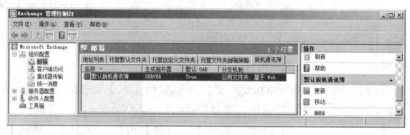

图 5-16　【脱机通讯簿】选项卡

(2) 右击【默认脱机通讯簿】选项，执行快捷菜单中的【属性】命令，显示【默认脱机通讯簿属性】对话框；单击【分发】选项卡，选中【启用基于 Web 的分发】和【启用公用文件夹分发】复选框，如图 5-17 所示。

(3) 单击【添加】按钮，显示【选择 OAB 虚拟目录】对话框，选择需要添加的虚拟目录，如图 5-18 所示。

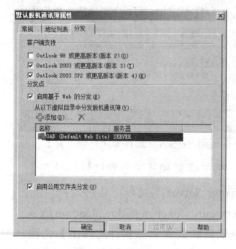

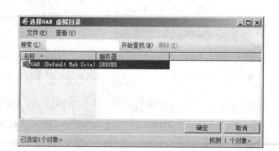

图 5-17　【默认脱机通讯簿属性】对话框　　　　图 5-18　【选择 OAB 虚拟目录】对话框

(4) 单击【确定】按钮,返回【默认脱机通讯簿属性】对话框,再单击【确定】按钮完成设置。

# 5.3 部署客户端访问

Exchange 2007 中的客户端访问服务器能提供与 Exchange 服务器连接的客户端访问功能,虽然客户端访问服务器提供了多种客户端的连接功能,但是不同的客户端使用的方法可能有所不同,以下是不同客户端连接客户端访问服务器的通信协议:

- Outlook Web Access:HTTP/HTTPS。
- 自动发现:HTTPS。
- Exchange ActiveSync:HTTP/HTTPS。
- POP3:POP3/SMTP。
- IMAP4:IMAP4/SMTP。

在每个 Exchange 组织中都必须安装客户端访问服务器,为了使客户端能够安全地访问 Exchange 服务器,可以配置客户端安全策略,包括 SSL 访问、Exchange ActiveSync、新用户邮箱策略和现有用户邮箱策略等。

为了保护客户端与 Exchange 服务器之间的通道,需要在客户端访问服务器上使用 SSL 证书。默认情况下,IIS 会对脱机通讯簿虚拟目录之外的所有虚拟目录都要求 SSL,但是,可以为每项客户端访问功能配置其他虚拟目录,此时必须确认每个虚拟目录都配置为要求的 SSL。

客户端访问的虚拟目录如下:

- Outlook Web Access 2003 的虚拟目录为 exchange。
- Outlook Web Access 2007 的虚拟目录为 owa。
- WebDAV 的虚拟目录为 public。
- ActiveSync 的虚拟目录为 Microsoft-Server-ActiveSync。
- Outlook Anywhere 的虚拟目录为 Rpc。
- 自动发现的虚拟目录为 Autodiscover。
- Exchange Web 服务的虚拟目录为 EWS。
- 统一消息的虚拟目录为 Unified Messaging。
- 脱机通讯簿的虚拟目录为 OAB。

在 IIS 管理器中,管理员可以配置所有将要使用的客户端访问虚拟目录,步骤如下:

(1) 单击【开始】→【管理工具】→【Internet 信息服务(IIS)管理器】选项,打开【Internet 信息服务(IIS)管理器】控制台。

(2) 在【默认网站】下选择相应的虚拟目录(以【owa】为例),在主窗口中选择【SSL 设置】选项,如图 5-19 所示。

(3) 双击【SSL 设置】,打开【SSL 设置】窗口,选中【要求 SSL】和【需要 128 位 SSL】复选框,如图 5-20 所示。

(4) 单击【应用】按钮,保存设置即可。

按照相同步骤可以对其他虚拟目录进行相同的设置。

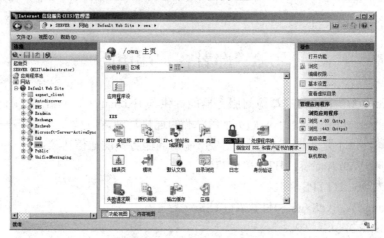

图 5-19　选择 SSL 设置

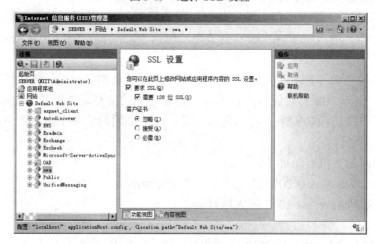

图 5-20　SSL 设置

# 5.4　部署集线器传输服务器

Microsoft Exchange Server 2007 集线器传输服务器角色被部署在 Active Directory 目录服务内，它可以提供如下功能：

● 邮件流：在邮件传递到组织内的收件人收件箱，或者路由到组织外部的用户之前，集线器传输服务器在 Exchange 2007 组织内部发送的所有邮件。

● 分类：分类程序对通过 Exchange 2007 传输管道移动的所有邮件，执行收件人解析、路由解析和内容转换。

● 路由：集线器传输服务器确定在组织中发送和接收的所有邮件的路由路径。

● 传递：邮件由存储驱动程序传递到收件人的邮箱中，组织中的用户所发送的邮件由存储驱动程序从发件人的发件箱中分拣出来，并放在集线器传输服务器上的提交队列中。

在 Exchange 2007 的管理设计上，集线器传输的功能包含在【组织配置】和【服务器配置】两层中，同时提供不同程度范围的管理项目内容。

## 5.4.1 安装 SMTP 发送连接器

在 Exchange 2007 传输服务器向目标地址发送邮件的过程中，需要通过发送连接器将邮件传递到下一个跃点。发送连接器控制从发送服务器到接收服务器(或目标电子邮件系统)的出站连接。

由于集线器传输服务器安装后，并不会自动安装 SMTP 发送连接器，因此，集线器传输服务器就只能负责"接收"邮件，而无法建立远程邮件系统的连接模式。但是，使用基于 Active Directory 目录服务站点拓扑自动计算的不可见隐式发送连接器，在集线器传输服务器之间，以内部方式路由邮件。只有使用边缘订阅过程将边缘传输服务器订阅到 Active Directory 站点之后，才能建立端到端邮件流。其他方案必须手动配置连接器，才能建立端到端邮件流。

Exchange 2007 默认安装后只有接收连接器，创建邮箱用户还不能对 Internet 的集线器传输服务器，或者未订阅的边缘传输服务器的客户端发送邮件，用户需要在该服务器上创建一个发送连接器，以便发送邮件。

(1) 打开【Exchange 管理控制台】窗口，依次选择【组织配置】→【集线器传输】选项，显示【集线器传输】窗口，如图 5-21 所示。

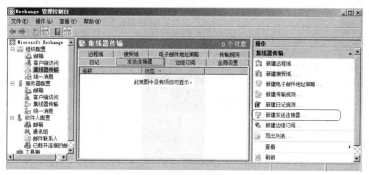

图 5-21 【集线器传输】窗口

(2) 单击【新建发送连接器】链接，启动【新建 SMTP 发送连接器】向导，默认显示【简介】对话框，如图 5-22 所示。

【名称】文本框指定发送连接器的名称，以便与其他发送连接器区分，建议输入具有意义且容易辨识的文字，如 Lcw。

【选择此发送连接器的预期用法】根据连接器的使用方式设置连接器使用类型。此处可用的选项有：自定义(默认值)、内部、Internet、伙伴等四种。其含义分别如下：

● 自定义连接器表示此连接器将连接到非 Exchange 服务器系统。

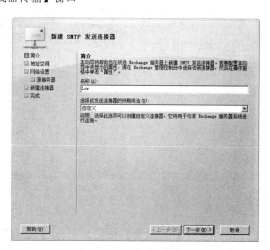

图 5-22 【简介】对话框

● 内部发送连接器可将电子邮件发送到 Exchange 组织中的主机，默认为智能主机的内部 Exchange 服务器。

● Internet 发送连接器可将电子邮件发送到 Internet 上，并使用 DNS 中的 MX 资源记录传送电子邮件。

● 伙伴发送连接器是用来将电子邮件发送到伙伴域，且只允许连接到使用 SMTP 或 TLS 验证的服务器。

(3) 单击【下一步】按钮，显示【地址空间】对话框，如图 5-23 所示。

(4) 单击【添加】按钮，显示【SMTP 地址空间】对话框，在【地址】文本框中键入"*"，如图 5-24 所示。

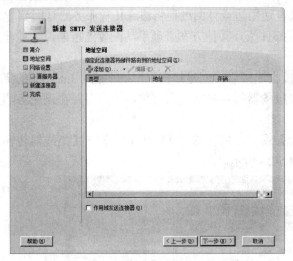

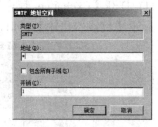

图 5-23　【地址空间】对话框　　　　　　　　图 5-24　【SMTP 地址空间】对话框

(5) 单击【确定】按钮，返回【地址空间】对话框，再单击【下一步】按钮，显示【网络设置】对话框，如图 5-25 所示。

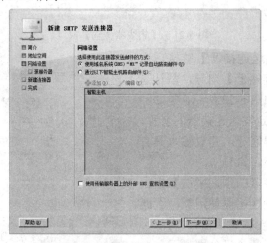

图 5-25　【网络设置】对话框

(6) 单击【下一步】按钮，显示【源服务器】对话框，如图 5-26 所示。单击【添加】按钮，选择希望添加的源服务器。

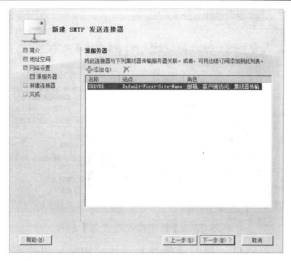

图 5-26   【源服务器】对话框

(7) 单击【下一步】按钮，显示【新建连接器】对话框。单击【新建】按钮，显示【完成】对话框。至此，该发送连接器已经创建成功了，邮箱用户可以收发邮件了。

## 5.4.2   配置 SMTP 接收连接器

Exchange 2007 除了 SMTP 发送连接器外，还包含接收连接器。接收连接器是传输服务器接收邮件的网关。安装好传输服务器后，Exchange 会自动建立 Client Server 和 Default Server 两个接收连接器。

Client Server 连接器主要用来接收使用 POP3 或 IMAP4 的客户端应用程序所提交的电子邮件。默认情况下，Client Server 接收连接器配置为通过 TCP 端口 587 接收电子邮件。

Default Server 连接器主要用来接收来自边缘传输服务器的连接，用以接收来自 Internet 和其他中心传输服务器的邮件。默认情况下，该接收连接器配置为通过 TCP 端口 25 接收电子邮件。

也可以手动创建接收连接器，然后根据需要管理这些接收连接器的配置，但是不可以管理 Exchange 作为邮件传输自动创建的接收连接器的配置。创建接收连接器的主要目的是：

- 控制邮件在域内或域之间的接收方式。
- 控制授权的入站连接。
- 接收来自非 Exchange 邮件系统的邮件。

接收连接器仅作用于一台指定的传输服务器。当创建了一个接收连接器时，可以为其选择关联的集线器传输服务器，并将其绑定在一起。接收连接器可将远端 IP 地址范围与指定的传输服务器的 IP 地址绑定在一起。不可以创建一个与现有的接收连接器拥有相同绑定的连接器，每个连接器所绑定的地址必须是唯一的。

(1) 使用具有 Exchange Server 系统管理员权限的域账号登录系统。

(2) 打开【Exchange 管理控制台】窗口，单击【服务器配置】→【集线器传输】，在【创建筛选器】窗口选择要建立的接收连接器的服务器名称，本例选择"SERVER"；单击【操作】窗格中的【新建接收连接器】链接，如图 5-27 所示。

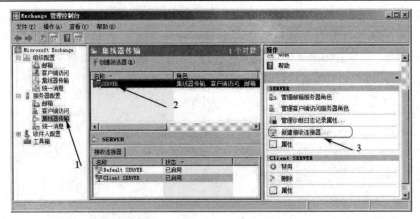

图 5-27　【新建接收连接器】链接

(3) 在出现的【新建 SMTP 接收连接器】对话框中，可以指定此发送连接器的名称与目的，如图 5-28 所示。

【名称】用于指定发送连接器的名称。

【选择此接收连接器的预期用法】根据连接器的使用方式，设置连接器使用类型，使用类型有自定义、Internet、内部、客户端和伙伴共五种。

● 自定义表示此连接器将连接到非 Exchange 服务器系统，默认选择为自定义。

● Internet 可接收来自 Internet 的电子邮件，并可接收来自匿名(Anonymous)用户的连接。

● 内部仅可接收来自 Exchange 服务器的连接。

● 客户端用来接收来自 Microsoft 用户的电子邮件。

● 伙伴用来接收来自伙伴域的电子邮件。

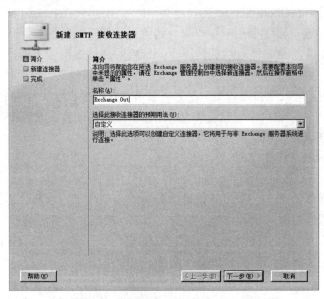

图 5-28　设置接收连接器的名称与目的

(4) 单击【下一步】按钮，显示【本地网络设置】对话框，如图 5-29 所示。在此对话框中，需指定接收连接器允许接收电子邮件的网络接口 IP 地址。

(5) 单击【添加】按钮，显示【添加接收连接器绑定】对话框，选择允许接收来自所有 IP 或是特定 IP 地址的传送要求。本例使用指定 IP 地址，在【指定 IP 地址】文本框输入本机的 IP 地址，即输入 192.168.1.160，在【端口】文本框输入此连接器使用的连接端口号(默认值为 25)，如图 5-30 所示。

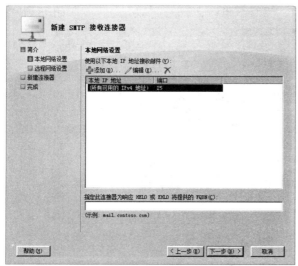

图 5-29　【本地网络设置】对话框　　　　　　图 5-30　指定 IP 地址

(6) 单击【确定】按钮，返回【本地网络设置】对话框，删除列表中的【所有可用的 IPv4 地址】，便可看到指定使用的网卡 IP 地址为 192.168.1.160，端口号为 25。另外，在此对话框中的【指定此连接器为响应 HELO 或 EHLO 将提供的 FQDN】字段输入响应 SMTP HELO 或 EHLO 命令时的名称，本例输入 Server.niit.edu.cn，如图 5-31 所示。

(7) 单击【下一步】按钮，显示【远程网络设置】对话框，默认情况下，接收连接器接收所有远端 IP 地址的入站邮件，所以 IP 地址范围的默认配置是 0.0.0.0~255.255.255.255。在需要对发送邮件的源服务器的 IP 地址做限定时，才有必要更改 IP 地址范围，可接收的格式为单一 IP 地址、IP 地址范围、网络区段。本例使用默认配置，如图 5-32 所示。

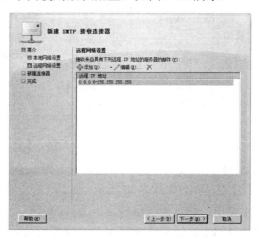

图 5-31　为接收电子邮件指定本地 IP 地址和端口　　　图 5-32　指定远程网络

(8) 单击【下一步】按钮，显示【配置摘要】对话框。单击【新建】按钮，开始建立接收连接器。成功建立接收连接器后，安装向导同时也会显示可用来建立接收连接器的 Exchange 命令行管理程序命令。

(9) 单击【完成】按钮，返回到【Exchange 管理控制台】窗口，可以看到刚才建立的接收连接器，如图 5-33 所示。

图 5-33　新建成的接收连接器

### 5.4.3　设置 HELO 信息

在邮件服务器中，必须正确设置外发的 HELO(或 EHLO)信息，如果不能正确设置这些信息，会被许多邮件服务器拒绝，邮箱系统外发的信件就会被一些启用【DNS 反向域名解析】的邮件服务器拒收。如果网络中有多台 Exchange Server，需要在每台 Exchange 服务器上设置 HELO 信息。设置方法如下：

(1) 打开【Exchange 管理控制台】窗口，单击【组织配置】→【集线器传输】选项，再单击【发送连接器】选项卡，如图 5-34 所示。

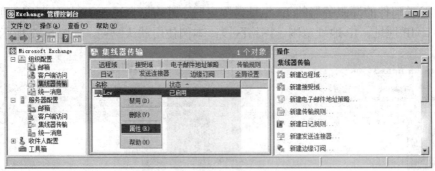

图 5-34　【发送连接器】选项卡

(2) 右击要设置的发送连接器，如 Lcw，执行快捷菜单中的【属性】命令，显示【Lcw 属性】对话框，如图 5-35 所示。在【指定此连接器为响应 HELO 或 EHLO 将提供的 FQDN】文本框中，输入集线器传输服务器的名称。由于所有邮箱服务器角色都安装在了 Server 这台计算机上，所以此处应为 Server.niit.edu.cn。

图 5-35　输入 FQDN

## 习题与思考题

1. 电子邮件系统的相关协议有哪些?
2. 简述从 njlcw@126.com 邮箱发送邮件到 Liaocw@niit.edu.cn 的过程。
3. Exchange Server 2007 SP2 的环境需求是什么?
4. Exchange Server 2007 SP2 的服务器角色有哪些?
5. 安装 Exchange Server 2007 SP2 前的准备工作有哪些?
6. 简述部署 Exchange Server 2007 客户端的过程。

# 第6章　网站网页制作技术

本章主要讲述网站的网页制作技术。通过本章的学习，读者应掌握以下内容：

- HTML 的结构；
- 静态网页制作；
- ASP 中连接数据库的方法。

网站的网页制作从技术上大体可分为两类：静态网页技术和动态网页技术。每种技术都各有特点，用户可以根据网站建设需求，从自身情况出发，综合考虑建设网站的 Web 服务器软件、数据库以及操作系统平台等各种因素，选择网页制作工具和技术。

## 6.1　HTML　简　介

HTML 语言是超文本标记语言(HyperText Markup Language)的缩写。静态网页设计完全是基于 HTML 的，所有的网页设计软件都是以它为基础的。用 HTML 的语法规则建立的文档可以运行在不同的操作系统平台上。

1990 年，Web 的创始人 Tim Berners·Lee 和同事 Naniel W·Connolly 在瑞士日内瓦的欧洲粒子实验室开发了 HTML 1.0，起初只适用于对 NCSA 的 Mosaic 浏览器进行解释。随着各式各样的浏览器的产生和发展，迫切需要一个全世界的统一标准。1995 年 11 月，因特网工程部(IETF, Internet Engineering Task Force)倡导开发了 HTML 2.0 标准。将表格、工具栏、数学公式和风格表等新特征加入到 HTML 2.0 版本中，就诞生了 HTML 3.0。1997 年 1 月，万维网联盟(W3C, World Wide Web Consortium)推出了 HTML 3.2 版本，使得 HTML 文档在不同的浏览器和操作系统平台上都有更好的表现。直到 1998 年 4 月 24 日，W3C 标准化组织发布了 HTML 4.0，新增加了样式表、脚本语言、框架结构、内嵌对象等功能，增强了对各种网络媒体格式的支持。目前，HTML 的最新版本是 HTML 5.0。

HTML 文档是纯文本文件，通常以 html(UNIX 操作系统、Windows 操作系统)或 htm(Windows 操作系统)为后缀名，可以用任何文本编辑器进行编辑，用浏览器预览网页的实际效果。

HTML 语言使用描述性的标记符来指明文档的不同内容。

标记符是区分文本各个部分的分界符，用来把 HTML 文档分成不同的逻辑部分，如标题、段落及表格等。标记符描述了文档的结构，向浏览器提供该文档的格式化信息以及传送文档的外观特征。

标记(Markup)是 HTML 中的关键部分，它可以决定网页文件在浏览器上的样式，利用简单的 HTML 标记就可以决定网页的标题、格式、插入图片和链接目标等。

### 1. 标记

HTML 标记规定 Web 文件的逻辑结构，并且控制文件的显示格式。用标记定义 Web 文件的逻辑结构，但文件的实际显示则由浏览器来负责解释。标记不区分大小写。

大部分 HTML 标记格式是：＜标记＞相应内容＜/标记＞。

HTML 的基本结构如下所示：

| | |
|---|---|
| ＜HTML＞ | //标志一个 HTML 文件的开始 |
| ＜HEAD＞ | //文件的主题信息(如标题)从此开始 |
| ＜TITLE＞新建网页＜/TITLE＞ | //这一部分是标题栏 |
| ＜/HEAD＞ | //主题信息在此结束 |
| ＜BODY＞ | //标志正文从这里开始 |
| ＜P＞…＜/P＞ | // "…" 表示正文部分 |
| ＜/BODY＞ | //正文在这里结束 |
| ＜/HTML＞ | //HTML 文件到此结束 |

标记用尖括号 "＜＞" 括起来，标记本身由 1～2 个英文字母组成，其中，"＜标记＞" 为开始标记，表示一个内容的开始；"＜/标记＞" 为结束标记，表示一个内容的结束。实际上所有的结束标记只不过是在开始标记前面加上一个斜杠 "/"，因而只需记住开始标记即可。

＜HTML＞…＜/HTML＞：标识 HTML 文档的开始和结束，浏览器可以据此判断当前打开的是网页文件，而不是其他类型的文件。

＜HEAD＞…＜/HEAD＞：标识 HTML 文档的头部，用来标明当前文档的有关信息，如网页标题、搜索关键字、样式表和脚本语言等。

＜TITLE＞…＜/TITLE＞：标识网页的标题，不超过 64 个字符，同一网页内只能有一个标题，即 TITLE 只能出现一次。绝大多数浏览器会把该标题显示在窗口顶端的标题栏中。

＜BODY＞…＜/BODY＞：标识 HTML 主体内容的开始与结束。

＜P＞：标记将后面的内容强行分段。在 HTML 网页文件内既使插入了回车键，也并不表示在浏览器中将看到不同的段落，此时可用＜P＞标记将内容强行分段。

＜BR＞：强制换行标记，在一行文本的结束处加入＜BR＞标记，文件会被强制换行。

＜IMG src="图像"＞：在网页中插入图像。

＜A HREF="address"＞源链接＜/A＞：链接其他网页文件或 Internet 上的任何一台计算机上的资源。

**例 6-1**　页面显示如图 6-1 所示，单击 "图片" 超级链接，在相同窗口显示所链接的图片，如图 6-2 所示。文件保存为 "C:\HomePage\6-1.htm"，此图片文件为 "C:\HoemPage\示例图片.jpg" 文件，代码如下所示：

```
<HTML>
  <HEAD>
    <TITLE>超级链接示例</TITLE>
  </HEAD>
  <BODY>
```

```
    <H2>超级链接示例</H2>
    <P><A href="示例图片.jpg">图片</A></P>
</BODY>
</HTML>
```

图 6-1　超级链接示例页面

图 6-2　单击"图片"后显示页面

有些 HTML 元素只有开始标记而没有相应的结束标记，如换行标记，只使用<BR>。有一些元素的结束标记可以省略，如分段结束标记</>、列表项结束标记<LI>和词语结束标记</DT>等。

**2. 设置字体属性**

HTML 语言都有属于自己的属性，这些属性可由用户自定义，否则将采用 HTML 的默认属性。属性名称总是出现在起始标记的结束符">"之前，标记本身与属性之间用空格符分隔，对于有多种属性的标记，它们之间用"，"(逗号)隔开。标记属性需要用单引号或双引号括起来。例如：

　　<BODY　BGCOLOR="000FF",background="map.jpg">　</BODY>

表示定义网页的颜色为蓝色(BGCOLOR="000FF")，并且以"map.jpg"文件作为网页的背景图案。

**1) 标题**

HTML 提供六种不同大小的标题字体，用 H1～H6 表示，分别表示从一级标题到六级标题。H1 的字体最大，H6 最小。

**例 6-2**　显示六级标题，页面显示如图 6-3 所示，将文件保存为"C:\HomePage\6-2.htm"。代码如下所示：

```
<HTML>
<HEAD>
    <TITLE>网页标题示例</TITLE>
</HEAD>
<BODY>
    <H1>一级标题</H1>
    <H2>二级标题</H2>
    <H3>三级标题</H3>
    <H4>四级标题</H4>
    <H5>五级标题</H5>
```

　　　　<H6>六级标题</H6>

　　　　</BODY>

　　　</HTML>

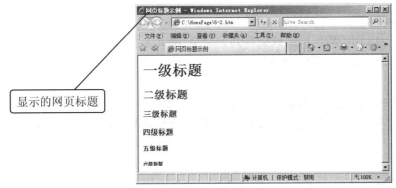

显示的网页标题

图 6-3　"六级标题"显示

　2) 字体、大小和颜色

　字体通过<FONT>标记来表示，标记中不同属性描述不同的内容。

　FACE 属性：描述标记中的字体，取值与 Windows 中安装的字体一致。

　SIZE 属性：描述标记中的字体大小，字体大小分为七个等级，1 号字体最小，7 号字体最大。1 号~7 号字的大小分别为 8 磅、10 磅、12 磅、14 磅、18 磅、24 磅和 36 磅，默认为 3 号字体。

　COLOR 属性：描述标记中的字体颜色，指定颜色有多种方法。

　(1) RGB 表示。

　　　<FONT　COLOR=#rrggbb>…</FONT>

其中，rrggbb 是十六进制数。rr、gg、bb 分别代表红、绿、蓝色，取值范围是#00~#ff。

　(2) 预定义色彩表示。常用的预定义颜色有 B lack、Yellow、Red、Blue、Gray、White 和 Green 等。例如下面两例的效果相同(均表示白色)：

　　　<FONT COLOR=#ffffff>…</FONT>

　　　<FONT COLOR=#white>…</FONT>

　(3) RGB 函数表示。

　　　<FONT COLOR=rgb(x，y，z)>…</FONT>

其中，x、y、z 分别代表红、绿、蓝色，取值范围是 0~255。

　　这些属性可以结合使用。下面一句就定义一行楷体、5 号、红色文字：

　　　<FONT FACE="楷体_GB2312" SIZE="5" COLOR="#FF0000">楷体、5 号、红色文字</FONT>

　3. 文字布局

　行控制：用<BR>实现换行，也可以用<P>…</P>通过分段实现换行。

　文字对齐：用<P>标记中的 ALIGN 属性设置文字对齐，默认为左对齐方式。几种对齐方式如下：

　　　<P ALIGN="left">左对齐</P>

&lt;P ALIGN="center"&gt;居中对齐&lt;/P&gt;

&lt;P ALIGN="right"&gt;右对齐&lt;/P&gt;

&lt;P ALIGN="justify"&gt;两端对齐&lt;/P&gt;

### 4. 创建超链接

超链接是从一个 Web 页面或文件到另一个 Web 页面或文件的链接。当鼠标指向包含超链接的文本或图片时，鼠标形状会变成手形指针，表示可以单击该项目。用&lt;A&gt;标记表示超链接。

&lt;A HREF="address"&gt;源链接&lt;/A&gt;

一般情况下，&lt;A&gt;标记中的 HREF 属性定义链接指向的地址，该地址通常是另一个 Web 页面、一幅图片、一个多媒体文件、一个 Office 文档、一个电子邮件地址或一个程序等。

TITLE 属性定义提示字符，对图片的超链接很有用。

TARGET 属性定义链接指向的目标打开方式，如表 6-1 所示。

表 6-1　TARGET 属性

| TARGET属性 | 打开方式 |
| --- | --- |
| TARGET="_self" | 在当前窗口中打开 |
| TARGET="_blank" | 在一个新窗口中打开 |
| TARGET="_parent" | 在父窗口中打开(使用了框架) |
| TARGET="_top" | 在整个浏览器的窗口中打开(跳出框架的好办法) |

例 6-3　创建超链接实例。

&lt;P&gt;&lt;A TARGET="_top" TITLE="欢迎光临" HREF="http://www.niit.edu.cn"&gt;南京工业职业技术学院&lt;/A&gt;&lt;/P&gt;

&lt;P&gt;&lt;A TITLE="欢迎来信" HREF="mailto：liaocw@niit.edu.cn?subject=Hello"&gt;联系我们&lt;/A&gt;&lt;/P&gt;

### 5. 添加图片

用&lt;IMG&gt;标记插入图片，其常用属性有：

- BORDER 属性，定义图片的边框宽度。
- SRC 属性，指明所插入图片的路径和文件名，一般情况下用相对路径名。
- ALT 属性，指明在浏览器不支持图片或不能下载图片时所显示的文字。
- WIDTH 属性，指明图片的宽度。
- HEIGHT 属性，指明图片的高度。

# 6.2　网页制作实例

所有的网页都是以 HTML 格式为基础的，HTML 是所有 Internet 站点的共同语言，但制作网页并不是主张逐句编写 HTML 代码，网页制作常用的方法是使用一些工具软件进行网页开发。目前可视化的网页设计软件较多，Dreamweaver、Flash、Photoshop 和 Fireworks

这 4 个软件相辅相成,是设计网页的首选软件。Dreamweaver 用来排版布局网页,Flash 用来设计精美的网页动画,Photoshop 和 Fireworks 用来处理网页中的图形图像。

**1. 准备素材**

针对每个主题收集素材,包括文字和图片素材,设计网站的 LOGO(网站标志)和标语图片。

**2. 制作框架网页**

框架(Frame)的主要作用是将浏览器窗口分割成几个相对独立的小窗口,浏览器可以将不同网页文件同时传送到这几个小窗口中,这样便可同时浏览不同的网页文件。一般情况下可以用框架来保持网页中固定的几个部分,如网页标题、链接按钮等,剩余的框架用来展现所选择的网页内容。下面用 Dreamweaver CS5 软件说明如何制作一个框架网页。

1) 创建框架集

框架集是一个定义了框架结构和属性的 HTML 网页,包括框架数量、框架尺寸、载入的框架网页等属性。框架集在浏览器中不显示,它只是保存框架网页的一个容器。创建框架集的具体步骤如下:

(1) 运行 Dreamweaver CS5,执行【文件】→【新建】命令,显示【新建文档】对话框,单击【示例中的页】→【示例文件夹】→【框架页】→【示例页】→【上方固定,左侧嵌套】选项,如图 6-4 所示。

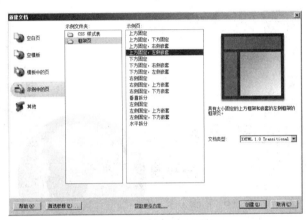

图 6-4 选择框架类型

(2) 单击【创建】按钮,即可创建一个"上方固定,左侧嵌套"的框架网页,如图 6-5 所示。

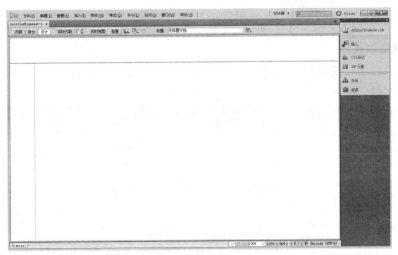

图 6-5 创建框架网页

2) 保存框架和框架集

每个框架包含一个文档，因此一个框架集会包含多个文件，在保存网页时不能只保存一个文档，要将整个网页文档都保存下来。

(1) 保存框架集。执行【文件】→【保存全部】命令，此时整个框架边框会出现一个阴影框，同时会显示【另存为】对话框。因为阴影出现在整个框架集内侧，所以询问的是整个框架集的名称。将整个框架集命名为 index.html，如图 6-6 所示。单击【保存】按钮，保存整个框架集，文件名为 index.html。

(2) 保存单个网页。将光标置于顶部的框架中，执行【文件】→【保存框架】命令，显示【另存为】对话框，将文件命名为 top.html，如图 6-7 所示。单击【保存】按钮，保存顶部框架，文件名为 top.html。

图 6-6　为整个框架集命名　　　　　　　图 6-7　为顶部框架命名

(3) 将光标置于左侧的框架中，执行【文件】→【保存框架】命令，显示【另存为】对话框，将文件命名为 left.html，单击【保存】按钮。

(4) 将光标置于右侧的框架中，执行【文件】→【保存框架】命令，显示【另存为】对话框，将文件命名为 right.html，单击【保存】按钮。

通过上述操作，磁盘中共有 index.html、top.html、left.html 和 right.html 四个文件。

3. 设置框架属性

执行【窗口】→【属性】命令，再执行【窗口】→【框架】命令，在【属性】面板中显示框架的属性，如图 6-8 所示。设置好属性后保存。

图 6-8　框架属性面板

4. 设置框架集属性

选中框架集，打开【属性】面板，可以修改属性值，如图 6-9 所示。

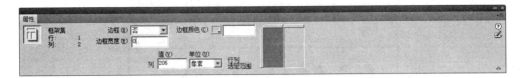

图 6-9　框架集属性面板

### 5. 制作单个网页

(1) 制作 top.html 页面。执行【文件】→【打开】命令，选择"top.html"文件，单击【打开】按钮，执行【插入】→【表格】命令，将【表格】对话框中的【行数】和【列数】均设为"1"，【边框精细】设置为"0"。用 Photoshop 设计好网站的 LOGO 和标语图片，文件保存为 jpg 格式，将该图片插入到表格中，如图 6-10 所示。

图 6-10　标题页面

(2) 制作 left.html 页面。执行【文件】→【打开】命令，选择"left.html"文件；单击【打开】按钮，再执行【插入】→【表格】命令，将【表格】对话框中的【行数】设为"11"，【列数】设置为"1"，【边框精细】设置为"0"。输入事先拟定好的主题，并插入适当的链接。本例输入南京工业职业技术学院的各二级院系名称，并把每个标题链接到对应的院系，如图 6-11 所示。

(3) 制作 right.html 页面。执行【文件】→【打开】命令，选择"right.html"文件；单击【打开】按钮，执行【插入】→【表格】命令，将【表格】对话框中的【行数】和【列】均设为"1"，【边框精细】设置为"0"。本例输入南京工业职业技术学院的介绍内容，如图 6-12 所示。

图 6-11　左侧页面

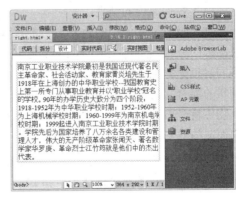

图 6-12　右侧页面

(4) 显示效果。双击 index.html 文件，在浏览器中显示效果，如图 6-13 所示。

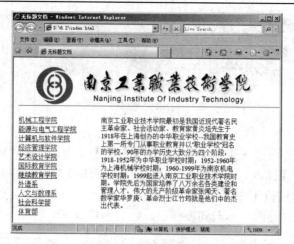

图 6-13　显示效果

# 6.3　网站的配色方案

　　网站的页面有文字、图片等信息，而文字、图片和页面背景都需要用一定的色彩来表达。一个网站可能没有图像，但绝不能没有色彩。确定网站的配色方案是网站开发初期最重要的工作之一。

## 6.3.1　色彩构成

　　色彩是由色光反射到人的眼视神经上所产生的感觉。色彩不是物体天生固有的，物体的颜色是物体本身吸收和反射光波的结果。色彩和光有极为密切的联系，同时又能影响到人类的知觉，如看到咖啡色就会让人联想到咖啡的香味，并产生想喝咖啡的欲望。

### 1. 光

　　白光通过棱镜的分解形成多种颜色逐渐过渡的色谱，色彩依次为红、橙、黄、绿、青、蓝、紫，这就是可见光谱。眼睛对红、绿、蓝色光最敏感，计算机显示器呈现出来的色彩就是这三色光叠加混合的结果。

　　一个物体吸收了光波中的色彩后可能仅仅反射某一种色彩的光波，这个物体就会呈现它反射出来的颜色。全部反射时，由于色光叠加的作用将呈现白色。色光的混合和颜料的混合不同，色光是加色混合，红、橙、黄、绿、青、蓝、紫这些色光混合在一起就成了白色，颜料的混合相反，呈现灰黑色。

　　当物体将光波全吸收时，由于没有色光存在，物体呈现黑色。光是色彩的源泉，展现在我们面前的五彩缤纷的世界，实际上是色光混合的结果。

### 2. 色

　　光源色彩的不同将造成物体本身色彩的不可确定性。在全色光下葡萄是紫色的，这是因为葡萄表面反射紫色光，而其他色光被吸收，实际上葡萄也反射其他色光，但很微弱。绝对的黑色、白色的物体是不存在的，物体在反射与吸收色光的同时，也或多或少地混合着其他色光。

在光源色彩发生变化时，物体固有色是可变的，例如在绿色光的照射下，新鲜的肉会显出灰暗的色彩，让人感觉肉好像已经变质了。

色彩可分为无彩色和有彩色两大类。无彩色是黑色、白色和灰色按不同比例混合得到的，它给人的感觉是深沉的、消极的、缺乏生命力的。有彩色是指红、橙、黄、绿、青、蓝、紫七种基本色和它们之间的混合色，这些色彩往往给人以相对活跃的、易变的心理感受。无彩色系和有彩色系形成了既有差别又有密切联系的统一色彩整体。

### 3. 色彩三要素

色彩的三要素也称为色彩的三属性，是指任何一种色彩同时含有的三种属性，分别是色相、明度和纯度。

色相是指光的不同波长反映出的颜色情况。波长最长的是红色光，最短的是紫色光。色相是各类色彩的相貌称谓，是色彩的首要特征。色相是区分各种色彩最准确的标准，除了黑白灰以外的色彩都有色相的属性，色相是由原色、间色和复色构成的。红、黄、蓝是三原色，它们相互混合形成的三间色再加上由三原色、三间色混合出的复色，共计 12 种颜色。

明度是指颜色的亮度，不同的色彩具有不同的明度，黄色比蓝色的明度高，不同明度的色彩可以表达不同的感情，例如低明度的色彩容易给人一种压抑的感觉。无彩色中最亮是白色，最暗是黑色，黑色与白色之间不同程度的灰都具有不同的明暗强度。有彩色既可以靠自身所具有的明度值，也可以通过加减黑、白来调节明暗。

纯度就是色彩的饱和度，色相的纯度有强弱之分。例如，有鲜艳无杂质的纯红，也有深沉的暗红或淡薄的粉红，它们的色相相同，纯度用高低来描述，纯度越高，色越纯、越艳；纯度越低，色越涩、越浊。纯色是纯度最高的级别。

### 4. 色调

色调是色彩的视觉基本倾向，是色彩的明度、色相、纯度三要素通过综合运用形成的。某种色彩起主导作用，称之为某种色调，红色相的称为红色调，蓝色相的称为蓝色调，深蓝、浅蓝、湖蓝等色彩都属于蓝色调。

色调的使用没有明确的限制，并不是说门户类网站不能使用深色的背景，只要通过合理的配色，就可以营造出适合主题的气氛。

如果希望画面上的色彩生动活泼、协调统一，那么色彩调和是必不可少的过程。色彩调和是指两个或两个以上的色彩协调、有秩序地组织在一起，使人产生愉快、喜欢、满足等感觉的色彩搭配。

配色的一般规律是：任何一个色相都可以成为主色，也就是主色调，主色调与其他色相组成各种各样的关系，如互补色关系、对比色关系、邻近色关系和同类色关系等。

主色调是画面上视觉面积最大、对气氛起主导作用的色彩。网页配色总的趋势是其他配色不能超过主色调的视觉面积，背景是白色时不一定根据视觉面积决定，可以根据画面的感觉需要确定主色调。

辅色调是仅次于主色调面积的色彩，作用是烘托主色调、辅助主色调表现主题，起到调和主色调的效果。

人的视觉需要舒适、美观的画面，当任何一种色彩单独出现时，总是会对视觉有某种负面影响，因此才出现了色彩构成。将色彩按一定的规律有机地组合成一个整体，可以有效地降低色彩的负面效应，甚至会创造更美妙的视觉效果和心理感受，因此，辅色调在色彩构成中的作用是不容置疑的。辅色调能有效地调和画面色彩。

## 6.3.2  色彩在计算机中的表示形式

计算机采用的计数方式是二进制，即只有 0 和 1 两个基本数，其他所有数字都由这两个基本数组成。色彩在计算机中的表示形式也用二进制。

### 1. 用二进制表示颜色

在颜色的表示上，如果只采用 1 位二进制数，即不是 0 就是 1，那么可以表示两种颜色，即 $2^1$ 种颜色；如果采用 2 位二进制数，则有 00、01、10、11 四种组合方案，即可以表示 $2^2$=4 种颜色。8 位二进制数可以表示 $2^8$=256 种颜色，通常所称的标准 VGA 显示模式即采用该种模式，GIF 格式的图像文件也是 256 种色彩的图像文件。16 位二进制数可以表示 $2^{16}$=65 536 种颜色，这是高彩色(High Color)所采用的显示模式；24 位二进制数可以表示 $2^{24}$=16 777 216 种颜色，它被真彩色(True Color)显示模式采用，在该模式下看到的真彩色图像的色彩已和高清晰度照片没什么差别了。

### 2. 用十六进制表示颜色

由于二进制不便于记忆，所以计算机在提供给用户的应用接口上采用了八进制和十六进制。在对颜色的表示上，通常采用十六进制，方便记忆。十六进制，即逢 16 进位，有 0～9 和 A～F 共 16 个基本数，如果要用二进制中的 0 和 1 表示这 16 个基本数，就必须至少用 4 位二进制数，由 0000 表示 0，直至 1111 表示 F。

只需用 6 位十六进制数就可以表示 24 位二进制数，比如 FFFFFF 代表白色，000000 代表黑色，888888 代表中间的灰色，等等，数值越大所代表的颜色越浅。

由于所有颜色均由红、绿、蓝三种基色搭配而来，所以六位数值中前两位代表红，中两位代表绿，后两位代表蓝。由此可知，FF0000 代表正红，00FF00 代表正绿，0000FF 代表正蓝。而其他所有颜色也由这六位数字的不同组合来表示，规律是前两位数字大代表颜色中红的比例大，中两位数字大代表颜色中绿的比例大，后两位数字大则代表颜色中蓝的比例大。

## 6.3.3  网页色彩

网页设计属于一种平面效果设计，除了立体图形、动画效果之外，在平面图上，色彩的冲击力是最强的，既可以引导用户视线，又能营造气氛，很容易给用户留下深刻的印象。因此，在设计网页时，必须重视色彩的搭配。网站页面的色彩给人的视觉冲击非常明显，一个网站设计的成功与否，在某种程度上取决于该网站对色彩的运用和搭配。在使用软件设计网页时，比较常用的色彩模式有 RGB 色彩和 Indexed 色彩两种。

### 1. RGB 色彩

显示器屏幕上的所有色彩都是通过 RGB 数值的混合得到的，RGB 色彩实际上是一种色彩混合模式，在这个模式中，显示器的每一个像素点都被赋予 0～255 之间的三个值，这三个值分别代表红(R)、绿(G)、蓝(B)，R 代表 red(红)，G 代表 green(绿)，B 代表 blue(蓝)。

RGB 值是三个十进制数，即红、绿、蓝的搭配值。RGB 值与十六进制值是一一对应的，也就是十进制数与十六进制数的对应，如十六进制中的 F 对应十进制中的 15，而 FF 对应 255，又如白色的十六进制值为 FFFFFF，它的 RGB 值为 R:255、G:255、B:255。

许多图像处理软件都提供色彩调配的功能，可以通过输入三基色的数值来调配颜色，也可以直接根据软件提供的调色板来选择颜色。

一些图形处理软件，如 Photoshop，同时提供 RGB 和十六进制两种接口，用户可以很方便地得到某种指定颜色的两种表示形式的数值。当熟悉了这些数字之后，甚至可以不用看颜色只需输入数字就能配出令人满意的颜色，这极大地方便了对颜色并不太敏感的非美术专业人士。图 6-14 所示是 Photoshop 的调色板。

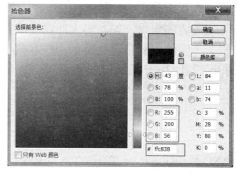

图 6-14  Photoshop 的调色板

Photoshop 调色板中的 RGB 值 R:255、G:200、B:56 就是一种颜色的数值表示，即 RGB 表示。#文本框中的 ffc838 就是 RGB 十进制数所对应的十六进制数，即用十六进制数值所表示的颜色。

HTML 既接受颜色的十六进制值，也接收 RGB 值，所以利用工具得到颜色的数值这一步是非常重要的，对不熟悉颜色数值的用户而言是必不可少的。

### 2. Indexed 色彩

Indexed 色彩只能储存 8 位的色彩，也就是 256 色。虽然色彩的数量比较少，但用 256 色显示图像时，可以有效地控制图像的大小，达到压缩优化的效果。当图像的面积不是很大时，256 色可以得到很不错的色彩品质，如果压缩得很厉害，像素数量就会更少，连 256 色都不到，虽然能大幅度削减图像的体积，但图像的色彩损失将会很严重。

## 6.3.4  网页配色原则

色彩搭配既是一项技术性工作，同时也是一项艺术性很强的工作，因此，在设计网页时除了要考虑网站自身的特点外，还要遵循一定的艺术规律，才能设计出色彩鲜明、个性独特的网页。网页配色可以遵循以下原则。

### 1. 人性化

网页设计虽然属于平面设计的范畴，但又与其他平面设计有所不同，在遵从艺术规律的同时，还要考虑到人的生理特点，色彩搭配要合理，给人一种和谐、愉快的感觉，避免采用高纯度、刺激性强的单一色彩，否则容易造成视觉疲劳。

高明度或是高纯度的色彩对视觉的刺激强烈，如白色和鲜艳的红色。显示器上的白色可以看作是白色光，对视觉刺激性强，因此使用大面积白色的网页可能会很好看，但并不人性化，红色的状况也是如此。因此，尽量降低视觉刺激的配色看起来会更舒适。

### 2. 艺术性

艺术来源于生活，又高于生活，通常情况下，生活中常见的东西没有必要在网页上再次重复，人的感觉是喜新厌旧的，人们总是喜欢看一些新奇的、从未见过的东西，因此，一个新奇的创意或是有感染力的色彩、平面构成可以让访问者更有兴趣访问你的网站。

### 3. 符合网站风格和主题

不同类型的网站就要使用不同的色彩和视觉元素，达到内容和形式上的统一，这样做更符合人们的认知习惯，如奢华类的网站就要使用看起来贵重、豪华的配色，如金色。金色总是让人联想到黄金、财富，很适合表现这类主题，网站内的元素应尽量选用上流社会、贵族阶层身边的事物，如高尔夫球、红酒、高脚杯等。

每一个网站都有自己独特的个性和气质，缺乏个性就很难让访问者记住这个网站，千篇一律的设计只能让浏览者感到乏味。

# 6.4　利用 ASP 技术创建网站

ASP(Active Server Pages，活动服务器网页)是微软公司开发的服务器端的脚本编写环境，可以用来创建和运行动态网页或 Web 应用程序。ASP 不是一种语言，它只是提供一个环境来运行脚本。ASP 使用 VBScript、JavaScript 等脚本语言，结合 HTML 代码，即可快速地完成 Web 应用程序的开发。

## 6.4.1　ASP 的功能

ASP 网页可以包含 HTML 标记、普通文本、脚本命令以及 COM 组件等，它能很好地将脚本语言、HTML 标记语言和数据库结合在一起，创建网站中各种动态应用程序。

ASP 的主要功能如下：

(1) 利用 ASP 可以突破静态网页的一些功能限制，实现动态网页技术。

(2) ASP 文件包含在 HTML 代码所组成的文件中，易于修改和测试。

(3) 运行在服务器端。当 ASP 程序在服务器端运行时，服务器将程序执行的结果生成一个 HTML 页面返回给客户端，这样就不用考虑客户端浏览器是否支持 ASP 了。用户在查看网页源代码时，看到的是 ASP 生成的 HTML 代码，而不会看到 ASP 程序代码。

(4) ASP 提供了一些内置对象，使用这些对象可以使服务器端脚本功能更强。例如，可以从 Web 浏览器中获取用户通过 HTML 表单提交的信息，并在脚本中对这些信息进行处理，然后向 Web 浏览器发送信息。

(5) 访问 ActiveX 组件。ASP 可以访问 Web 服务器上的 ActiveX 组件。通过调用 Web 服务器上内置组件以及注册的第三方组件，可以实现特殊的功能，如发送邮件、获取客户端浏览器信息、上传文件等，从而使构建的网站能够满足更多的用户。

(6) 编程环境简单。开发 ASP 的工具并不复杂，很容易掌握。例如，使用 Windows 系统自带的记事本就可以进行程序开发。

## 6.4.2　ASP 的工作原理

ASP 的工作分为以下几个步骤，如图 6-15 所示：

(1) 用户在浏览器地址栏输入网址，默认页面的扩展名是“.asp”。

(2) 浏览器向服务器发出请求。

(3) 服务器引擎开始运行 ASP 程序。

(4) ASP 文件按照从上到下的顺序开始处理，执行脚本命令，即执行 HTML 页面内容。

(5) 页面信息发送到浏览器。

图 6-15　ASP 的工作原理

## 6.4.3　ASP 文件结构

ASP 文件的扩展名为 ".ASP"，通过此扩展名，服务器知道这是需要服务器解释执行的代码文件。ASP 文件一般包含以下四个部分：

(1) 标准的 HTML 标记：普通 Web 页面的编程。

(2) 位于＜%…%＞标记符之间的 ASP 代码，在服务器端执行，执行结果将送到浏览器显示。

(3) 位于＜SCRIPT＞与＜/SCRIPT＞标记符之间的脚本代码，这些代码在传送到客户端后执行和显示。

(4) 使用＃INCLUDE 包含文件语句，在 Web 页面中嵌入其他 Web 页面。

"＜%" 和 "%＞" 是标准的 ASP 定界符，而 "＜SCRIPT＞" 和 "＜/SCRIPT＞" 之间的程序代码就是脚本语言。ASP 不同于脚本语言，有自己特定的语法，所有的 ASP 命令都必须包含在 "＜%" 和 "%＞" 之内。RunAt 属性用于指明该脚本是在服务器端还是在客户端执行。如果要编写服务器端处理的模块，则需在＜SCRIPT＞标记内指定属性 RunAt ="Server"，如果没有 RunAt 属性，则默认为脚本语言是在客户端执行的。

目前，可以在 ASP 中使用 VBScript 和 JScript 脚本语言，系统默认的是 VBScript 脚本语言。可以用＜% @Language＝JavaScript %＞或＜% @Language＝VBScript %＞指定网页使用的脚本语言，一般放在主页文件的第一行。

**例 6-4**　用 SCRIPT 定义 ASP 使用的脚本语言为 VBScript，页面显示如图 6-16 示，将文件保存在 "D:\Home" 文件夹中，文件名为 "6-4.asp"。

(1) 运行 Dreamweaver CS5，执行【文件】→【新建】命令，显示【新建文档】对话框，再单击【空白页】→【页面类型】→【ASP VBScript】→【布局】→【无】选项。

(2) 单击【代码】按钮，在<body>与</body>之间输入脚本代码。代码如下所示：

```
<%@LANGUAGE="VBSCRIPT" CODEPAGE="65001"%>
<!DOCTYPE html PUBLIC "-//W3C//DTD XHTML 1.0 Transitional//EN" "http://www.w3.org/
TR/xhtml1/DTD/xhtml1-transitional.dtd">
<HTML xmlns="http://www.w3.org/1999/xhtml">
<HEAD>
<meta http-equiv="Content-Type" content="text/html; charset=utf-8" />
<TITLE>无标题文档</TITLE>
</HEAD>
```

```
<BODY>
<%
    Dim i,total
    total=0
    For i=1 to 100 step 1
        total=total+i
    next
    response.Write("1+2...+100=" &total)
%>
</BODY>
</HTML>
```

(3) 在 IIS 中将【物理路径】设置为 D:\Home，默认文档设置为"6-4.asp"，在 IE 地址栏输入 http://127.0.0.1/，结果如图 6-16 所示。

图 6-16　VBScrip 脚本执行结果

**例 6-5**　用 VBScript 的日期和时间函数编写 ASP 网页。页面显示如图 6-17 示，将文件保存在"D:\Home"文件夹中，文件名为"6-5.asp"。

(1) 运行 Dreamweaver CS5，执行【文件】→【新建】命令，显示【新建文档】对话框，再单击【空白页】→【页面类型】→【ASP VBScript】→【布局】→【无】选项。

(2) 单击【拆分】按钮，在<body>与</body>之间输入脚本代码。左侧窗格显示代码，右侧窗格显示页面的显示效果，脚本代码显示的效果用  表示，便于调试，如图 6-17 所示。

图 6-17　VBScript 函数

(3) 代码如下所示：

```
<%@LANGUAGE="VBSCRIPT" CODEPAGE="65001"%>
<!DOCTYPE html PUBLIC "-//W3C//DTD XHTML 1.0 Transitional//EN" "http://www.w3.org/
TR/xhtml1/DTD/xhtml1-transitional.dtd">
<HTML xmlns="http://www.w3.org/1999/xhtml">
<HEAD>
<meta http-equiv="Content-Type" content="text/html; charset=utf-8" />
<TITLE>时间/日期函数的应用</TITLE>
</HEAD>
```

```
<BODY>
    时间：<%=time()%> <br />
    日期：<%=date()%> <br />
    时间和日期：<%=now()%>
</BODY>
</HTML>
```

(4) 在 IIS 中将【物理路径】设置为 D:\Home，默认文档设置为"6-5.asp"，在 IE 地址栏输入 http://127.0.0.1/，结果如图 6-18 所示。

图 6-18 显示效果

## 6.4.4 ASP 与数据库的连接

网页和数据库的结合在网站设计中已成为必然。数据库访问组件是 ASP 的一种内置组件，通常使用 ADO 数据对象来访问存储在服务器端的数据库和其他表格化数据结构中的信息。

### 1. 创建连接字符串

创建 Web 数据应用程序首先是为 ADO 提供一种定位，并标识数据源的方法，通过"连接字符串"实现。连接字符串是一系列分号分隔的参数，用于定义数据源提供程序和数据源位置等参数。ADO 使用连接字符串标识 OLE DB 提供程序，并将提供程序指向参数源。几种通用数据源的 OLE DB 连接字符串方法如表 6-2 所示。

表 6-2　几种通用数据源的 OLE DB 连接字符串

| 数据源 | OLE DB 连接字符串 |
| --- | --- |
| Microsoft Access | Provider＝Microsoft. Jet.OLEDB. 4. 0；Data Source＝mdb 文件的物理路径 |
| Microsoft SQL Server | Provider＝SQLOLEDB. 1；Data Source＝服务器上数据库的路径 |
| Oracle | Provider＝MSDAORA. 1；Data Source＝服务器上数据库的路径 |
| Microsoft Indexing Service | Provider＝MSIDXS. 1；Data Source＝文件的路径 |

为了向后兼容，ODBC 的 OLE DB 提供程序支持 ODBC 连接字符串语法。常用的 ODBC 连接字符串方法如表 6-3 所示。

表 6-3　常用的 ODBC 连接字符串

| 数据源驱动程序 | ODBC 连接字符串 |
| --- | --- |
| MS Access | Driver＝{Microsoft Access Driver(*.mdb)；DBQ＝mdb 文件的物理路径 |
| SQL Server | Driver＝{SQL Server}；Server＝服务器的路径 |
| Oracle | Driver＝{Microsoft ODBC for Oracle}；Server＝服务器的路径 |
| MS Excel | Driver＝{Microsoft Excel Driver(*.xls)；DBQ＝xls 文件的物理路径；DriverID＝278 |
| Paradox | Driver＝{Microsoft Paradox Driver(*.db)；DBQ＝db 文件的物理路径；DriverID＝26 |
| 文本 | Driver＝{Microsoft Text Driver(*.txt; *.csv)；DefaultDir DBQ＝txt 文件的物理路径； |
| MS Visual FoxPro<br>(带有数据容器) | Driver＝{Microsoft Visual FoxPro Driver}；SourceType＝DBC；SourceDb＝dbc 文件的物理路径 |
| MS Visual FoxPro<br>(不带数据容器) | Driver＝{Microsoft Visual FoxPro Driver}；SourceType＝DBF；SourceDb＝dbf 文件的物理路径 |

为了简化编程，ODBC 连接字符串可以通过 ODBC 数据源设置来代替。这时，连接字

符串就比较简单，如表 6-4 所示。UID 和 PWD 为可选参数，说明连接中用到的数据库用户名和密码。

表 6-4　ODBC 数据源连接字符串

| 数据源类型 | ODBC 连接字符串 |
| --- | --- |
| 用户 DSN 或系统 DSN | DSN＝数据源名；UID＝用户名；PWD＝密码 |
| 文件 DSN | File Name＝数据源文件名，或 FileDSN＝数据源文件名 |

### 2. 连接数据库

本书第 2 章介绍了 ADO 操作和 SQL 语句，ADO 提供了 Connection、Command 和 RecordSet 等几种对象，Connection 对象的主要功能是建立与数据库的连接；Command 对象的主要功能是向 Web 数据库发送数据查询的请求；RecordSet 对象的主要功能是建立数据库查询的结果集。使用时可根据实际需要使用若干个对象来完成对 Web 数据库的操作，但其中必须包括与数据库的连接信息。

## 6.4.5　ASP 的内部对象

ASP 具有功能强大的内部对象，这些对象使用户更容易收集通过浏览器请求发送的信息、响应浏览器以及存储用户信息，从而使对象开发者摆脱了很多烦琐的工作。表 6-5 列出了 ASP 使用的对象名称及其基本功能。

表 6-5　ASP 内部对象及基本功能

| 对象名称 | 描　　述 |
| --- | --- |
| Request | 服务器获取用户信息 |
| Response | 服务器向用户发送信息 |
| Server | 提供访问 Web 服务器的方法和属性的功能 |
| Application | 同一个应用程序可以在多个主页间保留和使用一些共同的信息 |
| Session | 同一个上网者可以在多个主页间保留和使用一些共同的信息 |
| ObjectContext | 提供交易处理的功能，由微软的交易服务器管理 |
| ASPError | 获得 ASP 脚本中发生的错误信息 |

这些对象中，Request 和 Response 对象负责和网络浏览者之间进行通信；Session 和 Application 对象用作状态的管理；Session 仅适用于一个网络浏览者。

## 6.4.6　ASP 应用实例

留言系统作为一个非常重要的交流工具，在收集用户的意见方面起到很大的作用。基本的留言系统由留言列表页、留言详细内容页和发表留言页组成。本实例和实训 12 是一个完整的系统。

本例的计算机相关信息如下：

计算机名：Webserver。

IP 地址：192.168.1.26。

操作系统：Windows Server 2008。

Web 服务器：IIS 7.0，主目录为 "C:\Homepage"，默认文档为 "index.asp"。FTP 站点主目录为 "C:\Homepage"，允许匿名账户访问 FTP。

主目录下存放 index.asp、disp.asp、fabiao.asp 和 liuyan.mdb 文件。各文件功能如表 6-6
所示。

表 6-6　各文件的功能

| 文件名称 | 文件功能 | 存储位置 |
|---|---|---|
| index.asp | 留言列表页面 | C:\Homepage |
| disp.asp | 留言详细信息页面 | C:\Homepage |
| fabiao.asp | 发表留言页面 | C:\Homepage |
| liuyan.mdb | 留言数据库 | C:\Homepage |

### 1. 设计数据库

Access 数据库是一个非常适合于开发阶段使用的过渡时期数据库。因此，本例使用
Access 2003 构造新闻数据库 liuyan.mdb，数据库中有一个表 liuyan，其结构如表 6-7 所示。

表 6-7　liuyan 表结构

| 字段名称 | 数据类型 | 说　明 |
|---|---|---|
| g_id | 自动编号 | 自动编号，其值自动加 1 |
| subject | 文本 | 标题 |
| author | 文本 | 作者 |
| email | 文本 | 联系邮箱 |
| date | 文本 | 留言时间 |
| content | 备注 | 留言内容 |

### 2. 创建数据库连接

用 Access 设计完数据库以后，就该创建数据库连接了，步骤如下：

(1) 配置 Web 服务器。在 Webserver 计算机中配置 IIS，将主目录设置为"C:\Homepage"，
默认文档设置为"index.asp"。

(2) 配置 FTP 站点。将 Webserver 计算机配置为 FTP 站点，主目录为"C:\Homepage"，
允许匿名账户访问 FTP。

(3) 创建站点。启动 Dreamweaver CS5，执行【站点】→【新建站点】命令，显示【站
点设置对象】对话框，在【站点名称】文本框输入站点名称，本例输入"Homepage"；在
【本地站点文件夹】文本框输入站点的磁盘路径，本例输入"C:\Homepage\"，如图 6-19
所示，单击【保存】按钮。

图 6-19　创建站点

　　(4) 选择文档类型。执行【窗口】→【数据库】命令，打开【数据库】面板，如图 6-20 所示。单击【文档类型】超级链接，显示【选择文档类型】对话框，单击下拉列表。本例的 ASP 使用 VBScript 编程，所以选择"ASP VBScript"，如图 6-21 所示。之后单击【确定】按钮。

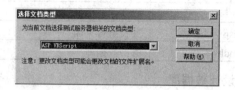

图 6-20　数据库面板　　　　　　　　　图 6-21　测试服务器相关文档

　　(5) 设置测试服务器。单击【测试服务器】超级链接，显示【站点设置对象】对话框，单击【服务器】选项，如图 6-22 所示。

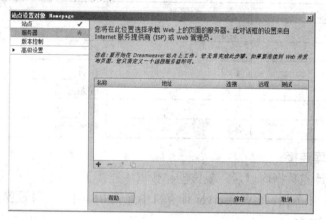

图 6-22　站点设置对象——服务器

　　(6) 单击 ➕ 按钮，显示对服务器的基本设置界面。在【服务器名称】文本框中输入计算机名，本例输入 Webserver；在【FTP 地址】文本框中输入该计算机的 IP 地址，本例输入"192.168.1.26"；在【用户名】文本框输入"anonymous"；在【根目录】文本框输入"C:\Homepage"；在【Web URL】文本框输入 http://192.168.1.26，如图 6-23 所示。单击【测试】按钮，显示 Dreamweaver 连接成功，如图 6-24 所示。

图 6-23　测试服务器信息　　　　　　图 6-24　站点测试成功

(7) 执行【窗口】→【数据库】命令，打开【数据库】面板，再在面板中单击✚按钮，在显示的菜单中选择【自定义连接字符串】选项，如图 6-25 所示。

(8) 显示【自定义连接字符串】对话框，在【连接名称】文本框中输入 liuyan，在【连接字符串】文本框中输入以下代码，如图 6-26 所示。

"Provider=Microsoft.JET.Oledb.4.0;Data Source="&Server.Mappath("/liuyan.mdb")

图 6-25　连接数据库

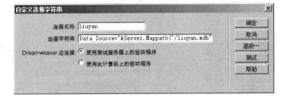

图 6-26　连接 Access 数据库

单击【测试】按钮，显示【成功创建连接脚本】对话框，如图 6-27 所示，表示数据库连接成功。

(9) 单击【确定】按钮，即可成功连接数据库，此时数据库面板如图 6-28 所示。

图 6-27　成功创建连接脚本

图 6-28　成功连接数据库

(10) 执行【文件】→【新建】命令，单击【空白页】→【页面类型】→【ASP VBScript】→【布局】→【无】命令，再单击【创建】按钮。将光标置于相应的位置，执行【插入】→【表格】命令，插入一个 1 行 3 列宽为 600 的表格，在【属性】面板中将【填充】设置为 4，【对齐】设置为【居中对齐】，如图 6-29 所示。将此文件保存为 index.asp。

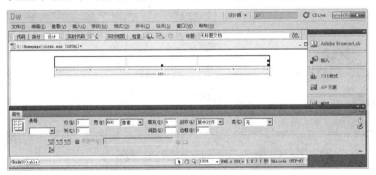

图 6-29　插入表格

### 3. 创建记录集

在 index.asp 页面上添加记录集、绑定动态数据，以显示留言标题列表，步骤如下：

(1) 执行【窗口】→【绑定】命令，打开【绑定】面板，在面板中单击✚按钮，在显示的菜单中选择【记录集(查询)】选项，如图 6-30 所示。

（2）显示【记录集】对话框，在【名称】文本框中输入"Rs1"；在【连接】下拉列表中选择 liuyan 选项；在【表格】下拉列表中选择 liuyan 选项；选中【选定的】单选按钮，再在列表框中选择 g_id、subject 和 date 选项；在【排序】下拉列表中选择 g_id 和【降序】选项，如图 6-31 所示。

（3）单击【确定】按钮，创建记录集，如图 6-32 所示。

图 6-30　记录集(查询)　　　　　　图 6-31　选择记录　　　　　图 6-32　创建的记录集

（4）单击 index.asp 页面表格中的第 1 列，在【绑定】面板中展开记录集"Rs1"，选中 g_id 字段，单击右下角的【插入】按钮，绑定字段。在表格第 2 列绑定 subject 字段，第 3 列绑定 date 字段，结果如图 6-33 所示。

图 6-33　绑定字段

（5）添加重复区域。单击表格，执行【窗口】→【服务器行为】命令，显示【服务器行为】面板，在面板中单击 ➕ 按钮，在显示的菜单中选择【重复区域】选项，如图 6-34 所示。

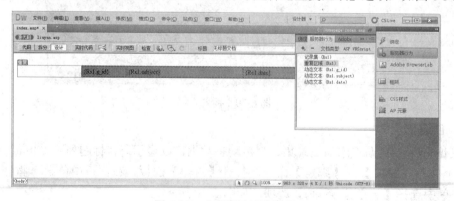

图 6-34　【重复区域】选项

(6) 显示【重复区域】对话框，在对话框的【记录集】下拉列表中选择 Rs1 选项，单击【15 记录】单选按钮，如图 6-35 所示。单击【确定】按钮，创建重复区域服务器行为。

(7) 打开浏览器，在地址栏输入 http://192.168.1.26，显示结果如图 6-36 所示。

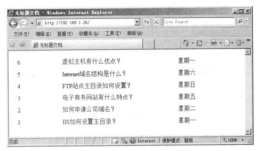

图 6-35　显示记录数　　　　　　　　　图 6-36　显示结果

至此在没有写一条代码的情况下，一个简单的调用 Access 数据的 ASP 页面就完成了。单击 Dreamweaver CS5 的【拆分】按钮，可以看出，左窗口为源代码，源代码实际上是 Dreamweaver 写入 index.asp 文件的，右窗口为显示结果，如图 6-37 所示。

图 6-37　拆分窗口

源代码如下：

```
<%@LANGUAGE="VBSCRIPT" CODEPAGE="65001"%>
<!--#include virtual="/Connections/liuyan.asp" -->
<%
Dim Rs1
Dim Rs1_cmd
Dim Rs1_numRows
Set Rs1_cmd = Server.CreateObject ("ADODB.Command")
Rs1_cmd.ActiveConnection = MM_liuyan_STRING
Rs1_cmd.CommandText = "SELECT [date], g_id, subject FROM liuyan ORDER BY g_id DESC"
Rs1_cmd.Prepared = true
Set Rs1 = Rs1_cmd.Execute
Rs1_numRows = 0
```

```
%>
<%
Dim Repeat1__numRows
Dim Repeat1__index
Repeat1__numRows = 15
Repeat1__index = 0
Rs1_numRows = Rs1_numRows + Repeat1__numRows
%>
<!DOCTYPE html PUBLIC "-//W3C//DTD XHTML 1.0 Transitional//EN"
"http://www.w3.org/TR/xhtml1/DTD/xhtml1-transitional.dtd">
<html xmlns="http://www.w3.org/1999/xhtml">
<head>
<meta http-equiv="Content-Type" content="text/html; charset=utf-8" />
<title>无标题文档</title>
</head>
<body>
<%
While ((Repeat1__numRows <> 0) AND (NOT Rs1.EOF))
%>
  <table width="600" border="0" align="center" cellpadding="4">
    <tr>
      <td width="110"><%=(Rs1.Fields.Item("g_id").Value)%></td>
      <td width="300"><%=(Rs1.Fields.Item("subject").Value)%></td>
      <td width="158"><%=(Rs1.Fields.Item("date").Value)%></td>
    </tr>
  </table>
  <%
Repeat1__index=Repeat1__index+1
Repeat1__numRows=Repeat1__numRows-1
Rs1.MoveNext()
Wend
%>
</body>
</html>
<%
Rs1.Close()
Set Rs1 = Nothing
%>
```

# 6.5　利用 ASP.NET 技术创建网站

　　ASP.NET 是微软公司推出的新一代网站程序开发架构，是基于.NET Framework(.NET 框架)的动态网页技术，是 Microsoft .NET Framework 的一部分。ASP.NET 相关软件版本如表 6-8 所示。

表 6-8　.NET 相关软件版本

|  | 2002 年 | 2003 年 | 2005 年 | 2006 年～2007 年 | 2008 年 |
|---|---|---|---|---|---|
| IDE 工具 | VS.NET 2002 | VS.NET 2003 | VS 2005 | VS 2005 SP1 | VS 2008 |
| 语言 | C#1.0<br>VB 7 | C#1.0<br>VB 7 | C#2.0<br>VB 8 | C#2.0<br>VB 8 | C#3.0<br>VB 9 |
| .NET Framework | 1.0 | 1.1 | 2.0 | 3.0 | 3.5 |
| CLR Engine | 1.0 | 1.1 | 2.0 | 2.0 | 2.0 |
| ASP.NET | 1.0 | 1.1 | 2.0 | ● ASP.NET AJAX 1.0<br>● Sliverlight 1.0 | ● ASP.NET AJAX 3.5<br>● Sliverlight 1.0 |
| 数据库<br>访问技术 | ADO.NET 1.0 | ADO.NET 1.1 | ADO.NET 2.0 | ADO.NET 2.0 | ADO.NET 2.0 |

## 6.5.1　ASP.NET 的功能

　　ASP.NET 技术是.NET 框架技术中的一个重要组成部分，通过这个技术可以实现基于网站的应用程序的开发。由于它属于.NET 框架的一部分，所以这种应用程序的开发完全可以使用.NET 框架提供的各种框架技术，如编程语言、后台的 NET 框架类库等。

### 1. 文件类型

　　ASP.NET Web 应用程序包含很多类型的文件，常见的文件类型如表 6-9 所示。但有时一个网站可能只包含.aspx 文件，此外，ASP.NET Web 应用程序还可以包含其他文件资源，如图片文件、HTML 文件和 CSS 文件，但这些文件并不是 ASP.NET Web 应用程序所特有的。

表 6-9　ASP.NET Web 应用程序的文件类型

| 文件类型 | 说　　明 |
|---|---|
| .aspx 文件 | ASP.NET 的页面文件，包括用户接口和隐藏代码 |
| .ascx | 用户控件文件，用户控件用来实现能够像标准 Web 控件一样使用的用户接口。它与 Web 页面非常相似，但用户不能直接访问用户控件，用户控件必须内置在 Web 页面中 |
| .asmx | ASP.NET Web 服务，Web 服务提供一个能够通过互联网访问的方法集合 |
| Web.config | 配置文件，它是基于 XML 的文件，对 ASP.NET 应用程序进行配置 |
| Global.asax | 全局文件，在全局文件中可以定义全局变量的全局事件 |
| .cs 文件 | 用 C#写的代码隐藏文件，用来实现 Web 页面的逻辑 |

　　可以使用 ASP.NET 网页作为 Web 应用程序的用户界面及后台逻辑部分。ASP.NET 网页在仃何浏览器或客户端设备中向用户提供信息，并使用服务器端代码来实现应用程序

逻辑。

### 2. 编程语言

.NET 语言包括 C#、VB、JScript、J#和 C++。使用 ASP.NET 技术开发网站时常用的语言是 C#和 VB。

C#是在.NET 1.0 中开始出现的一种新语言,在语法上与 Java 和 C++比较相似。实际上,C#是微软整合了 Java 和 C++的优点开发出来的一种语言。

VB 是一个传统的语言,尽管在语法上 VB 与 C#不同,但它们存在很多相似之处。VB 和 C#都建立在.NET 类库之上,并且都被 CLR 支持,这样在部分情况下,VB 代码和 C#代码是可以相互转化的。

### 3. 编程控件

ASP.NET 控件是 Web 页面的重要组成部分。ASP.NET 控件可以分为四种类型,即 ASP.NET Web 服务器控件、HTML 控件、验证控件和自定义的用户控件。

● Web 服务器控件。这些控件比 HTML 服务器控件具有更多内置功能。Web 服务器控件不仅包括窗体控件(如按钮和文本框),而且包括特殊用途的控件(如日历、菜单和树视图控件)。Web 服务器控件与 HTML 服务器控件相比更为抽象,因为其对象模型不一定反映 HTML 语法。ASP.NET 的服务器控件还可以按照功能再细分为各种功能的服务器控件,如数据控件、导航控件、登录控件等。

● HTML 控件。该类控件是对服务器公开的 HTML 元素,可对其进行编程。HTML 服务器控件公开一个对象模型,该模型十分紧密地映射到相应控件所呈现的 HTML 元素。

● 验证控件。该类控件包含一定的逻辑,以允许对用户在输入控件(如 TextBox 控件)中输入的内容进行验证。验证控件可用于对必填字段进行检查,对照字符的特定值或模式进行测试,验证某个值是否在限定范围之内。

● 用户控件。用户控件不是具体的一类控件,它实际上是由多个简单的 HTML 控件或者 Web 服务器控件经过一定的逻辑封装之后,重新提供功能的一种控件。之所以提供该种控件,目的就是为了使得控件可以保持功能的一致性,便于将页面的通用部分作为统一控件,重复使用在相关页面之中。

### 4. 访问数据库技术

在 Microsoft 平台上常用的数据库访问技术有 DAO、OLE-DB、ADO、ADO.NET 等几种方式。

数据访问对象(DAO)是基于 JET 引擎的,而 JET 设计的主要目的是帮助开发人员利用 Microsoft Access 桌面数据库,它提供的服务是在应用程序和数据访问之间增加了一个抽象层,简化了开发人员的任务。DAO2.0 可以支持 OLE-DB 连接。

对象链接和嵌入数据库(OLE-DB)用于访问数据的重要的系统级编程接口,它是 ADO 的基础技术,也是 ADO.NET 的数据源。OLE-DB 支持关系数据源和层次源。

Microsoft 引入 ActiveX 数据对象(ADO,Active Data Object)的主要目的是提供一种高级 API,以与 OLE-DB 协同工作,但 ADO 并不局限于仅仅与 OLE-DB 数据源进行通信,ADO 引入了数据提供程序模型。

　　ADO.NET 同时支持使用 ODBC 和 OLE-DB 与数据源进行通信，但它也提供了使用数据库的特定数据提供程序。

　　ADO.NET 是.NET Framework 中用于数据访问的组件，是一个非常优秀的数据访问技术，其结构如图 6-38 所示。

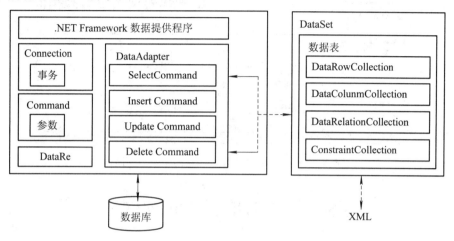

图 6-38　ADO.NET 对象模型

　　ADO.NET 主要包括 Connection、Command、DataReader、DataSet 和 DataAdpater 五个对象。在 ADO.NET 中，可以通过 Command 对象和 DataAdapter 对象访问数据库。

## 6.5.2　ASP.NET 的运行原理

　　ASP.NET 的运行原理是：客户端计算机向 IIS 服务器发送一条 HTTP 请求，IIS 接收到此请求后会确认请求页面的类型，为其加载相应的.dll 文件，此请求经过一些 HttPModule 的处理，在处理过程中将这条请求发送给可以处理此请求的 HttpHandler。当请求在 HttpHandler 模块处理后，按照原来的顺序返回给 HTTP，这样就完成了整个 ASP.NET 的运行过程，如图 6-39 所示。这些 HttpModule 都是系统默认的 Modules。这样做的优点是可以提高安全性和运行效率，并增强控制能力。服务器端的 HttpHandler 是专门处理 aspx 文件的。

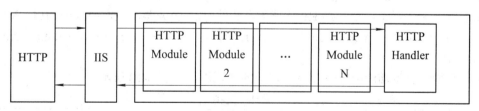

图 6-39　ASP.NET 的运行原理

## 6.5.3　ASP.NET 的应用实例

　　目前应用 ASP.NET 技术制作的网站越来越多，广泛应用于各行各业。图 6-40 所示是采用 ASP.NET 技术制作的中国知网网站。

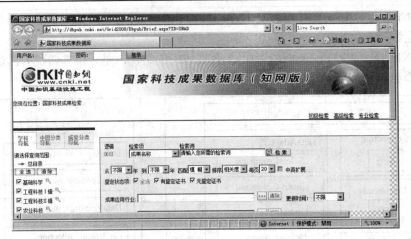

图 6-40　采用 ASP.NET 技术制作的中国知网网站

# 6.6　利用 PHP 技术创建网站

PHP(Hypertext Preprocessor，超文本预处理器)是一种在服务器端执行的嵌入 HTML 文档的脚本语言。PHP 的语法混合了 C、Java、Perl 以及 PHP 自创的语法，其语言的风格类似于 C 语言。PHP 的功能非常强大，它能实现 CGI 或者 JavaScript 的所有功能，而且 PHP 支持几乎所有流行的数据库以及操作系统。目前，PHP 的最新版本为 PHP5，是 PHP 唯一维护中的稳定版本。

## 6.6.1　PHP 的功能

PHP 虽然以基本语言为基础，但也有比较高级的技术，如"类"等一些 OOP 高级语言的特性。

PHP 的主要功能如下：

(1) 操作系统支持功能。PHP 支持所有的主流操作系统，包括 Linux、UNIX 的各种变种(包括 HP-UX、Solaris 和 OpenBSD)、Microsoft Windows、Mac OS X 和 RISC OS 等。

(2) Web 服务器支持功能。PHP 支持大多数的 Web 服务器，包括 Apache、IIS、Personal Web Server (PWS)、Netscape 以及 iPlant Server、Oreilly Website Pro Server、Caudium、Xitami、OmniHTTPd 等。

(3) 数据库支持功能。PHP 支持大多数的数据库，如表 6-10 所示。

表 6-10　PHP 支持的数据库

| Access | Empress | IBM DB2 | mSQL | Ovrimos | Sybase |
|---|---|---|---|---|---|
| AdbaseD | FilePro(只读) | Informix | MySQL | PostgreSQL | Velocis |
| dBase | FrontBase | Ingres | ODBC | SQLite | UNIX dbm |
| Direct MS-SQL | Hyperwave | InterBase | Oracle | Solid | |

(4) 变量功能。PHP 加入了对标量、数组、关联数组等变量的支持，使得用户可以采用复杂的数据结构进行程序设计。

　　(5) 文件存取功能。PHP 提供了一系列的文件及目录存取函数，包括文件的创建、打开、修改和删除等。

　　(6) 字符处理功能。PHP 提供许多处理字符的函数，其中包括字符串的转换、截取、合并、删除、模式匹配和拼写检查等功能。

　　(7) 网络功能。PHP 可以进行电子邮件的收发、远程文件的传输等网络事务功能。

　　(8) 图像处理功能。PHP 在处理文本的同时，还能动态地对图像进行调用。

　　(9) 日期处理功能。PHP 中包含大量的日期处理函数，能方便地进行日期的运算等操作。

　　(10) 编码、解码及文档压缩等功能。

## 6.6.2　PHP 的工作原理

　　PHP 文件的扩展名为".PHP"。PHP 的工作原理如图 6-41 所示。PHP 就是在服务器端对 PHP 程序进行解释执行，并将结果送给客户端。当客户端对服务器上的某个页面进行访问请求时，服务器端先对该页面进行检查，如果发现有 PHP 的标记("<?php…?>"=存在)，则执行该标记内的 PHP 代码，对资料库和文件进行操作，然后将执行结果发送到提出访问请求的客户端。

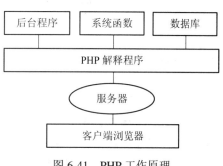

图 6-41　PHP 工作原理

## 6.6.3　PHP 的应用实例

　　随着 Linux 操作系统的发展，PHP 也得到了迅速发展。目前，PHP 已有大量商业化产品出现，根据 EDC 公司权威预计，2008 年 PHP 从业人数相比上一年增加了 37%，远超 Java 的 16% 和.NET 的 27%。在 Google 的门户、银行、政府、人才等 25 个行业，分别排名前十的 250 家网站中，采用 PHP 技术的网站就有 192 家，占整体比例的 76.8%。AlexaTOP500 中国网站排名中有 394 家使用了 PHP 技术，占整体比例的 78.8%。图 6-42 所示为采用 PHP 技术的雅虎音乐网站。

图 6-42　采用 PHP 技术的雅虎音乐网站

# 6.7　利用 JSP 技术创建网站

JSP (Java Server Pages)是将纯 Java 代码嵌入到 HTML 中实现动态功能的技术。JSP 是与 ASP 非常相似的一种用于开发动态网页的工具，是由 SUN 公司在 1998 年 4 月发布的。JSP 在服务器端编译执行 Web 程序设计语言，其脚本语言采用 Java，完全继承了 Java 的所有优点。JSP 文件的扩展名为 ".JSP"。

## 6.7.1　JSP 的功能

JSP 在 HTML 代码中嵌入 Java 代码片段(Scriptlet)和 JSP 标签，构成了 JSP 网页。这些代码要在服务器端处理。这种处理不是解释方式，而是对代码进行适当的转换后再进行编译，生成可执行的代码。

JSP 的主要功能如下：

(1) 跨平台运行功能。JSP 是基于 Java 语言的，它可以使用 Java API，所以它也是跨平台的，可以应用在不同的系统中，如 Windows、Linux、Mac 和 Solaris 等。这同时也拓宽了 JSP 可以使用的 Web 服务器。另外，应用于不同操作系统的数据也可以为 JSP 服务，JSP 使用 JDBC 技术操作数据库，从而避免了因代码移植导致更换数据库时的代码修改问题。正因为跨平台性，使得采用 JSP 技术开发的项目可以不加修改地应用到任何不同的平台上。

(2) 业务代码分离。采用 JSP 开发的项目通常使用 HTML 来设计和格式化静态页面的内容，使用 JSP 标签和 Java 处理代码片段来实现动态部分。可以将业务代码全部放到 JavaBean 中，或者把业务处理代码交换给 Servlet、Struts 等其他业务控制层来处理，从而实现业务代码从视图层分离。这样，JSP 页面只负责显示数据即可，当需要修改业务代码时，不会影响 JSP 页面的代码。

(3) 组件重用。JSP 可以使用 JavaBean 编写业务组件，也就是使用一个 JavaBean 类封装业务处理代码或者作为一个数据存储模型，在 JSP 页面甚至整个项目中都是可以重复使用这个 JavaBean 的。JavaBean 也可以应用到其他 Java 应用程序中，包括桌面程序。

(4) 继承 Java Servlet 功能。Servlet 是 JSP 出现之前的主要 Java Web 处理技术，它接受用户请求，在 Servlet 类中编写所有 Java 和 HTML 代码，然后通过输出流把结果返回给浏览器。使用 JSP 技术后，开发 Web 应用变得相对简单，JSP 最终要编译成 Servlet 才能处理用户请求。

(5) 预编译功能。预编译就是用户第一次通过浏览器访问 JSP 页面时，服务器对 JSP 页面代码进行编译，并且仅执行一次编译，编译好的代码将被保存，在用户下一次访问时，直接执行编译好的代码，这不仅节约了服务器的 CPU 资源，还大大提升了客户端的访问速度。

(6) 数据库支持功能。JSP 技术利用 Java 语言的数据库操作能力可以与任何 JDBC 兼容数据库建立连接，执行常用的查询、添加、更新、删除等操作。JSP 使用的 JDBC 与 ASP 使用的 ODBC 非常相似，也是一种访问各种数据库的通用接口，JSP 还可以利用 JDBC-ODBC 桥通过 ODBC 访问数据库。目前市场的主流数据库产品都带有 ODBC 支持，因此 JSP 可以访问 Oracle、Sybase、MS SQL 和 MySQL 等数据库产品。

## 6.7.2　JSP 的工作原理

JSP 的工作原理如图 6-43 所示。如果请求的是静态页面(如 htm、html 文本)，则 Web 服务器就通过 HTTP 协议将找到的文档简单地传给浏览器，浏览器将得到的 HTML 文本翻译成我们看到的 Web 页面。

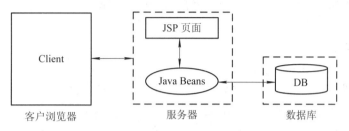

图 6-43　JSP 的工作原理

服务器在遇到客户端发来的 JSP 页面请求时，首先由 JSP 引擎将 HTML 和 JSP 混合代码转换成 Servlet 代码，然后由 JSP 引擎调用服务器端的 Java 编译器对 Servlet 代码进行编译，把它转换为字节码文件(*.class)，再由 JVM 执行此字节码文件，并将结果返回给请求的客户端。

## 6.7.3　JSP 的应用实例

JSP 技术主要用于开发 Web 项目，广泛应用于实际生活中的各行各业，迄今已有很多成功案例，其中金融、政治和企业类的较多。例如，中国工商银行网站、中国光大银行网站、中国邮政储蓄银行网站、中国债券信息网、清华大学的本科招生网、金网在线网站、中国农业银行网站、中国建设银行网站、交通银行网站、深圳发展银行网站等都使用了 JSP 技术。图 6-44 所示是采用 JSP 技术制作的清华大学本科招生网。

图 6-44　采用 JSP 技术制作的清华大学本科招生网

## 习题与思考题

1. HTML 文档总体上是由哪几部分组成的?

2. 常用网页制作有哪些工具软件? 它们各有什么特点?

3. 简述静态网页和动态网页的区别。

4. 网站配色的原则是什么?

5. 色彩在计算机中是如何表示的?

6. ASP 文件中一般包含哪几部分内容? ASP 和 HTML 文件在执行时有何区别?

7. 在 ASP 中如何建立与数据库的连接?

8. student.mdb 数据库中有 score 表,score 表的字段有学号、姓名、5 门课程成绩,请编写一个按学号查询考试成绩的页面。

9. ASP、PHP 和 JSP 各自有何特点? 它们的区别有哪些?

# 第 7 章　网站安全与管理

本章主要讲述网站安全的相关技术及对应策略。通过本章的学习，读者应掌握以下内容：
- 网站安全的内涵及相关策略；
- 防火墙技术在网站安全中的应用；
- 病毒对网站构成的威胁及防范措施；
- 黑客攻击原理及处理对策。

企业建设的网站如果采用专线接入方式接入 Internet，并且由企业自己建设、维护网站的硬件、软件资源，那么网站管理员将面对各种针对网络的安全因素，如黑客的攻击、病毒、数据安全性、操作系统的升级等各个方面。因此，对管理员而言，应该对网站安全与管理有一个全面的认识。

## 7.1　网站安全概述

网站建设好后，可以通过 Internet 向用户提供 Telnet、FTP、E-mail 和 WWW 等各种服务。当网络管理者将其机构的专用数据和网络基础设施暴露在 Internet 上时，网络的安全问题越来越受到人们的关注。因为，在一个开放式的网络结构上是没有绝对的安全的。目前，从理论上讲，还没有办法实现一个绝对的安全系统，只能根据网络中所要保护的对象的价值和时效性，尽量提高网站系统的安全性。要想达到所需的安全标准，各机构需要制定相应的措施采取可行的办法，尽最大可能保证网站系统及信息资源的安全。

### 7.1.1　网站安全的含义和内容

#### 1. 网站安全的含义

计算机网站安全主要是指利用网站管理控制的技术措施，保证在一个网站环境里，信息数据的完整性、机密性及可使用性受到保护。网站安全的主要目标是要确保经网站传送的信息，在到达目的地时没有任何增加、改变、丢失或被非法读取。

网站由硬件和软件平台组成，其中可能包括主机、路由器、交换机、防火墙、Web 服务器、邮件服务器、操作系统、数据库、防病毒软件以及其他网站应用软件。网站安全涉及到构成网站的各种硬件安全和软件安全，其中任何一方的安全缺陷都有可能对网站的安全造成潜在的威胁。

**2. 对网络安全的威胁**

一般认为，目前网络存在的威胁主要有以下几种形式：

**1) 非授权访问**

用户预先没有经过同意，就使用网络或计算机资源的行为被看作是非授权访问，如有意避开系统访问控制机制对网络设备及资源进行非正常使用，或擅自扩大权限，越权访问信息。用户未经授权就使用系统资源，虽然未对系统造成破坏，但已经侵犯了别人的隐私。

非授权访问主要有几种形式：假冒、身份攻击、非法用户进入网络系统进行违法操作、合法用户以未授权方式进行操作等。

**2) 信息泄露或丢失**

信息泄露或丢失指敏感数据在有意或无意中被泄露出去或丢失，通常包括信息在传输过程中的丢失或泄露和信息在存储介质中的丢失或泄露。如黑客利用电磁泄露或搭线窃听等方式，截取机密信息或通过对信息流向、流量、通信频度和长度等参数的分析，推出如用户账号、口令等重要有用信息，通过建立隐蔽隧道等方式窃取敏感信息。

**3) 破坏数据完整性**

入侵者以非法手段进入系统后，取得对数据的使用权，就可以删除、修改、插入或重发某些重要信息，以取得有益于攻击者的响应；或破坏系统运行的重要文件，导致网站系统无法正常运行。

**4) 拒绝服务**

拒绝服务指不断对网络服务系统进行干扰，改变其正常的作业流程，执行无关程序使系统响应减慢甚至瘫痪，影响正常用户的使用，甚至使合法用户被排斥在外而不能进入计算机网络系统或不能得到相应的服务。拒绝服务可能由以下原因造成：攻击者对系统进行大量的、反复的非法访问尝试而造成系统资源过载，无法为合法用户提供服务；系统物理或逻辑上受到破坏而中断服务。

**5) 利用网络传播病毒**

通过网络传播计算机病毒，其破坏性大大高于单机系统，而且用户很难防范。

另外，还有一些其他潜在的安全威胁，表 7-1 列出了典型的安全威胁。

表 7-1　典型的安全威胁

| 威　胁 | 描　　　述 |
| --- | --- |
| 授权侵犯 | 为某一特定目的被授权使用某个系统的人，将该系统用作其他未授权的目的 |
| 旁路控制 | 攻击者发掘系统的缺陷或安全弱点，从而渗入系统 |
| 拒绝服务 | 合法访问被无条件拒绝和推迟 |
| 窃听 | 在监视通信的过程中获得信息 |
| 电磁泄露 | 从设备发出的辐射中泄露信息 |
| 非法使用 | 资源被某个未授权的人或以未授权方式使用 |
| 信息泄露 | 信息泄露给未授权实体 |
| 完整性破坏 | 对数据的未授权创建、修改或破坏造成数据一致性损害 |
| 假冒 | 一个实体安装成另一个实体 |

续表

| 威　胁 | 描　　　　述 |
|---|---|
| 物理侵入 | 入侵者绕过物理控制而获得对系统的访问权 |
| 重放 | 出于非法目的而重新发送截获的合法通信数据的拷贝 |
| 否认 | 参与通信的一方，事后否认曾经发生过此次通信 |
| 资源耗尽 | 对某一资源故意超负荷使用，导致其他用户的服务中断 |
| 业务流分析 | 通过对业务流模式进行观察(有、无、数量、方向、频率)，而使信息泄露给未授权实体 |
| 特洛伊木马 | 含有觉察不出或无损害程序段的软件，当它被运行时，会损坏用户的安全 |
| 陷门 | 在某个系统或文件中预先设置"机关"，当提供特定的输入时，允许违反安全策略 |
| 人员疏忽 | 一个授权的人出于某种动机或粗心将信息泄露给未授权的人 |

## 7.1.2　网站安全目标

衡量网站安全的指标主要包括保密性(Confidentiality)、完整性(Integrity)和可用性(Availability)，三者简称 CIA。

保密性指网站中有保密要求的信息只能供经过允许的人员，以经过允许的方式使用。如某些档案系统、统计系统和军用系统就有保密性要求。

完整性指网站中的信息安全、精确与有效，不因种种不安全因素而改变信息原有的内容、形式与流向。造成信息完整性破坏的原因也可分人为和非人为两种。完整性的破坏是对网站安全的主要危害，如由于系统的设计不完善而造成使用不当或操作失误所引起的数据完整性问题等，涉及到数据库安全、分布处理、软件可靠性等领域。银行的转账系统、存取款系统应有完整性要求。

可用性指网站资源在需要时即可使用，不因系统故障或误操作等使资源丢失或妨碍对资源的使用。网站可用性还包括具有在某些不正常条件下继续运行的能力。对网站可用性的影响包括合法的用户不能正常访问网站的资源和有严格时间要求的服务不能及时响应。如民航与铁路的订票系统应有可用性要求。

综上所述，在进行网站安全设计时，需要确定网站的安全目标、安全功能和安全措施。安全功能是达到安全目标所需具备的功能与规定，安全措施是实现安全功能的具体技术机制、方法与设施。

ISO/TC97/SC21、WG1 与 ANSI 共同制定了关于 OSI 结构的安全结构附录。OSI 安全结构的安全目标是网络的保密性、完整性与可用性的具体化。网站安全目标设计时可参考 OSI 安全结构的安全目标。

OSI 的安全目标包括：

- 防止未经授权的人修改数据。
- 防止未经发觉的遗漏或重复数据。
- 确保数据的发送者正确无误。
- 确保数据的接收者正确无误。
- 根据保密要求与数据来源对数据作标记。
- 数据的发送者、接收者以及数据交换量仅仅对发送者和接收者是可见的。

- 提供可供安全审计的网络通信记录。
- 确保 OSI 系统中的数据不会经隐蔽通道而被泄露。
- 要对独立的第三方证明通信过程已经实现并且通信内容已被正确接收。
- 在取得明确的可访问系统的许可(授权)后，才能与该系统通信。

### 7.1.3　网站安全因素

网站的安全因素是多方面的。从网站组成结构上分有计算机信息系统的，有通信设备、设施的；从内容上分有技术上的、有管理上的；从管理上分有内部的和外部的等。具体来说主要有以下几个方面的问题。

#### 1. 网站系统软件自身的安全问题

网站系统软件是运行管理其他网络软件、硬件资源的基础，因此其自身的安全性直接关系到网站的安全性。网站系统软件的安全功能欠缺或不全以及系统设计时疏忽或考虑不周而留下安全漏洞，都会给攻击者造成可乘之机，危害网站的安全性。

一般操作系统的体系结构造成其本身是不安全的，这也是计算机系统不安全的根本原因之一。操作系统的程序是可以动态连接的，包括 I/O 的驱动程序与系统服务，都可以用打"补丁"的方式进行。许多软件存在安全漏洞，生产厂商会对自己的产品针对已发现漏洞发布"补丁"程序，用户可以在厂商的网站上下载相应的"补丁"程序，提高系统的安全性。如 Windows Server 2008、Windows 7、Microsoft Exchange Server 及其他 Windows 应用软件，微软公司均有相应的"补丁"程序，并在其网站上公布。

因此，选择操作系统时，一般选择高版本，因为高版本操作系统比低版本操作系统的安全性要高，并且要使用系统所能提供的最高级别的安全。

操作系统安排的无口令入口原本是为系统开发人员提供的便捷入口，但黑客也可以利用这一通道对系统实施攻击。另外，操作系统还有隐蔽信道。

#### 2. 网站系统中数据的安全问题

网站中的信息数据存储在计算机的数据库中，为不同的用户提供信息。网络数据库中存储的信息资源，对信息资源的共享和合理配置提供了很好的解决办法。但数据库存在着不安全性和危险性，因为在数据库系统中存放着大量重要的信息资源，在用户共享资源时可能会出现以下现象：授权用户超出访问权限进行数据更改活动；非法用户绕过安全内核，窃取信息资源等。

数据库的安全主要是保证数据的安全可靠性和正确有效。对数据库数据的保护主要包括数据的安全性、完整性和并发控制三个方面。数据的安全性就是保证数据库不被故意破坏和非法存取。数据的完整性是防止数据库中存在不符合语义的数据，以及防止由于错误的信息输入、输出而造成无效操作和错误结果。数据库是一个共享资源，在多个用户程序并行地存取数据库时可能会产生多个用户程序通过网站并发地存取同一数据的情况，若不进行并发控制就会使取出和存入的数据不正确，破坏了数据库的一致性。

数据存储在介质上(如磁盘)，还常常通过通信线路进行传输。如果有人窃取磁盘或磁带，或从通信线路窃听，则数据库系统就无法控制了。为了防止这类窃密活动，比较好的办法是对数据库进行加密，用密码存储数据，即在存入时须加密，查询时须解密。

### 3. 传输线路的安全与质量问题

从技术上说，任何传输线路，包括电缆(双绞线或同轴电缆)、光缆、微波和卫星通信，都是可能被窃听的。由于同轴电缆、微波、卫星通信中同时传输着大量信息，要窃听其中指定一路的信息是很困难的，但是从安全的角度出发，没有绝对安全的通信线路。

网络通信中，信息从发送方一般要经过多个中间节点的存储转发才能到达接收目的地，在中间节点处信息安全风险大大增加，并且是发送者不易控制的。此外，网络的通信服务质量对于数据是否能安全到达指定地点也有很大影响，低服务质量的网络抗攻击性能差，轻者将影响数据完整性，严重的会造成网络通信的中断。

同时，无论采用何种传输线路，当线路的通信质量不好时，都将直接影响联网效果，严重的时候甚至导致网站中断。当通信线路中断时，计算机网站也就中断，这还比较明显，而当线路时通时断、线路衰耗大或串杂音严重时，问题就不那么明显了。为保障通信质量和网站效果，必须要有合格的传输线路，如干线电缆中，应尽量挑选最好的线路作为计算机联网专线，以得到最佳效果。

## 7.1.4　网络安全策略

Internet 设计的初衷是快捷和实用，很少考虑网络安全问题，正因为如此，Internet 基本上是不设防的。在网站安全堪忧的严峻态势下，为促进 Internet 的进一步发展，新一代 Internet 必须在实用问题和安全性之间，亦即在资源共享和系统安全之间进行分析比较，寻求一种两全其美的解决方法。

安全策略是指在某个特定环境里，为保证一定级别的安全保护所必须遵守的规则，这些规则是由此安全区域内的一个权威建立的。网络安全策略包括对企业的各种网络服务的安全层次和用户的权限进行分类，确定管理员职责，对各种网络安全采取相应措施，如对入侵与攻击的防御和检测、备份和灾难恢复等。这里所述的安全策略主要是指系统安全策略，主要包括四个大的方面：物理安全策略、访问控制策略、信息加密策略和网络安全管理策略。

### 1. 物理安全策略

物理安全策略的目的是保护计算机系统、网络设备、网络服务器、打印机等硬件实体和通信链路免受自然灾害、人为破坏和搭线攻击。采取的措施有：验证用户的身份和使用权限、防止用户越权操作；确保计算机系统、网络设备有一个良好的电磁兼容工作环境；建立完备的安全管理制度，妥善保管数据备份和文档资料，防止非法进入计算机控制室和各种偷窃、破坏活动的发生。

抑制和防止电磁泄漏(即 Tempest 技术)是物理安全策略的一个主要问题。目前主要防护措施有两类。一类是对传导发射的防护，主要采取对电源线和信号线装配性能良好的滤波器，减小传输阻抗和导线间交叉耦合。另一类是对辐射的防护，这类防护措施可分为以下两种：一是采用各种电磁屏蔽措施，如对设备的各种金属屏蔽和各种插件的屏蔽，同时对机房的下水管、暖气管和金属门窗进行屏蔽和隔离；二是干扰的防护措施，即在计算机系统工作的同时，利用干扰装置产生一种与计算机系统辐射相近的伪噪声向空间辐射来掩盖计算机系统的工作频率和信息特征。

### 2. 访问控制策略

访问控制策略是网络安全防范和保护的主要策略，其主要任务是保证网络资源不被非法使用和访问，也是维护网络系统安全、保护网络资源的重要手段。各种安全策略必须相互配合才能真正起到保护作用。访问控制是保证网络安全最重要的核心策略之一。

访问控制策略主要包括：

- 入网访问控制；
- 网络的权限控制；
- 目录级的安全控制；
- 属性的安全控制；
- 网络服务器的安全控制；
- 网络监测和锁定控制；
- 网络端口和节点的安全控制；
- 防火墙控制。

以上策略可通过网络操作系统的功能和防火墙技术综合实施，完成对网站的各种访问控制策略，达到对数据的安全保护。

### 3. 信息加密策略

信息加密的目的是保护网内的数据、文件、口令和控制信息，保护网上传输的数据。信息加密技术是所有网络上通信安全所依赖的基本技术。目前主要有三种加密方式：链路加密、节点加密和端对端加密。

- 链路加密的目的是保护网络节点之间的链路信息安全。
- 节点加密的目的是对源节点到目的节点之间的传输链路提供保护。
- 端点加密的目的是对源端用户到目的端用户的数据提供保护。

用户可根据网络情况酌情选择上述加密方法。

信息加密过程是由加密算法来具体实施的，它以很小的代价提供很大的安全保护。在多数情况下，信息加密是保证信息机密性的惟一方法。据不完全统计，到目前为止，已经公开发表的各种加密算法多达数百种。如果按照收发双方密钥是否相同来分类，可以将这些加密算法分为常规密码算法和公钥密码算法。

在常规密码算法中，收信方和发信方使用相同的密码，即加密密钥和解密密钥是相同或等价的。常规密码算法的优点是有很强的保密强度，且经受得住时间的检验和攻击，但其密钥必须通过安全的途径传送。因此，其密钥管理成为系统安全的重要因素。

在公钥密码算法中，收信方和发信方使用的密钥互不相同，而且几乎不可能从加密密钥推导出解密密钥。最有影响的公钥密码算法是 RSA，能抵抗到目前为止已知的所有密码攻击。公钥密码算法的优点是可以适应网络的开放性要求，且密钥管理问题也较简单，尤其是可方便地实现数字签名和验证；但其算法复杂，加密数据的速率较低。尽管如此，随着现代电子技术和密码技术的发展，公钥密码算法将是一种很有前途的网络安全加密体制。

密码技术是网络安全最有效的技术之一。一个加密网络，不但可以防止非授权用户的搭线窃听和入网，而且也能有效地对付恶意软件。

### 4. 网络安全管理策略

在网络安全中，除了采用上述技术措施之外，加强网络的安全管理，制定有关规章制度，对于确保网络安全、可靠的运行，也将起到十分有效的作用。

网络的安全管理策略包括:

● 确定安全管理机构。建立网络安全管理机构,确定网络安全管理负责人、安全管理人员、安全审计人员、保安人员和系统管理人员等,明确分工,制定相关的责任追究制度。

● 系统安全管理。制定系统中各类资源的安全管理等级和安全管理范围,制定严格的系统操作规程、完备的系统维护制度、人员出入机房管理制度等措施。

● 制定网络系统的维护制度和紧急情况下的应急措施等。

随着计算机技术和通信技术的发展,计算机网络将日益成为工业、农业和国防等方面的重要信息交换手段,渗透到了社会生活的各个领域中。因此,认清网络的脆柔性和潜在威胁,采取强有力的安全措施,对于保障网络的安全性是十分重要的。

# 7.2　网站防火墙应用

随着网络深入到我们生活中的各个角落,网络的安全问题也变得越来越重要。在计算机网络中,保护网络数据和程序等资源,使其避免受到有意或无意地破坏或越权使用、修改,就称为访问控制技术。利用计算机系统本身设定的访问控制技术,通过这种方式可以使每台工作站和服务器都具备一定的安全性,但针对整个网络,这种方法还是不切合实际的。因为一个网络中可能包含成百上千台计算机,每台计算机运行的操作系统版本和类型可能不同,如 UNIX、Linux 和 Windows 等。当某个系统被发现存在安全漏洞时,就必须对每个潜在受到影响的系统进行升级,来消除这个漏洞,而这个工作量是非常巨大的。因此,现在逐渐被大家采纳和接受的方案就是使用防火墙。

## 7.2.1　防火墙概述

防火墙(Firewall)是一种将内部网(如网站)和公众网(如 Internet)分开的设备。它是位于内部网络和外部网络之间的一道屏障,能够保护内部网络与外部网络或与其他网络之间进行的信息存取和传递操作。

防火墙是一种控制技术,既可以是一种软件,又可以制作或嵌入到某种硬件产品。防火墙是内部网络安全域和其他不同网络之间的惟一通道,并且能根据管理者的安全控制策略(允许、拒绝、监测)控制出入网络的信息流,加上防火墙本身就具有很强的抗攻击能力,使得它成为提供信息安全服务,实现网络和信息安全的基础设施。只有允许访问内部网络的请求可以通过防火墙,其他所有对内部网络的访问请求都将被禁止。目前,防火墙已经成为世界上用得最多的网络安全产品之一。防火墙的逻辑位置如图 7-1 所示。

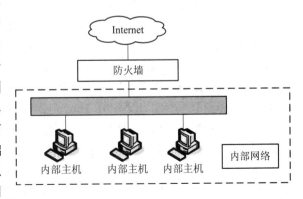

图 7-1　防火墙逻辑位置

### 7.2.2　防火墙的类型

防火墙有控制访问和加强网站安全的功能，其前提是防火墙自身是安全的，不会被穿透，并且具备以下四种控制技术：

(1) 方向控制：决定特定服务请求被激活和通过防火墙的方向。

(2) 用户控制：用来控制用户对服务的访问，这是防火墙最典型的服务之一，可以控制外部网络用户的访问，这主要依靠一些安全认证技术的支持。

(3) 行为控制：控制用户对于服务的使用行为。例如防火墙可以控制外部网络，用户只能访问本地的 Web 服务器，或其中的一部分信息。

(4) 服务控制：决定本地网络能够向 Internet 提供的服务类型，包括本网站提供的服务和对外界服务的访问。防火墙能够过滤基于 IP 地址和 TCP 端口号的通信，能够提供代理软件来接收和解释被请求的服务。

根据防火墙防范的方式和侧重点不同，防火墙技术可分为很多种类型。按照防火墙对内外来往数据的处理方法，比较成熟的防火墙技术主要有两种：包过滤技术和代理服务技术。与之相对应出现了构造防火墙的两种基本方法，即屏蔽路由器(Screening Router)和代理服务器(Proxy Server)。

#### 1. 屏蔽路由器

包过滤(Packet Filtering)一般由屏蔽路由器(也称为过滤路由器)来实现，这种路由器是普通路由器功能的扩展，用于在内部与外部主机之间发送数据包，它不但对数据包进行路由发送，还依据一定的安全规则检查数据包，决定是否发送。依据的规则是系统内设置的过滤逻辑，称为访问控制表(Access Control Table)或规则表，访问控制表指定允许哪些类型的数据包可以流入或流出内部网络。

网络上的数据都是以"包"为单位进行传输的，数据被分割成为一定大小的数据包，每一个数据包中都会包含一些特定信息，如 IP 源地址、目标地址、TCP/UDP 源端口或目标端口等信息。当这些包被送上 Internet 时，路由器会读取目标地址，并选择一条物理线路发送出去，信息包可能以不同的路线抵达目的地，当所有的包抵达后会在目的地重新组装还原。

因此，在设置访问控制表时有多种方法，如只接收来自某些指定 IP 地址的数据包或者内部网络的数据包可以流向某些指定的端口等；哪些类型的数据包的传输应该被拦截。防火墙的 IP 包过滤规则以 IP 包信息为基础，对 IP 包源地址、目标地址、传输方向、分包、IP 包封装协议(TCP/UDP/ICMP/IP Tunnel)、TCP/UDP 目标端口号进行筛选、过滤。通过检查数据流中每个数据包的源地址、目标地址、所用的端口号和协议状态等因素，或它们的组合来确定是否允许该数据包通过。

屏蔽路由器是一种硬件设备，价格较高。如果网络不是很大，可以由一台 PC 机装上相应的软件，如 KarlBridge、DrawBridge 来实现包过滤功能。

#### 2. 代理服务器

代理服务器是指代表内部网络用户向外部网络服务器进行连接请求的程序。代理服务器运行在两个网络之间，对于客户机而言，它是一台真正的服务器，对于外部网络的服务器而言，它又是一台客户机。

代理服务器的基本工作过程是：当客户机需要外部网络服务器上的数据时，首先将请求发送给代理服务器，代理服务器询问客户机想要访问的服务器，当用户回答并提供一个合法的用户名和口令后，代理服务器再根据这一请求向服务器索取数据，然后再由代理服务器将数据传输给客户机。如果代理服务器没有为特定的应用程序实现代理代码，服务就不被支持，就不能通过代理服务器递送。

代理服务器为一个特定的服务提供替代连接，充当服务的网关，因此它又称为应用级网关。目前，较为流行的代理服务器软件是 Microsoft ISA Server 和 WinGate，国内使用较多的国产代理服务器软件是 CCProxy。

### 7.2.3　防火墙的结构

构筑防火墙时，一般是使用多种不同部件的组合，每个部件有其解决问题的重点。由于整个网络的拓扑结构、应用和协议的需要不同，防火墙的配置和实现方式也各有不同。目前，防火墙的体系结构一般有以下几种：

- 双宿主机结构；
- 屏蔽主机结构；
- 屏蔽子网结构。

#### 1. 双宿主机

双宿主机(Dual Homed Host)结构如图 7-2 所示。双宿主机又称为堡垒主机或双穴主机，是一台配有至少两个网络接口的主机，一个接内部网络，一个接外部网络。双宿主机连接的内、外网络均可与双宿主机实施通信，但内、外网络之间不可直接通信，内、外网络之间的 IP 数据流被双宿主机完全切断。双宿主机可以通过代理或让用户直接注册到其上来提供很高程度的网络控制，双宿主机的结构用主机取代路由器执行安全控制功能，从而达到内部网只能看见堡垒主机，而不能看到其他任何系统的效果。堡垒主机不转发 TCP/IP 通信数据流，网络中的所有服务都必须由此主机的相应代理程序来支持。

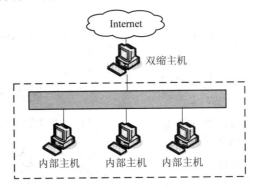

图 7-2　双宿主机结构

这种结构一般用一台装有两块网卡的堡垒主机做防火墙。两块网卡各自与内部网络和外部网络连接。堡垒主机上运行防火墙软件，可以转发应用程序、提供服务等。

## 2. 屏蔽主机

屏蔽主机(Screened Host Gateway)结构如图 7-3 所示。在该结构中，一台单独的屏蔽路由器与 Internet 相连，而在内部网络中安装一台堡垒主机，通过在屏蔽路由器上设置过滤规则，强迫所有到达路由器的数据包被发送到堡垒主机，确保内部网络不受未授权外部网络的攻击。屏蔽主机防火系统提供了网络层(包过滤)和应用层安全(代理服务)两种功能，因此相对比包过滤防火墙系统安全性高。另外，屏蔽主机防火墙也容易配置，但对路由器的路由表要求较高。

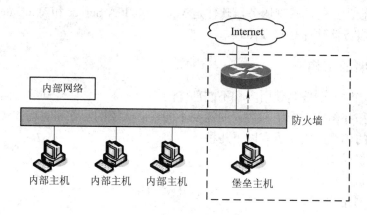

图 7-3　屏蔽主机结构

## 3. 屏蔽子网

屏蔽子网(Screened Subnet)本质上与屏蔽主机是一样的，但增加了一个把内部网与 Internet 隔离的周边网络(也称为非军事区，DMZ)，通过添加周边网络，更进一步地把内部网络与 Internet 隔离。

典型的屏蔽子网结构如图 7-4 所示。在该结构中，有两个屏蔽路由器，分别位于周边网络与内部网络、周边网络与 Internet 之间，堡垒主机放在周边网络内。入侵者要攻入使用这种防火墙结构的内部网络，必须要通过两个屏蔽路由器，即使入侵者能够侵入堡垒主机，内部路由器也将会阻止他入侵内部网络。

屏蔽子网防火墙体系结构中，堡垒主机和屏蔽路由器共同构成了整个防火墙的安全基础。屏蔽子网防火墙是最为安全的一种防火墙体系结构，具有屏蔽主机防火墙的所有优点。但屏蔽子网防火墙的实现代价也很高，不易配置并且

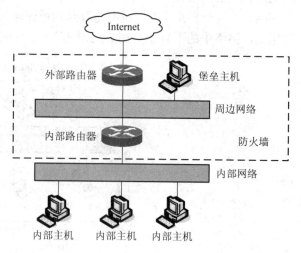

图 7-4　屏蔽子网结构

增加了堡垒主机转发数据的复杂性，同时，网络的访问速度也要减慢，费用也明显高于以上几种防火墙。

### 7.2.4　防火墙的功能

防火墙是由管理员为保护自己的网络免遭外界非授权访问，但又允许与 Internet 连接而设计开发的，所以防火墙不仅能够作为一个保护安全域网络的屏障，还要实现正确的 Internet 连接服务。防火墙在网络通信中的功能如下所述。

#### 1. 集中的网络安全

防火墙负责管理内部网络和 Internet 之间的访问。在没有防火墙的情况下，内部网络上的每个节点都暴露在 Internet 上，很容易受到攻击。这就意味着内部网络的安全性要由每一个主机自身的坚固程度来决定，并且整个网络系统的安全性就等同于内部网络中最弱的主机的安全性。防火墙能过滤那些不安全的请求和服务。只有预先被允许的服务才能通过防火墙，这样就降低了子网的暴露程度，降低了网络受到非法破坏和访问的风险性，使得网络的安全隐患得以集中，从而提高网络的安全性。

#### 2. 可作为中心"控制点"

网络管理员可以在防火墙上设定一个"控制点"来防止非法用户进入内部网络，进行破坏。以防火墙为中心，进行安全方案配置，同时将所有安全软件(如口令、加密、身份认证、审计等)配置在防火墙上，从而简化安全管理。最终的网络安全性是在防火墙系统上得到加固的，而不是分布在内部网络的所有主机上。防火墙可以禁止存在安全脆弱性的服务进出网络，阻止来自所有外界的攻击；也可以控制对特殊站点的访问，如有些主机或服务能被外部网络访问，而有些则需要被保护起来，防止外界没有授权的用户访问。

#### 3. 网络安全报警

防火墙对网络存取和访问进行监控审查，所以可以方便地监视网络的安全性，还可以设定相应的报警系统。如果所有的访问都经过防火墙，那防火墙就能记录下这些访问并作出日志记录，同时也能提供网络使用情况的统计数据。若防火墙发现网络上有可疑动作时，防火墙能进行适当的报警，并提供网络是否受到监测和攻击的详细信息。当然，对于一个内部网络已经连接到 Internet 上的机构来说，网络是否受到攻击的问题并不是很重要，最重要的是何时受到攻击。网络管理员只有通过监控、监测到的记录来分析，进而解决问题。但是，如果网络管理员没有及时响应报警，并审查常规记录，那么防火墙就形同虚设了。

#### 4. NAT 技术

地址翻译技术 NAT(Network Address Translation)是将一个 IP 地址用另一个 IP 地址代替的技术。随着 Internet 的飞速发展，在过去的几年里，Internet 的地址空间开始受到前所未有的危机，IP 地址越来越少。这意味着想进入 Internet 的机构可能申请不到足够的 IP 地址而给内部网络用户带来很多困难。而 Internet 防火墙技术中，却可以实现 NAT 的逻辑地址转换功能。因此防火墙的 NAT 技术成为一个不可或缺的功能之一，以缓解 IP 地址短缺问题。

#### 5. 完整的安全记录

由于防火墙是全程跟踪和监测网络中的所有信息流动的，因此也是审计和记录 Internet 使用情况的一个最佳的地方。网络管理员可以在此向管理部门提供用户连接 Internet 的所有情况，如费用、安全性等。还可以查出潜在的带宽瓶颈的位置，并能够根据个体或机构的灵活记录模式提供多种统计信息。

### 6. 保护网络服务器

防火墙灵活的安全控制功能使得网络管理员能通过配置防火墙来对访问端口进行限制，可以允许外部用户访问如 Web 服务、FTP 服务，而禁止外部对受保护的内部网络上其他系统的访问，这样就达到了对服务器的保护作用。同样也可以针对内部用户对服务器访问进行必要的安全设置。

采用不同技术的防火墙，具有不同的功能。网络安全架构单位应该根据本单位的特殊要求来配置防火墙系统，从而实现最优化的安全机制。当然，不可否认，部署防火墙会产生网络运行中最担心的"单一失效点"。但是使用防火墙即使与 Internet 的连接失效，内部网络仍旧可以工作，只是暂时不能访问 Internet 而已。网络中如果存在多个访问点，则会存在多点受攻击的危险，因此网络管理员必须在每个点都设置防火墙，并进行监视和维护。所以，应用防火墙之前必须根据防火墙的功能特点和网络环境要求进行全面考虑。

## 7.2.5　防火墙的局限性

防火墙可以对网络威胁进行很好的防范，但也不是万能的安全专家。网络中的某些威胁是防火墙所不能防范的。

防火墙不能防范来自内部的人为因素破坏。防火墙监测不到由内部不法用户或用户误操作造成的攻击、破坏，这里也包含由于弱口令或口令泄露而受到的攻击。

防火墙不能防范不经过防火墙的攻击。如果内部网用户直接从 Internet 服务提供商那里申请直接的 SLIP 和 PPP 连接，这样就绕过了对内部网络起到屏障作用的防火墙，从而造成了一个潜在的后门攻击渠道。

防火墙不能防止病毒的传播。由于操作系统、病毒、二进制文件类型(加密、压缩)的种类太多且更新很快，所以防火墙无法也不可能花费很大的系统开销来扫描每个文件以查找病毒。

防火墙不能防止数据驱动式的攻击。在通过防火墙和外部网络进行通信时，经常会发现有些表面看来无害的数据，通过邮寄或拷贝等方式被传播到内部网络的主机上并被执行时，就可能会发生数据驱动式的攻击。例如，一种数据驱动式的攻击可以修改主机的系统关键文件，甚至是通向外部网络有关的配置文件，从而使得非法入侵者更加方便地对该系统进行新的攻击。

由此可以看出，防火墙的使用只是安全解决方案的一部分，而非全部。完善的安全方案是建立全方位的防御体系来保护机构的信息资源。这种安全策略应包括对网络用户的安全指导和功能限制。在网络使用过程中，应让用户清楚自身的责任，包括网络机构规定的网络访问、服务访问、本地和远地的用户认证、拨入和拨出、磁盘和数据加密、病毒防护措施以及对内部用户必要的培训等。网络管理人员必须充分考虑到网络中所有可能受到攻击的地方，并分别进行必要的保护措施。仅仅依靠防火墙系统，而没有全面的安全策略，是无法保障该系统真正的安全的。

## 7.2.6　常用防火墙产品

目前，国外比较知名的防火墙产品主要有：
- Check Point 公司的 Firewall。

- Cisco 公司的 ASA 防火墙。
- Cyberguard 公司的 Cyberguard Firewall。
- Netscreen 公司的 netscreen-100。
- Tiny Software 公司的 Tiny Personal Firewall。

目前，国内比较知名的防火墙产品主要有：

- 北大青鸟公司的网关防火墙。
- 天融信公司的网络卫士防火墙。
- 东大阿尔派公司的网眼防火墙。
- H3C 公司的 H3C SecPath 系列防火墙。

# 7.3　计 算 机 病 毒

计算机病毒(Computer Virus)是一种计算机程序，是一段可执行的指令代码。在《中华人民共和国计算机信息系统安全保护条例》中对计算机病毒进行了明确定义：“计算机病毒是指编制或者在计算机程序中插入的破坏计算机功能或者破坏数据，影响计算机使用并且能够自我复制的一组计算机指令或者程序代码。”

## 7.3.1　计算机病毒的主要类型

按照计算机病毒的特点及特性，计算机病毒分类方法有很多种。以下介绍几种常见的分类方法。

### 1. 根据入侵途径分类

根据病毒入侵系统的途径，可以分为源码型病毒、入侵型病毒、外壳型病毒和操作系统型病毒四种。

- 源码型病毒：攻击高级语言编写的程序，在高级语言所编写的程序编译前插入到源程序中，经编译成为可执行程序的合法部分，破坏性较大。
- 入侵型病毒：将自身侵入到现有程序中，把计算机病毒的主体程序与其攻击的对象以插入的方式链接。这种病毒是难以编写的，但是一旦侵入程序体后就变成合法程序的一部分，很难消除。
- 外壳型病毒：常依附于主程序的首尾，而对原来的程序不做修改。这种病毒最为常见，易于编写，也易于发现。
- 操作系统型病毒：将病毒程序加入或替换操作系统中的部分模块。这种病毒破坏性最强，传染性最大，甚至可以导致整个系统的瘫痪。

### 2. 按照病毒产生的后果分类

根据计算机病毒产生的后果划分，可以分为良性病毒和恶性病毒两种。

1) 良性病毒

良性病毒是指那些不立即对计算机系统产生直接破坏作用的代码。这类病毒为了表现其存在，只是不停地进行扩散，从一台计算机传染到另一台计算机，但并不破坏计算机内的数据。

有些人对这类计算机病毒的传染不以为然，认为这只是恶作剧，没什么关系。其实，良性、恶性都是相对而言的。良性病毒取得系统控制权后，会导致系统运行效率降低、可用内存总数减少，某些应用程序不能运行等。甚至还与操作系统和应用程序争抢 CPU 的控制权，从而导致整个系统死锁，给正常操作带来麻烦。有时，系统内还会出现几种病毒交叉感染的现象，即一个文件反复被几种病毒所感染。例如，原来只有 10 KB 的文件变成了 90 KB，这可能就是被几种病毒反复感染了数十次的情况。这不仅消耗掉大量宝贵的存储空间，而且整个计算机系统也由于多种病毒寄生于其中而无法正常工作，因此不能轻视所谓的良性病毒对计算机系统造成的危害。

2) 恶性病毒

恶性病毒就是指在其代码中包含有损伤和破坏计算机系统的操作，在其传染或发作时会对系统产生直接的破坏作用。这类病毒是很多的，如"米开朗基罗"病毒，当米氏病毒发作时，硬盘的前 17 个扇区将被彻底破坏，使整个硬盘上的数据无法恢复，造成无法挽回的损失。有的病毒甚至还会自动或被动对硬盘进行格式化等破坏，这些操作代码都是刻意编写进病毒的，这是恶性病毒的本性之一。因此，恶性病毒是很危险的，应当注意防范。

### 3. 根据病毒传染方式分类

1) 引导型病毒

引导型病毒感染系统区域的可执行代码，通过感染磁盘上的引导扇区或改写磁盘分区表(FAT)来感染系统，是一种开机即可启动的病毒，先于操作系统而存在，所以，当计算机从感染了引导区病毒的硬盘启动时，引导区病毒就开始发作。该病毒常驻内存，激活时即可发作，传染性强，破坏性大。

有的引导型病毒会潜伏一段时间，等到病毒所设置的日期时才发作；有的则会在发作时在屏幕上显示一些带有"宣示"或"警告"意味的信息，比如提示用户不要非法复制软件、显示特定的图形、放一段音乐等。病毒发作后，不是摧毁分区表导致电脑无法启动，就是直接格式化硬盘。也有一部分引导型病毒的"手段"没有那么狠，不会破坏硬盘数据，只是搞些"声光效果"让用户虚惊一场。

引导型病毒按其寄生对象的不同又可分为 MBR(主引导区)和 BR(引导区)病毒两类。

● MBR 病毒：也称作分区病毒，寄生在硬盘分区主引导程序所占据的硬盘 0 头 0 柱面第 1 个扇区中，典型的有"大麻(Stoned)"病毒、2708 病毒等。

● BR 病毒：寄生在硬盘逻辑 0 扇区，典型的有 Brain 病毒、"小球"病毒等。

2) 文件型病毒

文件型病毒主要以感染文件扩展名为 COM 和 EXE 的文件为主。病毒以这些可执行文件为载体，运行病毒的载体程序，从而激活病毒。文件型病毒大多也是常驻内存的。

被感染的文件执行速度变慢，甚至完全无法执行。有些文件被感染之后，一执行就会遭到删除。大多数文件型病毒会将病毒代码复制到被感染的文件开头或结尾处，这会使得已感染病毒的文件长度变长。也有部分病毒是直接改写"受害文件"的程序码，因此感染病毒后的文件长度仍然维持不变。

感染病毒的文件被执行后，病毒通常会趁机再对下一个文件进行感染。有的高明一点的病毒，会在每次进行感染的时候，先针对其新宿主的状况编写新的病毒码，然后才进行感染，因此这种病毒没有固定的病毒码。这样一来，以扫描病毒码的方式来检测病毒的杀毒软件对这种病毒就不起作用了。但是，随着反病毒技术的发展，针对这种病毒的防范已有了有效手段。

### 3) 宏病毒

宏病毒是一些软件开发商开始在他们的产品中引入宏语言，并允许这些产品生成载有宏的数据文件之后出现的。宏病毒通常使用 VBscript 脚本影响微软的 Office 组件或类似的应用软件。宏病毒是一种寄存于 Word 文档的文件型病毒。

微软的 Office 组件或类似的应用软件包括很多的 Visual Basic 语言，这些语言使得 Word 和 Excel 可以自动操作模板和文件的生成。宏病毒是一种寄存于文档或模板的宏中的计算机病毒。一旦打开这样的文档，宏病毒就激活从而进入内存，并且驻留在 Normal 模板上。从此以后，所有自动保存的文档都会感染上这种宏病毒，而且如果其他用户打开了感染病毒的文档，宏病毒又会转移到该用户的计算机上。宏病毒还可衍生出各种变形变种的病毒。

### 4. 其他类型

按照计算机病毒激活的时间分类，可分为定时病毒和随机病毒。定时病毒仅在某一特定时间才发作，而随机病毒一般不是由时间来激活的。

按照计算机病毒的传播媒介分类，可分为单机病毒和网络病毒。单机病毒的载体是磁盘，常见的感染方式是病毒从 U 盘传入硬盘，感染系统，然后再传染其他 U 盘，U 盘又传染其他系统。网络病毒的传播媒介不仅是移动式载体，而且通过网络也会进行传播，这种病毒的传染能力更强，破坏力更大。

## 7.3.2　几种常见病毒

自从第一个病毒问世以来，究竟世界上有多少种病毒，说法不一。随着时代的发展，病毒的数量也在日益增多。下面介绍几种在历史上破坏程度曾经最为严重的病毒。

### 1. 大脑病毒 C-BRAIN

电脑病毒 C-BRAIN 诞生于 1986 年，这个病毒程序是由一对巴基斯坦兄弟：巴斯特(Basit)和阿姆捷特(Amjad)所写的，他们在当地经营一家贩卖个人电脑的商店，由于当地盗拷软件的风气非常盛行，因此他们的日的主要是为了防止他们的软件被任意盗拷。只要有人盗拷他们的软件，C-BRAIN 就会发作，将盗拷者的硬盘剩余空间给吃掉。

### 2. 莫里斯蠕虫

莫里斯蠕虫病毒诞生于 1988 年，始作俑者——罗伯特•莫里斯是美国康乃尔大学一年级研究生。最初的网络蠕虫的设计目的是当网络空闲时，程序就在计算机间"游荡"，而不带来任何损害，当有机器负荷过重时，该程序可以从空闲计算机"借取资源"而达到网络的负载平衡。但莫里斯蠕虫不是"借取资源"，而是"耗尽所有资源"。莫里斯事件震惊了美国社会乃至整个世界。而此事件影响更大、更深远的是：黑客从此真正变黑，黑客伦理失去约束，黑客传统开始中断，大众对黑客的印象永远不可能恢复。而且，计算机病毒从此步入主流。

### 3. 梅利莎病毒

1999 年诞生的梅利莎(Melissa)病毒专门针对微软的电子邮件服务器和电子邮件收发软件，它隐藏在一个 Word 97 格式的文件里，以附件的方式通过电子邮件传播，善于侵袭装有 Word 97 或 Word 2000 的计算机。它可以攻击 Word 97 的注册器，并修改其预防宏病毒的安全设置，使被它感染的文件所具有的宏病毒预警功能丧失作用。在发现梅利莎病毒后短短的数小时内，该病毒即通过因特网在全球传染数百万台计算机和数万台服务器，因特网在许多地方瘫痪。该病毒于 1999 年 3 月 26 日爆发，感染了 15%～20%的商业 PC，给全球带来了 3 亿～6 亿美元的损失。许多公司不得不关掉自己的互联网网关，以恢复其系统的控制。

### 4. 我爱你病毒

2000 年 5 月 3 日，"我爱你"首次在香港被发现。该蠕虫病毒又称情书或爱虫。它是一个 Visual Basic 脚本，设计精妙，还有令人难以抗拒的诱饵——爱的诺言。"我爱你"蠕虫病毒通过一封标题为"我爱你(I LOVE YOU)"、附件名称为"Love-Letter-For-You.TXT.vbs"的邮件进行传输。和梅利莎病毒类似，该病毒也向 Microsoft Outlook 通信簿中的联系人发送自身，但它的传播大约比梅利莎快 15 倍，它还大肆复制自身来覆盖音乐和图片文件。更可气的是，它还会在受到感染的机器上搜索用户的账号和密码，并发送给病毒作者。据美国报道，"我爱你"至少使 50 万台电脑感染，并切断互联网接入的许多大型组织，引发大量的批评和模仿性感染。

### 5. 红色代码

"红色代码"是一种计算机蠕虫病毒，能够通过网络服务器和互联网进行传播。2001 年 7 月 13 日，红色代码从网络服务器上传播开来。它是专门针对运行微软互联网信息服务软件的网络服务器进行攻击的。"红色代码"还被称为 Bady，设计者蓄意进行最大程度的破坏。被它感染后，遭受攻击的主机所控制的网络站点上会显示这样的信息："你好!欢迎光临 www.worm.com!"。随后，病毒便会主动寻找其他易受攻击的主机进行感染。这个行为持续大约 20 天，之后它便对某些特定 IP 地址发起拒绝服务(DoS)攻击。在短短不到一周的时间内，这个病毒感染了近 40 万台服务器，据估计多达 100 万台计算机受到感染。

### 6. SQL Slammer

SQL Slammer 也被称为"蓝宝石(Sapphire)"，2003 年 1 月 25 日首次出现。它是一个非同寻常的蠕虫病毒，给互联网的流量造成了显而易见的负面影响。它的目标并非终端计算机用户，而是服务器。它是一个单包的、长度为 376 字节的蠕虫病毒，它随机产生 IP 地址，并向这些 IP 地址发送自身。如果某个 IP 地址恰好是一台运行着未打补丁的微软 SQL 服务器桌面引擎(SQL Server Desktop Engine)软件的计算机，它就会迅速开始向随机 IP 地址的主机开火，发射病毒。正是运用这种效果显著的传播方式，SQL Slammer 在十分钟之内就感染了 7.5 万台计算机。庞大的数据流量令全球的路由器不堪重负，如此循环往复，更高的请求被发往更多的路由器，导致它们一个个被关闭。

### 7. Conficker

Conficker 也被称做 Downup、Downadup 或 Kido。Conficker 蠕虫最早于 2008 年 11 月

20 日被发现，它是以微软的 Windows 操作系统为攻击目标的计算机蠕虫病毒。迄今已出现了 A、B、C、E 四个版本，目前全球已有超过 1500 万台电脑受到感染。Conficker 主要利用 Windows 操作系统 MS08-067 漏洞来传播，同时也能借助任何有 USB 接口的硬件设备来感染。

### 8. 超级工厂病毒(2010)

超级工厂病毒是世界上首个专门针对工业控制系统编写的破坏性病毒，能够利用对 Windows 系统和西门子 SIMATIC WinCC 系统的 7 个漏洞进行攻击。西门子公司的 SIMATIC WinCC 监控与数据采集(SCADA)系统在我国的多个重要行业应用广泛，被用来进行钢铁、电力、能源、化工等重要行业的人机交互与监控。该病毒主要通过 U 盘和局域网进行传播。该病毒曾造成伊朗核电站推迟发电。

除了以上介绍的最知名的病毒外，目前在网络上依然传播着众多的蠕虫病毒和木马程序。当一种新型病毒产生时，一般情况下，在各杀毒软件公司的网站上均会很快公布针对这种病毒的杀毒方法和应采取的相应措施，在各公司的网站上也会公布相应的补丁程序。

## 7.3.3　防病毒措施

了解病毒的本质及传播机理后，就可以采取有效措施来防范病毒的侵袭了。对于不同的用户，采取的预防措施也稍有不同。

### 1. 单机用户

● 自备一张不带病毒的引导盘，以便机器出现故障时使用。

● 不使用来历不明的光盘、U 盘、移动硬盘等外存储器，更不要轻易将这些盘上的文件复制到本地磁盘中。

● 及时备份重要的资料和数据。

● 不要随意安装非正规渠道得到的光盘中的软件。

● 不要随意从网上下载软件，下载后的软件必须经过病毒检测再安装。

● 购买最新的反病毒软件和个人信息安全防护软件，经常检测系统并及时升级。

● 不要随意打开可疑的电子邮件，更不能随意运行邮件附件中的程序。

● 发现机器有异常表现，立即关机，然后进行杀毒处理；如果没有杀毒软件，可对硬盘使用过的软件进行格式化处理。

### 2. 网络用户

● 购买一套具有网络杀毒功能的防病毒软件，定期检测病毒。

● 在计算机网络系统中安装网络防病毒服务器。

● 在每个单机上都安装网络病毒防火墙。

● 尽量避免使用有软驱的工作站。

● 采用专用文件服务器。

● 合理设置用户的访问权限，禁止用户具有较多的写权限。

● 对于远程文件，一定要先查毒，然后再保存到硬盘中。

● 制定严格的网络操作规则和制度。

### 3. 预防电子邮件病毒

所谓电子邮件病毒，就是以电子邮件作为载体传播计算机病毒的一种方式。像库尔尼科娃、我爱你、梅利莎等病毒，是用简单的 VBScript、JavaScript 和 HTML 语言编写的，因此不需要多么高深的编程知识就可以编制出来。E-mail 病毒不但可以存在于可执行文件中，还可以存在于网页、图片和文本文件中，因此，通过发送 HTML 文件给用户可以进行 E-mail 病毒的传播。

可以采取以下措施防止感染 E-mail 病毒：

- 不要随意打开来历不明的电子邮件，最好是直接删除。
- 不要轻易运行附件中的.exe、.com 等可执行文件，必须先查毒。
- 对于附件中的文档文件，特别是 Word 文件，也要先查毒，然后才能打开。
- 安装一套可以实时查杀 E-mail 病毒的防病毒软件。
- 对于自己给朋友发送的附件，无论是程序文件还是文本文件都要先查杀病毒，然后再发出。

### 4. 常见防病毒软件

目前，常见的国产防病毒软件主要有金山毒霸、瑞星、360、江民 KV 系列等杀毒软件，国外产品有如 Norton AntiVirus 和 McAfee VirusScan 等杀毒软件。

# 7.4　黑客攻击与防范技术

网络技术的发展日新月异，新的网络安全缺陷也不断出现，即便旧的安全漏洞补上了，新的安全漏洞又将不断涌现。利用这些存在的漏洞和安全缺陷对系统和资源进行攻击，就是黑客们所"研究"的课题。黑客(Hacker)一般是指计算机网络的非法入侵者。黑客入侵系统的动机一般是不确定的，但他们都有一些共同的特征，就是知道系统的漏洞及其原因所在，利用这些漏洞，做出一些网络管理机构所禁止的操作行为。黑客现在已成为计算机网络安全的主要隐患之一。

## 7.4.1　黑客的攻击过程

黑客的攻击一般分三个步骤：第一步进行信息收集；第二步在信息收集的基础上，针对系统的安全弱点进行探测与分析；最后实施对系统的攻击。

### 1. 信息收集

信息收集的目的是为了进入所要攻击的目标网络的数据库。黑客会利用下列方式收集网络系统中各个主机系统的相关信息。

- 利用基于 SNMP 协议的网络程序来分析网络系统路由表，从而了解目标主机所在网络的拓扑结构及其内部细节。
- 利用 TraceRoute 程序能够获得到达目标主机所要经过的网络数和路由器数。
- 通过 Whois 协议的服务信息可以查阅到所有有关的 DNS 域和相关的管理参数。
- 利用 DNS 服务器可以查看到系统中可以访问的主机的 IP 地址表和它们所对应的主机名。

● 通过 Finger 协议来获取一个指定主机上所有用户的详细信息，如用户登录账号、注册信息和邮件信息等。

● 通过 Ping 程序可以确定一个指定的主机的位置。

● 利用自动 Wardialing 软件可以向目标站点连续拨出大批电话号码，一直扫描到一正确的号码使其 Modem 响应为止。

**2. 探测系统的安全弱点**

在收集到攻击目标的一系列网络信息后，黑客便开始探测网络上的每台主机，以寻求该系统的安全漏洞或安全弱点。黑客通常会使用以下方式进行扫描，并驻留到网络上的主机里。

**1) 利用网络中公开的现成工具软件**

像 Internet 的电子安全扫描程序 ISS(Internet Security Scanner)、审查网络用的安全分析工具 SATAN(Security Analysis Tool for Auditing Network)等，可以对整个网络或子网进行扫描，寻找安全漏洞。其实这些工具可以为系统管理人员所用，可以利用它们帮助发现其管理的网络系统内部隐藏的安全漏洞，从而确定系统中哪些主机需要用"补丁"程序去堵塞漏洞；而黑客也可以利用这些工具，收集目标系统的信息，获取攻击目标系统的非法访问权。

**2) 针对漏洞自行编写程序**

当对某些系统或软件已经发现了一些安全漏洞时，该软件产品或系统的厂商会提供一些"补丁"程序给予弥补，但是用户并不一定会及时使用这些"补丁"程序。黑客发现这些"补丁"程序的接口后会自己编写程序，通过该接口进入目标系统，这时该目标系统就完全暴露在黑客面前。

**3. 实施攻击**

黑客通过上述方法，收集或探测到一些不健全的系统信息后，就可能对目标系统实施攻击。黑客一旦获得了目标系统的控制权后，就可能进行以下攻击和破坏：

● 试图毁掉攻击入侵痕迹，并在受到损害的系统上建立另外的新的安全漏洞或后门，以便在先前的攻击点被发现后，继续访问这个系统。

● 在目标系统中安装探测器软件，包括特洛伊木马程序，用来窥探所在系统的活动，收集黑客感兴趣的一切信息，如 Telnet 和 FTP 的账号和口令等。

● 进一步发现受损系统在整个网络中的信任等级，这样黑客就可以通过该系统信任展开对整个网络系统的攻击了。

● 如果黑客在获得了这台受损系统的特许访问权，那么他就可以读取邮件，搜索和盗取别人文件，毁坏重要数据，破坏整个网络系统的信息，造成不堪设想的后果。

## 7.4.2　黑客的手法

**1. 口令的猜测或获取**

**1) 字典攻击**

字典攻击基本上是一种被动攻击。黑客获取目标系统的口令文件，试图以离线的方式破解口令。黑客先猜一个口令，然后用与原系统中一样的加密算法(加密算法是公开的)来加密此口令，将加密的结果与文件中的加密口令比较，若相同则猜对了。因为很少有用户使用随机组合的数字和字母来做口令，因此许多用户使用的口令都可在一个特殊的黑客字典中找到。在字典攻击中，入侵者并不穷举所有字母、数字的排列组合来猜测口令，而仅用黑客字典中的单词来尝试。黑客们已经构造了这样的字典，包括了英语或其他语言中的常见单词，用来猜测口令非常成功。

2) 假登录程序

在事先设计好陷阱的系统上，利用程序设计出一个和 Windows 登录画面一模一样的程序，给正式的系统用户造成假象，以骗取其账号和密码。若是在这个假的登录程序上输入账号和密码，系统就会记下所骗到的账号和密码，然后告诉用户输入错误，要用户再试一次。接下来假的登录程序便自动结束，将控制权还给操作系统。

3) 密码探测程序

NT 系统中所保存与传送的密码多数是经过一个单向杂凑(Hash)函数编码处理过的，完全看不出来原始密码的模样，而且理论上要逆向还原成原始密码的概率几近于零。这些编码过的密码存放在 SAM(Security Account Manager)数据库内，一般正常的程序不会去理会它。然而，现在网络上有一些专门用来探测 NT 密码的程序，利用各种可能的密码，反复模拟 NT 的编码过程，并将所编出来的密码与 SAM 数据库的密码比较，如果两者相同，就表示得到了正确的密码。

4) 修改系统

修改系统是一种比较严重的主动攻击，也是当前最为流行的攻击手段之一。黑客在系统中事先放置了特洛伊木马，这些程序是针对 ISP 服务器的类似特洛伊木马的病毒程序的变体，看起来像是一种合法的程序，但是它记录用户输入的每个口令，然后把它们发送到黑客的一个文件中，并将该文件隐藏到系统中的某个地方。此文件给黑客提供了许多账号的名字和相应的口令，方便黑客闯进入该用户的系统并放置特洛伊木马。

## 2. IP 欺骗与窥探

1) 窥探

窥探(Sniffing)是一种被动式的攻击，又称网络监听，是黑客们惯用的一种方法，其目的是利用计算机的数据报文或口令。例如，两台计算机之间发送的信息网络协议包括本地网络接口的硬件地址、远程网络接口的 IP 地址、IP 路由信息及 TCP 连接的字节顺序序号等，窥探仪可获得这些数据。一旦黑客拥有这类信息，他就从被动攻击转变为破坏力极大的主动攻击。监听只能针对同一物理连接网段上的主机，因为不是同一网段的数据包在网关就会被滤掉，传不到该网段来。在网络上，监听效果最好的地方是网关、路由器、防火墙等网络设备所在的地方。

2) 欺骗

欺骗(Spoofing)是一种主动式的攻击，即在网络上的某台机器伪装成另一台不同的机器。伪装的目的在于哄骗网络中的其他机器误将冒名顶替者作为原始机器而加以接受，诱使其他机器向它发送数据或允许其修改数据。作为一种主动攻击，它能破坏两台其他机器间通信链路上的正常数据流，并可能向通信链路中插入数据。其原理如下：攻击者建立一个使人相信的 Web 页站点的拷贝，这个 Web 站点拷贝就像真的一样，它具有所有的页面和链接。然而攻击者控制了这个 Web 站点的拷贝，被攻击对象和正常 Web 站点之间的所有信息流都被攻击者所控制了。用户访问 Web 服务器时将经过攻击者的机器，这样攻击者就可以监视被攻击对象的所有活动，包括账号、口令以及其他的信息。攻击者既可以冒充用户给服务器发送数据，也可以冒充服务器给用户发送假冒消息。总之，攻击者可以监视和控制整个交流过程。

### 3. 扫描

扫描工具能找到目标主机上各种各样的漏洞，许多网络入侵者是用扫描程序开始的。Internet 上任何软件的通信都基于 TCP/IP 协议。TCP/IP 协议规定，计算机可以有 65 536 个端口，通过这些端口进行数据传输。例如：发送电子邮件时，邮件被送到邮件服务器的 25 号端口；当接收邮件时，从邮件服务器的 110 号端口取信；通过 80 端口，可以访问某一个 Web 服务器；个人计算机的默认端口为 139 号，上网的时候就是通过这个端口与外界通信的。

黑客也是基于 TCP/IP 协议通过某个端口进入计算机的。除了专线用户和拥有固定 IP 地址的用户，当用户每次拨号上网之后，网络就会分配一个临时 IP 地址，此外也可以通过 ping 命令来确定一个合法的 IP 是否存在。如果用户的计算机设置了共享目录，即使设置了密码，无论设置多长的密码，几秒钟内就会被破解，黑客就可以通过 139 号默认端口进入用户的机器(强烈建议不要将文件共享向互联网开放)。这样，除了 139 端口外，如果没有别的端口是开放的，那么黑客就不能那么方便地入侵用户的计算机了。黑客一般会发送特洛伊木马程序，当用户不小心运行了时，计算机内的某一端口就会开放，黑客就会通过这一端口进入用户的计算机。

## 7.4.3　防黑客技术

由于计算机网络具有连接形式多样性、终端分布不均匀性和网络的开放性、互联性等特征，存在着自然和人为等诸多因素，因此网络易受黑客的攻击。因此，网站必须要有足够强的安全措施，才能全方位地抗拒各种不同的威胁，确保网络信息的保密性、完整性和可用性。

### 1. 防字典攻击和口令保护

选择 12 个以上的字符组成口令，并且最好是在任何字典上都查不到的符号组合，那么口令就不能被轻易窃取了。不要用生日、名字等和个人息息相关的信息。口令中要有一些非字母(数字、标点符号、控制字符等)，还要区分字母的大小写，尽量与其他连接符夹杂在一起，不要图好记，当然，也不能写在纸上或计算机中的文件中，应选择一个最为安全的非计算机环境进行保存。

### 2. 预防窥探

设置防火墙或硬件屏障，不在网络上传输未经加密的文件口令。

### 3. 防止 IP 欺骗

防止 IP 欺骗站点的最好办法是安装一台过滤器路由器，该路由器限制对本站点外部接口的输入，监视数据包，可发现 IP 欺骗。除了不允许那些以本站点内部网络地址为源地址的包进入，还应当滤去那些以不同于内部网络为源地址的包输出，以防止从本站点进行 IP 欺骗。

### 4. 建立完善的访问控制策略

访问控制是网络安全防范和保护的主要策略，它的主要任务是保证网络资源不被非法使用和非法访问。它也是维护网络系统安全、保护网络资源的重要手段。要正确地设置入网访问控制、网络权限控制、目录等级控制、属性安全控制、网络服务的安全控制、网络端口和节点的安全控制及防火墙控制等安全机制。各种安全访问控制互相配合，可以达到保护网站的最佳效果。

### 5. 信息加密

信息加密的目的是保护网站内的数据、文件、口令和控制信息，保护网上传输的数据。网络加密常用的方法有链路加密、端点加密和节点加密三种。链路加密的目的是保护网络节点之间的链路信息安全；端点加密的目的是对源端用户到目的端用户的数据提供保护；节点加密的目的是对源节点到目的节点之间的传输链路提供保护。

### 6. 其他安全防护措施

不要运行来历不明的软件和盗版软件，不要随便从 Internet 上下载软件，尤其是那些不可靠的 FTP 站点和非授权的软件分发点。要经常运行专门的反黑客软件，必要时应在系统中安装具有实时检测、拦截、查找黑客攻击程序的工具。还要经常检查用户的系统注册表，做好数据备份工作。还可用扫描工具扫描软件，以发现网站的漏洞，并及早采取弥补措施，加强网站服务器和操作系统的安全。

## 7.4.4　黑客攻击的处理对策

### 1. 发现黑客

一般很难发现 Web 站点是否被人入侵。即便站点上有黑客入侵，也有可能永远不被发现。如果黑客破坏了站点的安全性，则可以追踪他们。借助下面一些途径可以使我们发现入侵者：

- 入侵者正在企图进入时被捉住。
- 根据系统发生的一些异常变化推断系统已被入侵。
- 从其他站点的管理员那里收到异常邮件，反映本站点有异常状况。
- 常注意登录文件并对可逆行为进行快速检查，检查访问及错误登录文件，检查系统命令(如 login)等的使用情况。
- 使用一些工具软件可以帮助发现黑客。

### 2. 处理原则

在发现黑客后不要惊慌，先应当认真、详细地记录每一件可疑的事情，包括日期和时间等信息，初步估计损失及当前形势，判断入侵造成的破坏程度、黑客是否还滞留在系统中、威胁是否来自内部、入侵者的身份及目的等。一旦了解形势之后，就应着手做出决定并采取相应的措施，看能否关闭服务器，若不能，也可关闭一些服务器或至少拒绝一些用户；是否准备追踪黑客，若打算如此，则不要关闭 Internet 连接，因为这会失去入侵者的踪迹。

### 3. 发现黑客后的处理对策

发现入侵者后，网络管理员的主要目的不是抓住他们，而是应把保护用户、保护网站的文件和系统资源放在首位。因此，应当积极地采取措施跟踪黑客连接，查找出他们究竟想要干什么，或杀死进程、切断连接。找出系统的安全漏洞并及时修补漏洞，这才是保证安全的必要措施。

最后，根据记录下的整个文件的发生发展过程，编档保存，并从中吸取经验教训。

### 4. 主动扫描

如同前述的黑客手法中扫描手法，作为网络管理人员也可以主动利用一些网络扫描工具监视网络的安全。

## ◆━━━━ 习题与思考题 ━━━━◆

1. 网站的主要安全问题有哪些？
2. 影响网站安全的主要因素有哪些？
3. 访问控制策略的主要任务是什么？具体有哪些控制措施？
4. 简述防火墙的定义和分类。
5. 简述防火墙的基本功能。
6. 简述代理服务器的工作过程。
7. 列出几种常见的网络病毒，并说出其基本症状及防治措施。
8. 简述黑客的攻击步骤。
9. 如何发现黑客及发现后的处理对策是什么？

# 第 8 章　网站维护技术

本章主要讲述网站维护的方法和技术。通过本章的学习，读者应掌握以下内容：

- 网站 Web 服务器的常见故障；
- 利用日志记录分析和提高网站的安全性；
- 常见网页维护方法；
- 网站维护的主要内容和方法。

根据网站接入 Internet 方式的不同，网站的维护内容也有所差异，如果采用专线方式接入 Internet 并由用户自己建设、维护和管理网站，则除了需要对网页、数据库等进行维护外，还需要对网络、网站服务器等设备进行维护；如果采用其他方式接入 Internet，则主要需要对网站的网页、数据库等方面进行维护。

## 8.1　网站服务器的维护与管理

网站的硬件系统一般是每天 24 小时不停机运行的，因此应定期通过设备的指示灯状态观察网络设备、服务器的运行状态。如果指示灯出现异常，则应重新启动设备进行检查；如果硬件出现故障，则必须更换相应硬件，以保证网站硬件的正常运行。

服务器的维护包括对服务器的硬件系统和软件系统的维护，维护服务器需要对服务器的硬件系统、操作系统和应用软件系统有比较深入的认识。

### 8.1.1　硬件系统的维护

服务器硬件系统的维护主要包括服务器的日常操作管理(开机、关机等)、增加设备、卸载设备、更换设备和除尘等方面的内容。

服务器与一般 PC 机不同，其硬件结构更加复杂，对开机、关机有严格的要求，必须严格按照操作手册进行，一般情况下必须正常开机和正常关机。

#### 1. 开机顺序

系统开机应按以下步骤依次进行：

(1) 打开总电源。

(2) 打开计算机机柜电源。

(3) 打开外部设备电源(如磁盘阵列、磁带库等)。

(4) 待外部设备自检完成后，最后打开主机电源。

**2. 关机顺序**

系统关机应按以下步骤依次进行:

(1) 正常关闭操作系统。

(2) 关闭主机电源。

(3) 关闭外设电源(如磁盘阵列、磁带库等)。

(4) 关闭其他设备电源和机柜电源。

(5) 最后关闭总电源。

**3. 电缆连接注意事项**

在进行电缆连接(插拔)时,该电缆连接(或将要连接)的设备应当是没有加电的,即应当先将设备的电源关掉,然后再进行电缆连接(插拔)操作。如果带电进行电缆连接,则可能会对设备造成无法预料的损坏。

**4. 增加设备**

增加服务器的内存和硬盘是最常见的操作。作为网站服务器,安装的应用软件、资源库越来越多,因此服务器也就需要更多的内存和硬盘容量。

增加内存前需要确认与服务器原有的内存的兼容性,最好使用同一品牌相同规格的内存。如果是服务器专用的内存,则应选用相同型号、规格的内存,否则可能会引起系统严重出错,甚至死机。

在增加硬盘以前,需要确认服务器是否有空余的硬盘支架、硬盘接口(SCSI、SATA 和 SAS)和电源接口,还有主板是否支持这种容量的硬盘,以免出现买来了设备却无法使用的情况。

**5. 设备的卸载和更换**

卸载和更换设备必须在完全断电、服务器接地良好的情况下进行,即使是支持热插拔的设备也最好如此操作,以防止静电对设备造成损坏。需要注意的是,有许多品牌服务器机箱的设计比较特殊,需要特殊的工具才能打开,在拆卸机箱盖的时候,需要仔细看说明书,不要强行拆卸。

**6. 除尘**

服务器的除尘方法与普通 PC 的除尘方法相同,尤其要注意的是电源的除尘。

## 8.1.2　软件系统的维护

软件系统的维护是服务器维护工作量最大的部分,包括操作系统、网络服务、数据库等各方面的维护。

**1. 操作系统的维护**

1) 安装最新的系统补丁(Service Pack)与更新(Hotfix)程序

Windows Server 2008 操作系统使用 IIS 7.0 作为 Web 服务器发布主页,管理员重要的任务之一是更新系统,保证系统安装了最新的补丁。建议用户及时下载并安装补丁包,修补系统漏洞。微软公司提供两种类型的补丁: Service Pack 和 Hotfix。

Service Pack 是一系列系统漏洞的补丁程序包,最新版本的 Service Pack 包括了以前发布的所有的 Hotfix。微软公司建议用户安装最新版本的 Service Pack。可以在微软的网站 http://www.microsoft.com/downloads/zh-cn/details.aspx?FamilyID=C3202CE6-4056-4059-8A1B-3A9B77CDFDDA 下载到最新的补丁包。

Hotfix 程序通常用于修补某个特定的安全问题，一般比 Service Pack 发布的更为频繁。微软通过安全通知服务来发布安全公告，微软的技术安全通知网址是 http://technet.microsoft.com/zh-cn/security/dd252948.aspx。

2) 账户管理

(1) 必须为管理员账号 Administrator 指定安全的口令，Windows Server 2008 允许最多 128 个字符的口令。一般来说，管理员账户名应满足以下条件：口令应该不少于 8 个字符，最好大小写字母混合使用，不包含字典里的单词、不包括姓氏的汉语拼音。

(2) 重新命名 Administrator 账号。Windows Server 2008 的默认管理员账号是 Administrator，该账号通常成为攻击者猜测口令攻击的对象。为了降低这种威胁，可以将账号 Administrator 重新命名，最好改为用户自己知道的名字。

(3) 禁用或删除不必要的账号。在计算机管理单元中查看系统的活动账户名列表(对用户和程序而言)，禁用所有非活动账户名，特别是 Guest，删除或者禁用不再需要的账户名。

3) 对访问控制权限的设置

对共享文件夹设置适当的权限，以便使用户拥有适当的访问权。Windows Server 2008 只有 NTFS 文件系统才能对文件和文件夹设置访问权限。

使用 IIS 发布主页，应加强 IIS 的主目录及网页文件的安全性，最好将 IIS 主目录存储在格式为 NTFS 的磁盘中，并将主目录文件夹的访问权限设置为对所有用户均为只读。

4) 端口安全性

HTTP、FTP、SNMP 和 POP 协议均通过端口与 Internet 用户进行访问，可以在路由器、交换机上设置这些服务器的 IP 地址只通过需要提供服务的端口，也可以在 Windows Server 2008 中利用 TCP/IP 属性设置端口的安全性。

**2. 网络服务维护**

网络服务有很多，如 WWW 服务、DNS 服务、FTP 服务、邮件服务等，如果一台服务器同时提供多种服务，也容易引起系统混乱，此时可能需要重新设定各个服务的参数，使之正常运行。

最好在服务器中关闭不必要的服务，每提供一种网络服务就增加了一份安全威胁。如果条件允许的话，建议一台服务器提供一种网络服务，在服务器中关闭所有其他不必要的网络服务。例如，如果某台服务器只提供 Web 服务，就不要在该服务器上安装其他服务，这样可以尽量地降低服务器的风险。

管理服务器时，最好不要在服务器上运行从 Internet 下载的软件，因为这些软件有可能感染病毒，藏有木马或后门，在服务器上，不要轻易打开陌生人的邮件，特别是邮件中的附件。另外，重要的数据一定要定期备份。

**3. 数据库的维护**

数据库经过长期的运行后，需要调整数据库性能，使之进入最优化状态。数据库中的数据是最重要的，尤其对电子商务类网站来说，这些数据如果丢失，则损失巨大，因此需要定期备份数据库，并存储在磁带或刻成光盘永久保存起来，即使服务器出现故障，也能恢复数据。

服务器的维护是一个非常烦琐的工作，也是管理员最重要的工作之一，因为各个网站的情况各不相同，以上列举的不可能完全涵盖服务器维护的所有内容，但是最根本的一条原则就是：保证服务器的"安全"。

### 8.1.3　防病毒管理措施

防病毒也是保证网站正常运行的很重要的工作，不同时期会出现不同的新病毒，因此，必须时刻注意网络病毒的发作，及时更新防病毒软件库，尤其是对新病毒的出现要采取相应措施。在各防病毒公司网站的主页上会公布针对最新病毒应采取的措施和相应的查杀病毒软件，应及时下载这些防病毒软件对服务器进行杀毒处理。

微软公司在其网站上也会及时公布对最新病毒的相应防范补丁软件。

在 ISP 网站上也能查询对防范最新病毒的方法，如对部分 Internet 蠕虫病毒，在路由器上也应采取相应措施。

如在 2011 年 7 月出现的新型后门程序 Backdoor_Undef.CDR，该后门程序利用一些常用的应用软件信息，诱骗计算机用户点击下载运行之。一旦点击运行之，恶意攻击者就会通过该后门远程控制计算机用户的操作系统，下载其他病毒或是恶意木马程序，进而盗取用户的个人私密数据信息，甚至控制监控摄像头等。

后门程序运行后，会在受感染的操作系统中释放一个伪装成图片的动态链接库 DLL 文件，之后将其添加成系统服务，实现后门程序随操作系统开机而自动启动运行。

该后门程序一旦开启后门功能，就会收集操作系统中用户的个人私密数据信息，并且远程接受并执行恶意攻击者的代码指令。如果恶意攻击者远程控制了操作系统，那么用户的计算机名与 IP 地址就会被窃取。随后，操作系统会主动访问恶意攻击者指定的 Web 网址，同时进行下载其他病毒或是恶意木马程序、更改计算机用户操作系统中的注册表、截获键盘鼠标的操作、对屏幕进行截图等恶意攻击行为，给计算机用户的隐私和其操作系统的安全带来了较大的危害。

对已经感染该病毒的计算机用户，应立即升级系统中的防病毒软件，进行全面杀毒。未感染该病毒的用户建议打开系统中防病毒软件的"系统监控"功能，从注册表、系统进程、内存、网络等多方面对各种操作进行主动防御。

## 8.2　网站日志分析

网站利用 IIS 发布主页，当 Internet 用户访问网站主页时，启动 IIS 日志记录功能，可记录 Internet 用户访问网站的信息。通过对日志记录文件的分析可以得到许多相关信息，如用户对什么栏目最感兴趣，什么 IP 地址的用户访问某网站等。

设置站点日志的方法如下：

(1) 打开【Internet 信息服务(IIS)管理器】窗口，单击要设置日志的站点名称，本例单击【Default Web Site】。

(2) 单击【功能视图】，如图 8-1 所示。

图 8-1　IIS【Default Web Site】

(3) 双击【日志】图标，显示【日志】页，如图 8-2 所示。

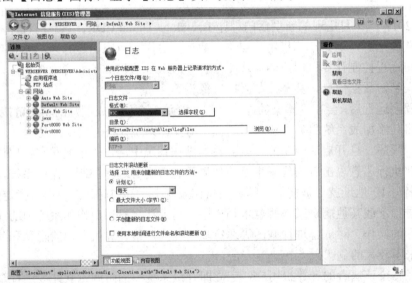

图 8-2　IIS 日志页

(4) 单击【日志文件】下的【格式】下拉列表，有 IIS、NCSA、W3C 和自定义四个
选项。

● IIS：使用 Microsoft IIS 日志文件格式记录关于站点的信息。这种格式由 HTTP.sys
进行处理，并且是固定的基于 ASCII 文本的格式，不能自定义记录的字段。字段由逗号分
隔，记录的时间为本地时间。

● NCSA：使用美国国家超级计算技术应用中心(NCSA)公用日志文件格式来记录关于
站点的信息。这种格式由 HTTP.sys 进行处理，并且是固定的基于 ASCII 文本的格式，不能
自定义记录的字段。字段由空格分隔，记录的时间为带有协调世界时(UTC)偏差的本地
时间。

● W3C：使用集中的 W3C 日志文件格式来记录关于服务器上所有站点的信息。这种

格式由 HTTP.sys 进行处理，并且是可自定义的基于 ASCII 文本的格式，可以指定记录的字段。字段由空格分隔，记录的时间采用协调世界时(UTC)格式。

● 自定义：对自定义的日志记录模块使用自定义格式。如果选择此选项，则【日志】页将被禁用，因为无法在 IIS 管理器中配置自定义日志记录。

(5) 日志文件格式一般选择 W3C。单击【选择字段】按钮，显示【W3C 日志记录字段】对话框，如图 8-3 所示。设置所需要的字段，单击【确定】按钮。

各字段含义如表 8-1 所示。

图 8-3　W3C 日志记录字段

表 8-1　W3C 各字段的含义

| 序号 | 字段名 | 含　义 |
|---|---|---|
| 1 | 日期(date) | 发出请求的日期 |
| 2 | 时间(time) | 发出请求的 UTC 时间 |
| 3 | 客户端 IP 地址(c-ip) | 发出请求的客户端的 IP 地址 |
| 4 | 用户名(cs-username) | 访问服务器的经过验证的用户名，匿名用户用连字符表示 |
| 5 | 服务名(s-sitename) | 满足请求的站点实例编号 |
| 6 | 服务器名称(s-computername) | 生成日志文件项的服务器的名称 |
| 7 | 服务器 IP 地址(s-ip) | 生成日志文件项的服务器的 IP 地址 |
| 8 | 服务器端口(s-port) | 为服务配置的服务器端口号 |
| 9 | 方法(cs-method) | 请求的操作，如 GET 方法 |
| 10 | URI 资源(cs-uri-stem) | 操作的 URI(统一资源标识符)或目标 |
| 11 | URI 查询(cs-uri-query) | 客户端尝试执行的查询，只有动态页面才需要 URI 查询 |
| 12 | 协议状态(sc-status) | HTTP 或 FTP 的状态代码 |
| 13 | 协议子状态(sc-substatus) | HTTP 或 FTP 的子状态代码 |
| 14 | Win32 状态(sc-win32-status) | Windows 状态代码 |
| 15 | 发送的字节数(sc-bytes) | 服务器发送的字节数 |
| 16 | 接收的字节数(cs-bytes) | 服务器接收的字节数 |
| 17 | 所用时间(time-taken) | 操作所花费的时间(毫秒) |
| 18 | 协议版本(cs-version) | 客户端使用的 HTTP 或 FTP 协议版本 |
| 19 | 主机(cs-host) | 主机名称 |
| 20 | 用户代理(cs(UserAgent)) | 客户端使用的浏览器类型 |
| 21 | Cookie(cs(Cookie)) | 发送或接收的 Cookie 内容 |
| 22 | 引用站点(cs(Referer)) | 用户上次访问的网站。此站点提供与当前站点的链接 |

（6）【目录】文本框指定存储日志文件的路径，单击【浏览】按钮可以选择存储日志文件的路径，默认路径为 %SystemDrive%\inetpub\logs\LogFiles。%SystemDrive% 指存储 Windows Server 2008 系统的磁盘，一般为 C: 盘。

（7）在【编码】下拉列表中指定 UTF-8 编码。有 UTF-8 和 ANSI 两种编码：UTF-8 编码允许在一个字符串中同时出现单字节和多字节字符；ANSI 编码允许在一个字符串中只出现单字节字符。

（8）设置【日志文件滚动更新】。有【计划】、【最大文件大小】、【不创建新的日志文件】和【使用本地时间进行文件命名和滚动更新】四个选项。

【计划】选项用于设定多长时间创建一个新日志文件。有【每小时】、【每天】、【每周】和【每月】四个选项。一般使用默认的【每天】。

【最大文件大小】表示日志文件大小达到指定的字节时创建新的日志文件。该值最小为 1 048 576 字节。如果设置的数值小于 1 048 576，则系统会默认该值为 1 048 576 字节。

【不创建新的日志文件】表示只有一个日志文件，在记录信息的过程中，此文件将不断变大。

【使用本地时间进行文件命名和滚动更新】表示指定的日志文件命名和滚动更新的时间都使用本地服务器时间。如果未选定此项，则使用 UTC。无论此设置为何值，实际日志文件中的时间戳将对从【格式】列表中选择的日志格式使用此时间格式。例如，NCSA 和 W3C 日志文件格式对时间戳使用 UTC 时间格式。

# 8.3  任 务 管 理 器

在日常服务器管理中，应观察在内存中运行的程序、CPU 及内存运行状态，判断是否有程序占用 CPU 和内存过大等异常状态，是否有异常程序常驻内存，如果有，则有可能是系统受到了病毒攻击。通过任务管理器中的相关信息，可以观察到这些相关内容。

右击 Windows Server 2008 任务栏，显示快捷菜单，如图 8-4 所示。执行快捷菜单中的【任务管理器】命令，显示【Windows 任务管理器】窗口，如图 8-5 所示。

图 8-4  启动任务管理器　　　　　　图 8-5  任务管理器——应用程序

### 1. 结束应用程序的运行

单击【Windows 任务管理器】→【应用程序】选项卡，如图 8-5 所示。选中某个应用程序，如选中【Internet 信息服务(IIS)管理器】，单击【结束任务】按钮，该应用程序将结束在内存中的运行，释放内存。

### 2. 进程

单击【进程】选项卡，如图 8-6 所示，可以查看在内存中运行的进程，有操作系统的进程，也有应用程序的进程。如果某个应用程序进程占用 CPU 时间很长、占用内存很多，则可以选中该应用程序，单击【结束进程】按钮将该进程从内存中清除。这也可以用于观察服务器是否出现异常现象。如果受到病毒攻击，则应立即杀毒或重新安装系统。

### 3. 服务

单击【服务】选项卡，如图 8-7 所示，可以观察到服务的运行状态。如果需要改变服务的运行状态，则可以单击【服务】按钮，在【服务】窗口停止或启动服务。

### 4. 性能

单击【性能】选项卡，如图 8-8 所示，可以观察到 CPU 和内存的使用率。如果系统正常运行，但 CPU 使用率过高，则应考虑提高 CPU 性能，如增加或更换 CPU；如果物理内存占用太大，则应考虑增加内存。通过任务管理器，可以观察到当前计算机系统的运行状态，并可以判断硬件是否满足应用程序和系统服务的要求。

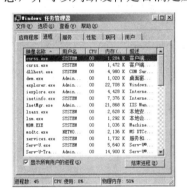　　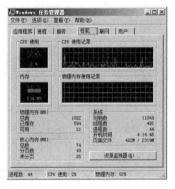

图 8-6　任务管理器——进程　　　图 8-7　任务管理器——服务　　　图 8-8　任务管理器——性能

## 8.4　网站的网页维护

发布主页是网站的主要功能之一，网页更新速度日新越异，更新的内容也起来越多。在网页编制过程中有可能出现错误，因此，在网页发布之前应该对网页进行检测，发现错误并更正是一个很重要的过程。网页的编制或更新一般是在单机或工作站中进行的，并不直接在 Web 服务器上进行，完成之后用 FTP 方式上传到 Web 服务器。

### 8.4.1　网站测试

#### 1. 网页在不同版本浏览器中运行情况的测试

目前常用的浏览器主要有 IE、遨游、搜狗、360 等，而它们又有各自不同的版本。网页测试时最好使用大多数用户常用的版本，适当兼顾到高版本和低版本的浏览器，因为浏览器版本越高，其功能越强，许多高版本能显示的效果在低版本中并不一定能实现。另外，在测试网页效果时，最好是将常用的几种浏览器一起测试，以便在各种浏览器中都能达到满意的效果。

在网站测试过程中，还应改变屏幕分辨率的大小和字体的大小、风格等设置，并观察显示效果是否达到要求。图 8-9 所示是屏幕分辨率为 1024 × 768 的显示效果，图 8-10 所示是屏幕分辨率为 1280×800 的显示效果，说明了同一个页面在不同屏幕分辨率的情况下两者显示效果差别很大。

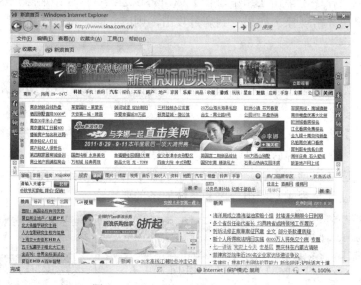

图 8-9　1024×768 分辨率显示效果

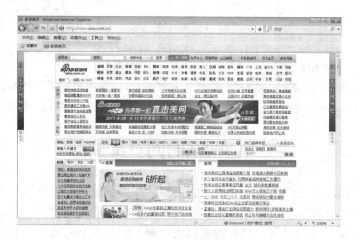

图 8-10　1280×800 分辨率显示效果

### 2. 在多种操作系统中的测试

当前单机操作系统主要为 Windows 和 Linux。由于操作系统不同，因此网页在浏览器中的效果也不同。在 Windows 中，浏览器为标准的 800 × 600，但 Linux 使用的是 X-Windows，浏览器一般没有固定的长宽比，而且窗口形状趋向于正方形。表单控件在 Windows 和

X-Windows 中差别较大，所以需要适当安排页面布局。

### 3. 实地测试

把网页上传到 Web 服务器上，测试链接、下载速度等问题，有可能在本机预览成功的页面上传到 Web 服务器后却有问题。比如，若 Web 服务器的文件名区分大小写，而所做的链接忽略了这一点，则可能导致不能正常链接。

(1) 浏览速度的测试。在本机测试浏览速度是很快的，但上传到 Web 服务器后远程访问速度就会不同。测试页面下载，应在不同时间段测试浏览速度。如果浏览时间太长，则需要优化页面下载速度，尽量减少页面所用的图片以及其他，如声音、视频和 Java Applet 的作用，在不降低质量的前提下，压缩文件长度。

(2) 脚本语言测试。为了获得网页的动态效果，在页面中往往插入 JavaScript、VBScript 脚本语言，而 CGI 交互式网页的编写与 Web 数据库的访问都需要使用脚本语言。HTML 在某些代码设置不完整时仍可以正常显示，因而相对而言，脚本语言要求十分严格。但脚本语言的变量有时不定义也可以使用，这就容易引起错误，而且修改也很困难。所以，应形成定义变量与编写脚本语言时做好注释的良好习惯。

### 4. 网页常见出错原因

(1) 文件名大小写不一致。Windows 系统不区分文件名大小写，因此网页上传到 Windows 系统服务器后不会出错，而 UNIX 和 Linux 系统严格区分文件名大小写，因此上传到 UNIX 系统服务器或 Linux 系统服务器后就可能出错。所以，在制作网页时虽然 HTML 文件的大小写可以混用，但应该尽量保持文件名全部使用大写或小写的习惯。

(2) 文件路径不正确。网页编写大多数是在本机进行的，如果文件路径名使用绝对路径，则在本机浏览器中无法查出，因此很容易被忽略。但是，上传到 Web 服务器后如找不到相应的文件绝对路径，则会出错，所以文件路径应使用相对路径。这个问题应该在一开始制作网页时就规划好，网站的目录结构、文件名应取名规则，在制作网页过程中严格按照已规划的目录结构存取文档及图片，这样就可以大大降低出错概率了。

### 5. 验证链接

对网页内大量存在的链接都要进行测试，测试它们是否链接到指定的目标，是否存在重复的链接，链接是否有存在的必要。通常要经过不断地测试、修改、再测试、再修改，反复多次，才能尽可能多地排除存在的问题。

检测网站中是否包含断开的链接是站点测试的一个重要内容，使用 Dreamweaver CS5 网页设计软件可以检测一个页面、部分站点乃至整个站点的链接，具体方法如下：

(1) 单击【文件】→【检查页】→【链接】选项，显示【链接检查器】窗口，如图 8-11 所示。

图 8-11 链接检查器

(2) 单击【检查链接】按钮进行链接检查，可以检测不同的链接情况，如图 8-12 所示。

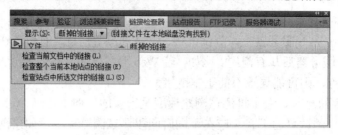

图 8-12　检查链接

如图 8-13 所示是检查了网站两个网页的链接情况。

图 8-13　部分网页链接情况

(3) 单击断开的链接，在链接的右侧会显示一个文件夹图标，如图 8-14 所示。用户可以直接输入链接，也可以先单击文件夹图标，然后从文件夹中选择所要链接的文件。

图 8-14　更改链接

### 8.4.2　网页维护的主要内容

#### 1. 网页的更新与检查

网页的更新与检查是最常见的网站维护。要做到以下两点：

(1) 有专人维护新闻栏目：一方面可以把企业动态都反映到网站里，让访问者感觉企业形象总是在不断发展；另一方面也要在网上收集相关信息，放在网站上以吸引访问者。

(2) 时常检查相关链接：通过测试软件对网站所有网页链接进行测试，最好是自己测试、浏览，发现问题并解决问题，以提高网站访问质量。

#### 2. 交互性组件的维护

企业网站一般是进行产品的宣传和销售的，因此站点必须与访问用户进行双向交流。只有这样才能掌握网民需要浏览的内容，不断改进网页内容。

(1) 维护留言簿。网站制作好留言簿后，要经常维护，总结访问的留言。必须对访问者提出的问题进行分析总结，要以最快速度答复访问者，同时，也要记录下切实可行的改进。从留言簿中可以收集到很多有用的信息和商机。

(2) 维护客户的电子邮件。网站一般情况下都留有和访问者联系的电子邮件信箱，通常是管理员的信箱。访问者经常会发一些信息给管理员，管理员要能即时回复。最好是在邮件服务器上设置自动回复功能，这样能够使访问者对站点的服务有一种信任感，然后再针对用户的问题进行解答。

(3) BBS 的维护。网站也经常使用 BBS，一方面，讨论相关问题，如企业网站使用 BBS 讨论其产品相关信息等；另一方面，企业 BBS 也可能出现一些不好的广告，有时甚至出现竞争对手的广告或乱七八糟的广告，管理员应及时删除。

(4) 对意见簿的处理。网站的交互性栏目会收到很多顾客意见，要及时处理以维护企业的良好形象。

### 8.4.3　网页发布

将制作好的网页传送到目标服务器，以使 Internet 用户浏览该网页。常使用的一些上传软件有 CuteFTP、LeapFTP、AceFTP 等，像 Dreamweaver、FrontPage 等网页设计软件本身也提供上传功能。其中，CuteFTP 是一款非常受欢迎的 FTP 上传工具软件，界面友好，是众多 FTP 上传软件中使用最广泛的软件之一。

CuteFTP 是功能强大的专业 FTP 软件，文件传输简单方便；可通过宏命令完成需要频繁操作的任务；具有单个文件和整个目录混合上传、下载功能，可直接覆盖和删除远程文件和目录，可进行远程文件夹和本地文件夹分析比较，确保上传、下载成功；可自动更正上传文件的文件名，强制使用小写文件名，并可自动更改文件属性；具有断点续传功能，断线后可自动连接、接续传输，直至文件上传或下载成功；还可以分类管理多个站点，内部集成的 CuteHTML 程序可以修改、编辑网页；具有在线 MP3 和文件搜索功能；还可进行站对站的传送。

## ◆───── 习题与思考题 ─────◆

1. 如何进行网站维护工作？
2. IIS 日志文件有几种格式？各自有什么作用？
3. 网站测试的主要内容是什么？
4. 网站管理员的基本要求是什么？
5. 试说明网站维护的主要工作内容。

# 第 9 章　实　　　训

## 实训 1　制 作 网 线

【实训任务】

制作直通线和交叉线两种网线。

【实训环境】

网线、RJ-45 水晶头、压线钳、测线仪。

【实训过程】

网线有 EIA/TIA 568A 和 EIA/TIA 568B 两种制作标准。

(1) EIA/TIA 568A 标准：网线共有 4 对 8 根，从左起按颜色顺序依次为"白绿－绿－白橙－蓝－白蓝－橙－白棕－棕"。

(2) EIA/TIA 568B 标准：网线共有 4 对 8 根，从左起按颜色顺序依次为"白橙－橙－白绿－蓝－白蓝－绿－白棕－棕"。

网线连接有直通线和交叉线两种方法。

(1) 直通线：网线两边都按照 EIA/TIA 568B 标准连接。

(2) 交叉线：网线一边按照 EIA/TIA 568A 标准连接，另一边按照 EIA/TIA 568B 标准连接。

下面以制作 EIA/TIA 568B 标准的网线为例，说明制作网线的过程。

(1) 使用压线钳斜口错剪下所需要的网线长度，至少 0.6 m，然后再使用压线钳剥线切口，将网线的外皮除去 2 cm～3 cm，如图 9-1 所示。

(2) 剥线操作，将裸露的网线中的橙色对线拨向左方，棕色对线拨向右方，绿色对线拨向前方，蓝色对线拨向后方，如图 9-2 所示。

(3) 小心地剥开每一对线，因为是制作 EIA/TIA 568B 标准的网线，因此将网线按"白橙－橙－白绿－蓝－白蓝－绿－白棕－棕"排列好，如图 9-3 所示。

图 9-1　剥除网线外皮　　　　图 9-2　剥线操作　　　　图 9-3　排列网线顺序

(4) 为了符合 EIA/TIA 568B 的标准，将裸露出的网线用剪刀或压线钳斜口钳剪下只剩约 1.4 cm 的长度，如图 9-4 所示。再将网线的每一根线依次放入 RJ-45 接头的引脚内，第一只引脚内应该放白橙色的线，其余类推，如图 9-5 所示。

(5) 确定网线的每根线是否按正确顺序放置，并查看每根线是否进入到水晶头的底部位置，如图 9-6 所示。

图 9-4　剪切网线　　　　图 9-5　插入水晶头　　　　图 9-6　检查网线位置

(6) 用压线钳压接 RJ-45 接头，把水晶头里的八块小铜片压下去后，使每一块铜片的尖角都触到一根铜线，如图 9-7 所示。

(7) 重复步骤(1)到步骤(6)，再制作另一端的 RJ-45 接头。

(8) 用测线仪测试网线和水晶头是否连接正常，如果全部亮绿灯，则网线正常；如果亮红灯，则可能有接错的线头；如果水晶头夹坏或线没压好，则灯不亮。检查网线如图 9-8 所示。

图 9-7　压接接头　　　　　　　图 9-8　检查网线

# 实训 2　安装 Windows Server 2008

【实训任务】

使用光盘启动并安装 Windows Server 2008。

【实训环境】

配置有 DVD 光驱的计算机，硬盘有 16 GB 自由空间，内存为 1 GB。
Windwos Server 2008 安装光盘。

【实训过程】

(1) 在 BIOS 中将计算机设置为从光盘引导。将 Windows Server 2008 安装光盘放入光驱，重新启动计算机，此时将从光盘启动安装程序，计算机进入 Windows Server 2008 安装向导。首先显示【安装 Windows】对话框，如图 9-9 所示。默认安装语言为【中文(简体)】，时间和货币格式为【中文(简体，中国)】，键盘和输入方法为【中文(简体)-美式键盘】，保留默认设置即可。

(2) 单击【下一步】按钮，提示准备安装。单击【现在安装】按钮，显示【选择要安装的操作系统】对话框，如图 9-10 所示。在【操作系统】列表框中列出了可以安装的操作系统版本，这里选择【Windows Server 2008 Enterprise(完全安装)】选项，即安装 Windows Server 2008 企业版。

图 9-9　Windows Server 2008 安装界面

图 9-10　选择要安装的 Windows Server 2008 版本

(3) 单击【下一步】按钮，显示【请阅读许可条款】对话框。选中【我接受许可条款】复选框，单击【下一步】按钮，显示【您想进行何种类型的安装？】对话框，如图 9-11 所示。其中，【升级】选项用于从 Windows Server 2003 升级到 Windows Server 2008，如果当前计算机没有安装操作系统，则该选项不可用；【自定义(高级)】选项用于全新安装。

(4) 单击【自定义(高级)】选项，显示【您想将 Windows 安装在何处？】对话框，在此对话框中显示当前计算机上硬盘的分区信息，这里提示该服务器中的硬盘尚未分区。单击【驱动器选项(高级)】，显示硬盘信息，如图 9-12 所示。可以删除硬盘已有的分区，也可以新建硬盘并对硬盘进行格式化操作。

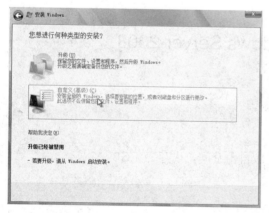
图 9-11　选择安装类型

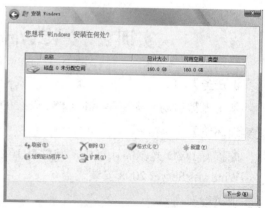
图 9-12　硬盘信息

(5) 对硬盘分区。单击【新建】按钮，在【大小】文本框中输入第一个分区的大小，例如 90 000 MB。单击【应用】按钮，第一个分区完成。

(6) 选择【磁盘 0 未分配空间】选项，单击【新建】按钮，将剩余空间划分为其他分区，如图 9-13 所示。按照此方法划分的全部分区默认为主分区。单击【磁盘 0 分区 1】选项，选择第一个分区作为主分区来安装操作系统。单击【下一步】按钮，显示【正在安装

Windows…】对话框,开始复制文件并安装 Windows。

(7) 在安装过程中,系统会根据需要自动重新启动。安装完成后,显示如图 9-14 所示的界面,提示第一次登录之前必须更改密码。

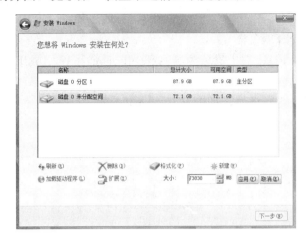

图 9-13　划分其他分区　　　　　　　　　　图 9-14　第一次登录必须更改密码

(8) 单击【确定】按钮,提示设置密码。在【新密码】和【确认密码】文本框中输入密码,然后按回车键。单击【确定】按钮,显示如图 9-15 所示的登录界面,需要用刚刚设置的密码登录系统。在【密码】文本框中输入密码,登录进入 Windows Server 2008 系统桌面,默认自动启动【初始配置任务】窗口。至此,Windows Server 2008 操作系统安装完成。

图 9-15　登录界面

# 实训 3　辅 DNS 服务器的安装与配置

【实训任务】

- 掌握辅 DNS 服务器的工作原理。
- 掌握在网络中安装并配置辅 DNS 服务器的方法。
- 理解网络中两台 DNS 服务器的工作方式。

【实训环境】

● 域名为 niit.edu.cn。

● 主 DNS 服务器计算机名为 Server1，IP 地址为 192.168.1.10；辅 DNS 服务器计算机名为 Server2，IP 地址为 192.168.1.11。

● 在网络中已经安装并配置好主 DNS 服务器。

● 在主 DNS 服务器中添加两条主机记录，即主机名为 Server1，IP 地址为 192.168.1.10，主机名为 Server2，IP 地址为 192.168.1.11。

● 将另一台服务器安装配置为辅 DNS 服务器，如图 9-16 所示。

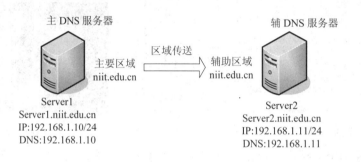

图 9-16　实训环境

【实训过程】

### 1. 调整主 DNS 服务器设置

只有先在主 DNS 服务器上添加允许传送辅助的 DNS 服务器 IP 地址，才能对辅助 DNS 服务器进行设置。

(1) 登录主 DNS 服务器，单击【开始】→【管理工具】→【DNS】选项，打开【DNS 管理器】窗口，选择【DNS】→【Server1】→【正向查找区域】选项，右击【niit.edu.cn】按钮，执行快捷菜单中的【属性】命令，显示【niit.edu.cn 属性】对话框，如图 9-17 所示。

(2) 单击【区域传送】选项卡，如图 9-18 所示。

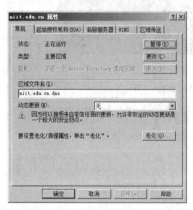
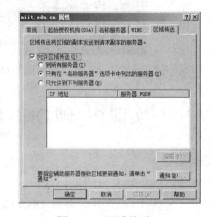

图 9-17　【niit.edu.cn 属性】对话框　　　　图 9-18　区域传送

(3) 选中【允许区域传送】复选项，再选中【只允许到下列服务器】单选项，单击【编辑】按钮，显示【允许区域传送】对话框，如图 9-19 所示。

（4）在【辅助服务器的 IP 地址】列表中输入允许区域传送的主机 IP 地址，在本实训输入主 DNS 服务器的 IP 地址和辅 DNS 服务器的 IP 地址，即 192.168.1.10 和 192.168.1.11，单击【确定】按钮，返回到【区域传送】选项卡，如图 9-20 所示。单击【确定】按钮，完成区域设置。

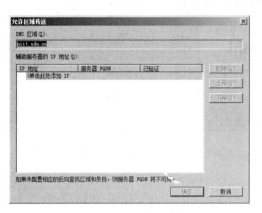
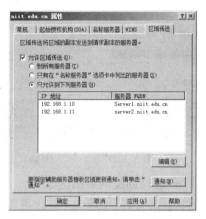

图 9-19　允许区域传送　　　　　　　　　图 9-20　只允许到下列服务器

**2．创建辅助正向查找区域**

（1）安装辅 DNS 服务器。在计算机名为 Server2 的计算机中，添加 DNS 服务，安装方法与第 4 章介绍的安装主 DNS 服务器的方法相同。

（2）启动 DNS 服务器。打开【DNS 管理器】窗口，右击【正向查找区域】选项，执行快捷菜单中的【新建区域】命令，运行【新建区域】向导。

（3）单击【下一步】按钮，显示【区域类型】对话框，如图 9-21 所示，选中【辅助区域】单选按钮。

（4）单击【下一步】按钮，显示【区域名称】对话框，如图 9-22 所示。在【区域名称】文本框中输入 niit.edu.cn。

图 9-21　设置区域类型　　　　　　　　　图 9-22　输入区域名称

（5）单击【下一步】按钮，显示【主 DNS 服务器】对话框，在【主服务器】列表中输入主 DNS 服务器的 IP 地址，本例输入 192.168.1.10，回车进行验证，如图 9-23 所示。单击【下一步】按钮，在【正在完成新建区域向导】对话框中单击【完成】按钮，完成辅 DNS 服务器的设置。

(6) 单击【niit.edu.cn】，显示完成后的界面，如图 9-24 所示。界面中 niit.edu.cn 内的记录是自动从主服务器 Server1 复制过来的。

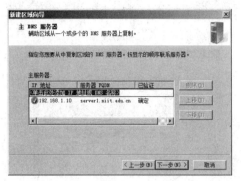

图 9-23　输入主 DNS 服务器 IP 地址　　　　图 9-24　从主 DNS 服务器获取数据情况

### 3. 创建辅助反向查找区域

(1) 右击 Server2 中的【反向查找区域】文件夹，执行快捷菜单中的【新建区域】命令，如图 9-25 所示。

(2) 显示【新建区域向导】对话框，单击【下一步】按钮。显示【区域类型】对话框，如图 9-26 所示，选择【辅助区域】。

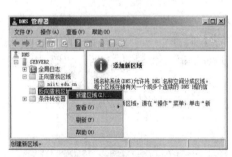
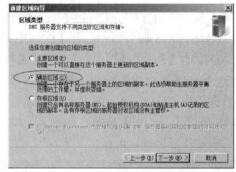

图 9-25　新建反向区域　　　　　　　　　图 9-26　选择【辅助区域】

(3) 单击【下一步】按钮，显示【反向查找区域名称】对话框，如图 9-27 所示。选择【IPv4 反向查找区域】单选按钮。

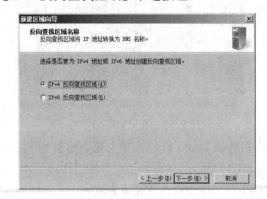
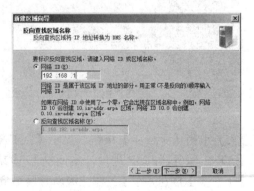

图 9-27　反向查找区域名称　　　　　　　图 9-28　输入反向搜索区域网络 ID

(4) 单击【下一步】按钮，输入【反向查找区域名称】中的【网络 ID】，如图 9-28 所示，此时应输入辅 DNS 服务器 IP 地址的前三位。本实训输入 Server2 的 IP 地址前三位，即 192.168.1。

(5) 单击【下一步】按钮，显示【主 DNS 服务器】对话框，输入主 DNS 服务器的 IP 地址，如图 9-29 所示。单击【下一步】按钮，显示【正在完成新建区域向导】对话框。至此，辅 DNS 服务器的反向查找区域创建完成。

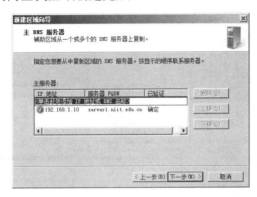

图 9-29　输入主 DNS 服务器 IP 地址

### 4. 配置 DNS 客户端

客户端要解析 Internet 或内部网的主机名称，必须设置使用哪些 DNS 服务器。Windows 操作系统中 DNS 客户端的配置非常简单，只需在 IP 地址信息中添加 DNS 服务器的 IP 地址即可。

(1) 打开【控制面板】，双击【网络和共享中心】图标，打开【网络和共享中心】窗口，单击【管理网络连接】链接，显示【网络连接】窗口。

(2) 选取【网络连接】窗口中的【本地连接】图标，右击并执行快捷菜单中的【属性】命令，打开【本地连接属性】对话框。

(3) 单击【Internet 协议版本 4(TCP/IPv4)】选项，再单击【属性】按钮，显示【Internet 协议版本 4(TCP/IPv4)属性】对话框，如图 9-30 所示。

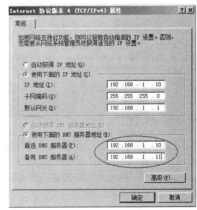

(4) 在【首选 DNS 服务器】后面输入主 DNS 服务器的 IP 地址 192.168.1.10，在【备用 DNS 服务器】后面输入辅 DNS 服务器的 IP 地址 192.168.1.11。也可以在备用 DNS 服务器中输入 Internet 上的其他 DNS 服务器 IP 地址。单击【确定】按钮，完成客户端的 DNS 设置。

图 9-30　输入 DNS 服务器地址

### 5. 使用 nslookup 命令测试 DNS

(1) 单击【开始】，在【开始搜索】文本框中输入【cmd】，回车，显示 MS-DOS 提示符窗口，输入"nslookup"。

(2) 在 MS-DOS 提示符下输入"nslookup"命令，nslookup 命令会连接到首选 DNS 服务器，它会先利用反向查询方式来查询首选 DNS 服务器的主机名，因此，最好在 DNS 设置时添加首选 DNS 服务器的主机名和反向 PTR 指针记录，如图 9-31 所示。

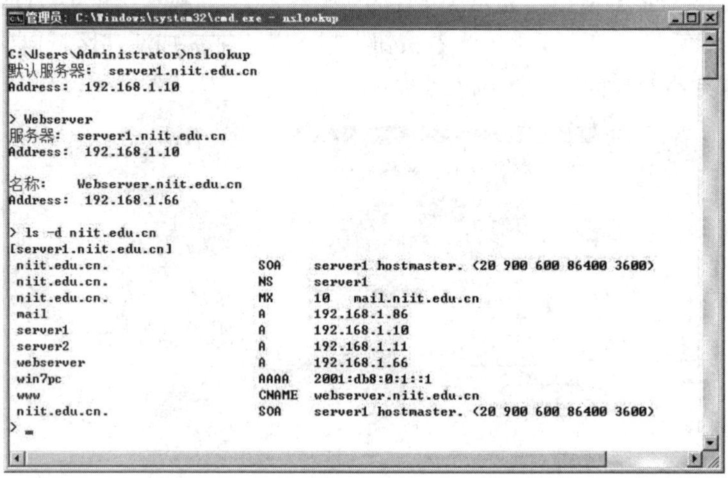

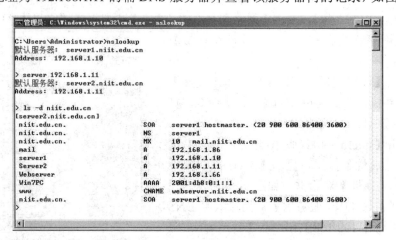

图 9-31　nslookup 命令

在提示符【>】下输入主机名，如 Webserver，此时显示该主机的 IP 地址，使用命令 ls –d niit.edu.cn 可显示 DNS 服务器所有的资源记录。

在 nslookup 提示符【>】下输入 Server 命令可选择其他的 DNS 服务器。用 Server 命令切换到 IP 地址为 192.168.1.11 的辅 DNS 服务器并查看该服务器内的记录，如图 9-32 所示。

图 9-32　显示辅 DNS 内的所有记录

# 实训 4　网站的安全性管理

【实训任务】
- 掌握 Web 网站的匿名身份验证方式。
- 掌握需要通过用户名和密码访问网站的方式。

● 掌握通过限制 IP 地址访问网站达到网站安全管理的方法。

【实训环境】

网络中已经安装并配置好 IIS 服务器。

【实训过程】

Web 服务器通常被部署在各种各样的应用中。一些服务器所提供的内容可以让普通用户通过 Internet 直接访问，而有的服务器所包含的 Web 应用程序内容可能只有特定用户可以访问。Web 服务器管理员必须能够确定哪些用户可以连接 Web 服务。当用户通过身份验证之后，必须有适当的规则来确定哪些内容是他们可以访问的。

身份验证是指为了达到安全性的目的，用户或计算机证明自己身份的过程。最熟悉的方法是通过注册或输入用户名和密码。当使用 IIS 时，身份验证的设置和选项决定用户如何通过提供他们的证书来访问存储在 Web 服务器上的内容。IIS 提供许多方法来保证内容的安全性。

IIS 7.0 的身份验证方式有匿名身份验证、基本身份验证、摘要式身份验证和 Windows 身份验证四种，它们之间的比较如表 9-1 所示。

表 9-1 各种身份验证方式比较

| 验证方式 | 服务器的需求 | 客户端的需求 | 安全级别 |
|---|---|---|---|
| 匿名身份验证 | 匿名账户：IUSR(默认没有设置密码) | 没有限制，适用于各种浏览器 | 无 |
| Windows 身份验证 | 有效的本机账户或域账户 | IE 2.0 以上浏览器 | 高 |
| 摘要式身份验证 | 需要在 Active Directory 域环境下使用，需设置可逆的密码 | IE 5 以上浏览器 | 中 |
| 基本身份验证 | 有效的本机账户或域账户 | 没有限制，适用于各种浏览器 | 低 |

1. 匿名身份验证

匿名身份验证允许任何用户访问 Web 网站中的公共内容，而不用向客户端浏览器提供用户名和密码验证。默认情况下匿名身份验证在 IIS 7.0 中处于启用状态，即客户端访问 Web 服务器是不需要使用用户名和密码的。所有浏览器都支持匿名身份验证。

默认情况下，存储在新的网站、Web 应用程序和虚拟目录中的内容将允许匿名的用户访问。这意味着用户将不需要提供任何身份验证信息就可以获取数据。

Windows Server 2008 内置一个名称为 IUSR 的特殊组账号，当用户利用匿名连接网站时，网站利用 IUSR 来代表这个用户，因此用户的权限与 IUSR 的权限相同。

可以更改代表匿名用户的账户，步骤如下：

(1) 在计算机中添加一个本地用户。单击【开始】→【管理工具】→【服务器管理器】选项，在【服务器管理器】窗口中选择【服务器管理器】→【配置】→【本地用户和组】→【用户】文件夹并右击，执行快捷菜单【新用户】命令，显示【新用户】对话框，如图 9-33 所示。输入相应的用户名、密码和确认密码，单击【创建】及【关闭】按钮，即完成本地用户的添加。本例用户名为 WebUser。

(2) 打开【Internet 信息服务(IIS)管理器】管理控制台，单击计算机名【WEBSERVER】，选择【WEBSERVER 主页】窗口中的【IIS】选项，单击【身份验证】，如图 9-34 所示。

图 9-33　添加新用户

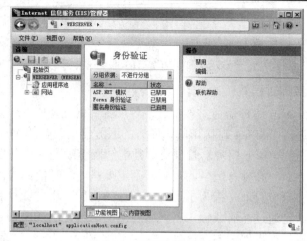

图 9-34　匿名身份验证

(3) 单击【匿名身份验证】，再单击右边窗格的【操作】→【编辑】链接，显示【编辑匿名身份验证凭据】对话框，如图 9-35 所示。

(4) 单击【设置】按钮，显示【设置凭据】对话框，输入相应的用户名和密码即可，如图 9-36 所示。本例输入前面创建的用户 WebUser 的信息。

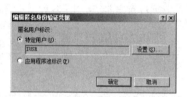

图 9-35　编辑匿名身份验证凭据

图 9-36　设置凭据

## 2. 禁用匿名访问

(1) 打开【Internet 信息服务(IIS)管理器】管理控制台，选中【网站】→【Default Web Site】，在【Default Web Site】主页窗口中双击【IIS】→【身份验证】，显示【身份验证】窗口，如图 9-37 所示。

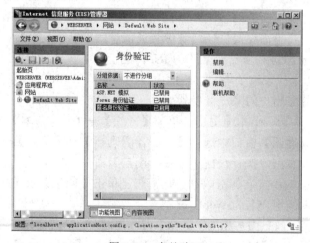

图 9-37　身份验证

(2) 单击【操作】→【禁用】链接，则【匿名身份验证】被禁用。

### 3. 添加身份验证

若网站的这四种验证方式同时启用，则客户端会按照以下顺序来选用验证方法：匿名身份验证→Windows 身份验证→摘要式身份验证→基本身份验证。工作方式是：客户端先利用匿名身份验证来连接网站，若失败，则网站会将其所支持的验证方法列表，依次以"Windows 身份验证→摘要式身份验证→基本身份验证"的顺序排列通知客户端，让客户端依序采用上述验证方法连接网站。

要使用身份验证必须添加 IIS 的身份验证组件。

(1) 单击【开始】→【管理工具】→【服务器管理器】选项，选中【角色】→【Web服务器(IIS)】，再单击【添加角色】链接，显示【选择角色服务】对话框，如图 9-38 所示。在【安全性】选项区域中选择欲安装的身份验证方式即可。

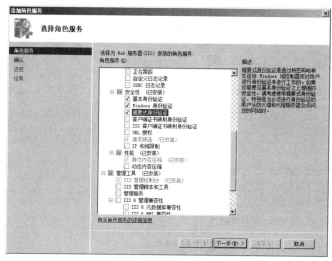

图 9-38　【选择角色服务】对话框

(2) 安装完成后，打开 IIS 管理器的【身份验证】窗口，可以发现安装的身份验证方式已经在列表中，并且默认为禁用状态，如图 9-39 所示。可根据需要启用相应的身份验证方式。

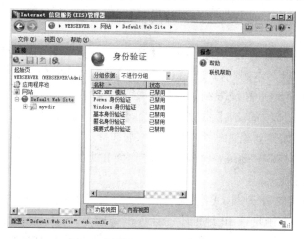

图 9-39　添加身份验证后的结果

#### 4. 基本身份验证

基本身份验证要求用户访问网站时输入用户名和密码。因为用户发送给 Web 服务器的用户名与密码数据是明码传送的，因此容易被居心叵测者拦截并得知这些数据，但若和 SSL 联合使用，就会成为兼容性高且安全的方式。

为了测试基本身份验证功能，先禁用匿名身份验证，因为客户端会先利用匿名身份验证来连接网站，同时也将其他两种验证方式禁用，因为它们的优先级比基本身份验证要高。

(1) 禁用匿名身份验证、Windows 身份验证、摘要式身份验证，启用基本身份验证，如图 9-40 所示。

(2) 打开浏览器，在浏览器地址栏输入网站地址，显示要求输入用户名和密码的对话框，如图 9-41 所示。

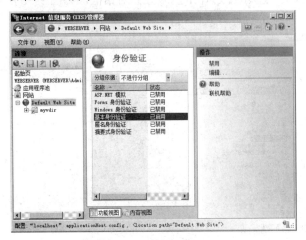
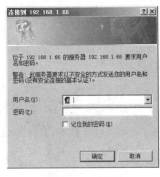

　　　　图 9-40　启用基本身份验证　　　　　　　　　　　图 9-41　验证用户

#### 5. 使用 IP 地址限制访问方式提高网站安全性

IP 地址限制访问是允许或拒绝指定 IP 地址的计算机访问网站的方法。这种方式适合于只允许特定的计算机访问网站，通过限制 IP 地址的方式提高网站的安全性。

(1) 打开【服务器管理器】窗口，选中【角色】→【Web 服务器(IIS)】选项，单击【添加角色】链接，显示【选择角色服务】对话框，在【安全性】选项区域中选择【IP 和域限制角色】。

(2) 设置允许访问网站的 IP 地址。打开【Internet 信息服务(IIS)管理器】管理控制台，选择待限制的 Web 站点，本例选择【Default Web Site】，双击【IIS】→【IPv4 地址和域限制】图标，显示【IPv4 地址和域限制】窗口，如图 9-42 所示。

在右侧【操作】窗口中单击【添加允许条目】链接，显示【添加允许限制规则】对话框，如图 9-43 所示。如果要添加一个 IP 地址，则选择【特定 IPv4 地址】单选按钮，并输入允许访问网站的客户端 IP 地址；如果要添加一个 IP 地址段，则选择【IPv4 地址范围】，并输入 IP 地址及子网掩码。

(3) 设置拒绝访问的 IP 地址。【拒绝访问】与【允许访问】正好相反，通过【拒绝访问】设置将拒绝来自一个 IP 地址或 IP 地址段的计算机访问 Web 站点，但已授予访问权限的计算机仍可访问。单击【添加拒绝条目】链接，显示【添加拒绝限制规则】对话框，如图 9-44

所示。在其中添加要拒绝的 IP 地址或 IP 地址段。当 IP 地址范围在 192.168.8.0 的计算机访问 Web 站点时，其屏幕上会显示被拒绝页面，如图 9-45 所示。

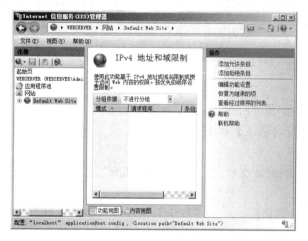

图 9-42　【IPv4 地址和域限制】窗口

图 9-43　添加允许访问 IP 地址

图 9-44　添加拒绝访问 IP 地址

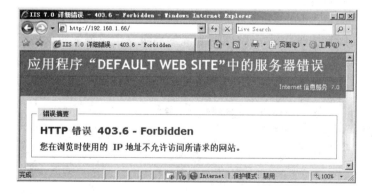

图 9-45　访问被拒绝

### 6. 使用 NTFS 权限管理网页的安全性

网站的网页文件应存储在 NTFS 磁盘分区，以便使用 NTFS 权限来增加网页的安全性。

(1) 制作两个网页。将网站的首页命名为 index.htm，另一个网页命名为 NTFS.htm，两个文件存储在 D:\NTFSHome 文件夹中，D: 盘为 NTFS 磁盘分区。单击首页的【链接 NTFS 权限页面】链接显示 NTFS.htm 页面，效果如图 9-46 所示。

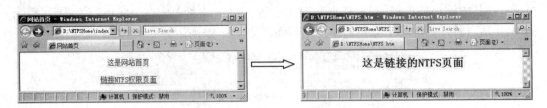

图 9-46　网站的网页

(2) 设置 IIS。设置 IIS 的主目录为 D:\NTFSHome，默认文档为 index.htm。身份验证方式设置为启用【匿名身份验证】和【Windows 身份验证】，禁用【基本身份验证】和【摘要式身份验证】。

(3) 打开 D:\NTFSHome 文件夹，右击 NTFS.htm 文件，在显示的快捷菜单中选择【属性】，如图 9-47 所示。

(4) 显示文件属性对话框，单击【安全】选项卡，如图 9-48 所示。

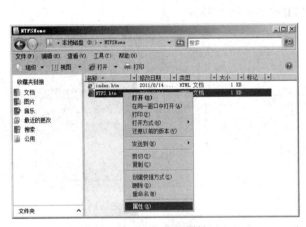

图 9-47　选择属性

图 9-48　文件属性

(5) 单击【高级】按钮，显示【NTFS.htm 的高级安全设置】对话框，再单击【权限】选项卡，如图 9-49 所示。

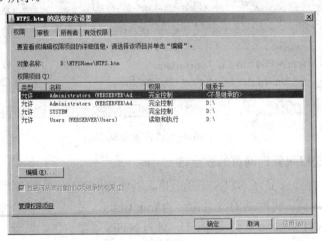

图 9-49　高级安全设置

(6) 单击【编辑】按钮，在【NTFS.htm 的高级安全设置】对话框中取消【包括可从该对象的父项继承的权限】复选框，如图 9-50 所示。

(7) 显示【Windows 安全】对话框，如图 9-51 所示。

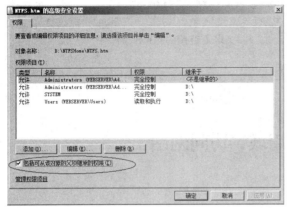

图 9-50　删除父项继承权

图 9-51　【Windows 安全】对话框

(8) 单击【复制】按钮，删除其他用户，只保留 Administrators 的完全控制权限，如图 9-52 所示。

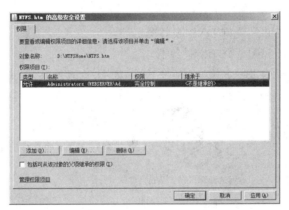

图 9-52　编辑权限

(9) 测试。在浏览器地址栏输入 http://192.168.1.66，此时不需要用户名和密码，因为客户端访问的是 Web 服务器主目录中的首页文件，即 index.htm 文件，如图 9-53 所示。

图 9-53　测试网站首页

(10) 单击【链接 NTFS 权限页面】，显示要求输入用户名和密码的对话框，如图 9-54 所示。

(11) 输入用户名 Administrator 以及相应的密码，显示首页所链接的页面，如图 9-55 所示。

图 9-54　输入用户名和密码

图 9-55　首页链接的页面

# 实训 5　使用域名访问网站

## 【实训任务】

- 掌握在 DNS 中正确设置别名记录的方法。
- 掌握用 IIS 设置网站的方法。
- 掌握将 DNS、IIS 相结合，在客户端使用域名访问网站的方法。

## 【实训环境】

- 网络中已经安装并配置好 DNS 服务器。
- 网络中已经安装并配置好 IIS 服务器。
- 任意一台计算机均以域名方式访问网站，如图 9-56 所示。

IIS计算机名：webserver
IP：192.168.1.66/24

测试计算机名：Win7PC
IP：192.168.1.76/24

DNS计算机名：server1
IP：192.168.1.10/24

图 9-56　实训环境

## 【实训过程】

### 1. 安装并配置好 DNS 服务器

只需配置一台主 DNS 服务器，域名为 niit.edu.cn；添加主机 server1、webserver、Win7PC，设置别名 www，结果如图 9-57 所示。

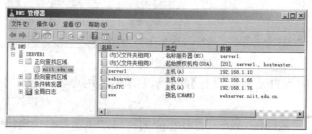

图 9-57　设置 DNS

### 2. 安装并配置好 IIS

安装 IIS, 设置好主目录、默认文档, 验证方式只启用【匿名身份验证】, 其他验证方式禁用。

### 3. 设置客户端的 IP 地址

设置 Win7PC 计算机的 IP 地址,【首选 DNS 服务器】地址为 192.168.1.10, 如图 9-58 所示。

### 4. 用测试机测试网站

在测试计算机 Win7PC 的浏览器地址栏输入 http://www.niit.edu.cn, 即显示网站首页, 如图 9-59 所示。

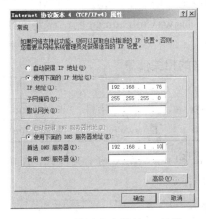

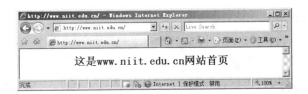

图 9-58 设置客户端的 IP 地址　　　　图 9-59 测试效果

# 实训 6 使用一台计算机创建多个网站

### 【实训任务】

- 掌握在同一台计算机中使用主机名创建多个网站的方法。
- 掌握在同一台计算机中通过添加 IP 地址创建多个网站的方法。
- 掌握在同一台计算机中通过添加 TCP 端口号创建多个网站的方法。

### 【实训环境】

- 网络中已经安装并配置好 DNS 服务器。
- 网络中已经安装并配置好 IIS 服务器。

### 【实训过程】

IIS 提供了虚拟网站功能, 支持在一台计算机中创建多个网站。然而为了能够正确地区分这些不同的网站, 必须给每个网站一个唯一的识别信息。用来区分网站识别信息的有主机名、IP 地址与 TCP 端口号, 这台计算机内所有网站的这三个识别信息不可以完全相同。各个网站可以分别拥有各自独立的主机名、IP 地址与 TCP 端口号。当用户在访问这些网站时, 就如同访问不同的服务器, 不会影响网站的功能。这三种方式的区别如下:

● 主机名：这是最常见的创建虚拟网站的方法。如果计算机只有一个 IP 地址，但申请了多个 DNS 域名，则可以添加多个不同主机名的网站，用户访问时仍使用 DNS 域名。例如，主机名分别为 www.niit.edu.cn、jwxx.niit.edu.cn。

● IP 地址：只要服务器绑定有多个 IP 地址，就可以为每个虚拟网站都分配一个独立的 IP 地址，用户可以通过访问 IP 地址来访问相应的网站。

● TCP 端口号：如果计算机只有一个 IP 地址，那么可以使用同一个 IP 地址、不同的 TCP 端口号来创建虚拟网站。IIS 计算机利用端口号来区别每一个网站，但用户访问时必须加上相应的 TCP 端口号。

### 1. 使用主机名创建多个网站

本实训将使用主机名在一台计算机中创建 www.niit.edu.cn 和 jwxx.niit.edu.cn 两个网站，其中 www.niit.edu.cn 网站使用默认的 Default Web Site，而 jwxx.niit.edu.cn 网站需要创建，两个网站的相关信息如表 9-2 所示。

表9-2　使用主机名创建多个网站的相关信息

| 网站 | 主机名 | IP 地址 | TCP 端口 | 主目录 | 默认文档 |
| --- | --- | --- | --- | --- | --- |
| www.niit.edu.cn | www.niit.edu.cn | 192.168.1.66 | 80 | D:\wwwniit | default.htm |
| jwxx.niit.edu.cn | jwxx.niit.edu.cn | 192.168.1.66 | 80 | D:\wwwjwxx | default.htm |

(1) 创建两个网站的默认文档。在 D 盘创建 wwwniit 和 wwwjwxx 两个文件夹，在每个文件夹中各创建一个 default.htm 文件，效果如图 9-60 所示。

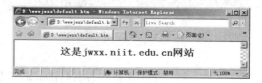

图 9-60　两个网站的首页

(2) 在 DNS 服务器中添加 www 和 jwxx 主机记录。为了让客户端能够通过 DNS 服务器查询到 www.niit.edu.cn 与 jwxx.niit.edu.cn 的 IP 地址，先将这两个主机与 IP 地址注册到 DNS 服务器。打开【DNS 管理器】控制台，右击【niit.edu.cn】，执行快捷菜单【新建主机】命令，创建两个主机 www 和 jwxx，完成后的界面如图 9-61 所示。

图 9-61　DNS 中创建两个主机名

(3) 设置 Default Web Site 的主机名。IIS 安装结束后，自动创建一个 Default Web Site 网站，而 Default Web Site 目前并没有主机名，本例将 Default Web Site 的主机名设置为 www.niit.edu.cn。打开【Internet 信息服务(IIS)管理器】管理控制台，单击【Default Web Site】右方的【操作】→【绑定】选项，如图 9-62 所示。

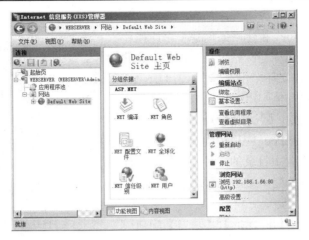

图 9-62 选择【Default Web Site】

(4) 显示【网站绑定】对话框，如图 9-63 所示。

(5) 单击【编辑】按钮，在【主机名】文本框中输入 www.niit.edu.cn，其余字段不变，如图 9-64 所示。注意此主机名必须与 DNS 服务器中的主机记录相同。一旦指定主机名 www.niit.edu.cn 后，客户端就必须利用网址 http://www.niit.edu.cn 来连接此网站，不可以直接使用 IP 地址来连接，如利用 http://192.168.1.66/将无法连接此网站。

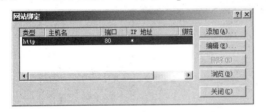

图 9-63 网站绑定

图 9-64 编辑网站绑定

(6) 新建 jwxx.niit.edu.cn 网站。打开【Internet 信息服务(IIS)管理器】管理控制台，单击【网站】，单击【操作】→【添加网站】选项，如图 9-65 所示。

图 9-65 IIS 管理器控制台

(7) 显示【添加网站】对话框，如图 9-66 所示，输入相应的数据。

● 网站名称：用户自己定义的网站名称，本例定义为 My Web。

● 应用程序池：每个应用程序都有一个独立环境，而系统会自动为每个新建网站创建一个应用程序池，应用程序池的名称与网站名相同，然后让此新网站在这个拥有独立环境的新应用程序池内运行，让网站运行不受其他应用程序池内的网站的影响，使得网站更加稳定。默认网站 Default Web Site 位于内置的 DefaultAppPool 应用程序池内。

● 内容目录：设置主目录的文件夹，在【物理路径】文本框中输入新建网站的主目录，本例输入 D:\wwwjwxx。

● 绑定：【类型】、【IP 地址】、【端口】均使用默认值，在【主机名】文本框中输入网站的主机名，本例输入 jwxx.niit.edu.cn。

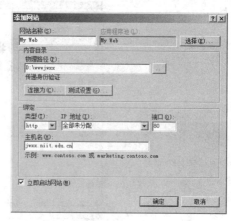

图 9-66　使用主机名添加网站

(8) 单击【确定】按钮，返回 IIS 控制台，显示添加网站后的结果，如图 9-67 所示。

图 9-67　添加网站后的结果

(9) 连接网站测试。启动计算机浏览器，在地址栏输入 http://www.niit.edu.cn 和 http://jwxx.niit.edu.cn 连接两个网站。由于连接时浏览器发送到 IIS 计算机的数据包除了包含 IIS 计算机的 IP 地址外，还包含 www.niit.edu.cn 和 jwxx.niit.edu.cn 网址，因此 IIS 计算机在比较网址与网站的主机名后，便知道所要连接的网站。测试结果如图 9-68 和图 9-69 所示。

图 9-68　Default Web Site 网站测试结果

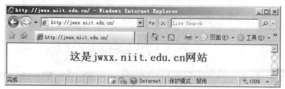

图 9-69　My Web 网站测试结果

### 2. 使用 IP 地址创建多个网站

如果 IIS 计算机有多个 IP 地址，则可以将多个 IP 地址绑定在一块网卡上，这样就可以利用每一个网站分配一个 IP 地址的方式来创建多个网站。本例的相关信息如表 9-3 所示。

表 9-3 使用 IP 地址创建多个网站的相关信息

| 网 站 | 主机名 | IP 地址 | TCP 端口 | 主目录 | 默认文档 |
|---|---|---|---|---|---|
| info.niit.edu.cn | 无 | 192.168.1.76 | 80 | D:\wwwinfo | default.htm |
| auto.niit.edu.cn | 无 | 192.168.1.86 | 80 | D:\wwwauto | default.htm |

(1) 创建两个网站的默认文档。在 D:盘创建 wwwinfo 和 wwwauto 两个文件夹，在每个文件夹中各创建一个 default.htm 文件。

(2) 在 IIS 计算机中添加 IP 地址。IIS 计算机目前的 IP 地址是 192.168.1.66，现在需要再添加两个 IP 地址，即 192.168.1.76 和 192.168.1.86。单击【控制面板】→【网络和共享中心】，再单击【管理网络连接】→【本地连接】→【属性】→【Internet 协议版本 4(TCP/IPv4)属性】，接着单击【高级】按钮，显示【高级 TCP/IP 设置】对话框。单击该对话框中的【任务】→【添加】按钮，显示【TCP/IP 地址】对话框，输入相应的 IP 地址和子网掩码。添加 IP 地址后的结果如图 9-70 所示。

(3) 设置 DNS 服务器。在 DNS 服务器中添加主机 info 和 auto，结果如图 9-71 所示。

图 9-70 添加多个 IP 地址

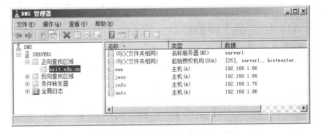

图 9-71 添加主机

(4) 新建 info.niit.edu.cn 网站。打开【Internet 信息服务(IIS)管理器】管理控制台，单击【网站】，再单击【操作】→【添加网站】，显示【添加网站】对话框，输入相应信息。本例只是在【IP 地址】下拉列表中选择 IP 地址为 192.168.1.76，如图 9-72 所示。

(5) 用同样的方法添加 auto.niit.edu.cn 网站，只是 IP 地址选择为 192.168.1.86。添加了这两个网站后的结果如图 9-73 所示。

图 9-72 使用 IP 地址添加网站

图 9-73  添加网站后的结果

(6) 连接网站测试。在浏览器地址栏分别输入 http://info.niit.edu.cn 和 http://auto.niit.edu.cn，则分别显示这两个网站的默认文档。

### 3. 使用 TCP 端口号创建多个网站

Web 服务器只有一个 IP 地址，但又想在 Web 服务器中创建多个网站，此时除了使用主机名外，还可以使用 TCP 端口号实现，让每一个网站分别使用一个唯一的端口号。本例的相关信息如表 9-4 所示。

表 9-4  使用 TCP 端口创建多个网站的相关信息

| 网　站 | 主机名 | IP 地址 | TCP 端口 | 主目录 | 默认文档 |
|---|---|---|---|---|---|
| port.niit.edu.cn | 无 | 192.168.1.96 | 8000 | D:\www8000 | default.htm |
| port.niit.edu.cn | 无 | 192.168.1.96 | 8080 | D:\www8080 | default.htm |

(1) 创建两个网站的默认文档。在 D:盘创建 www8000 和 www8080 两个文件夹，在每个文件夹中各创建一个 default.htm 文件。

(2) 设置 DNS 服务器。在 DNS 服务器中添加主机 port，结果如图 9-74 所示。

(3) 新建 port.niit.edu.cn 网站。打开【Internet 信息服务(IIS)管理器】管理控制台，单击【网站】，再单击【操作】→【添加网站】，显示【添加网站】对话框，输入相应信息。本例只是在【IP 地址】下拉列表中选择 IP 地址为 192.168.1.96，在【端口】文本框中输入 8000，如图 9-75 所示。

图 9-74  添加 port 主机后结果

图 9-75  添加端口

(4) 用同样的方法，添加另一个端口为 8080 的网站，结果如图 9-76 所示。

图 9-76　添加多端口后的网站结果

(5) 连接网站测试。在浏览器地址栏分别输入 http://port.niit.edu.cn:8000 和 http://port.niit .edu.cn:8080，则分别显示这两个网站的默认文档。

至此，在一台计算机中创建了 6 个网站。

# 实训 7　创建隔离用户的 FTP 站点

**【实训任务】**

- 掌握在计算机中添加账户的方法。
- 掌握创建 FTP 站点的方法。
- 掌握停止或启动 FTP 站点的方法。

**【实训环境】**

隔离用户的 FTP 站点是指每个用户登录 FTP 站点后，自动进入与其登录名相同的文件夹，用户拥有自己的主目录，且被限制在此目录内，无法切换到其他用户的目录，即每个用户登录后只能进入自己的目录，不能访问其他用户的目录。

- FTP 服务器的计算机名为 Webserver，IP 地址为 192.168.1.66。
- 在 Windows Server 2008 中现有三个本地用户，用户名为 User1、User2 和 User3，每个用户用此用户名登录后，只能进入自己的目录，而不能进入其他用户的文件夹。以匿名账户(anonymous)登录进入匿名账户目录，每个用户文件存储在 D: 盘。隔离用户所对应的目录名如表 9-5 所示。

表 9-5　隔离用户所对应的目录名

| 用　户 | 文　件　夹 | 存储的文件名 |
|---|---|---|
| 匿名(anonymous) | D:\ftproot\LocalUser\Public | Public.txt |
| User1 | D:\ftproot\LocalUser\User1 | 这是 User1 文件夹.txt |
| User2 | D:\ftproot\LocalUser\User2 | 这是 User2 文件夹.txt |
| User3 | D:\ftproot\LocalUser\User3 | 这是 User3 文件夹.txt |

【实训过程】

## 1. 在计算机中创建本地用户账户

单击【开始】→【管理工具】→【服务器管理器】选项，选择【服务器管理器】→【配置】→【本地用户和组】→【用户】文件夹，右击【用户】文件夹，执行快捷菜单中的【新用户】命令，显示【新用户】对话框，输入相应的用户名、密码和确认密码。单击【创建】及【关闭】按钮，即完成本地用户的添加。

## 2. 创建用户登录文件夹

(1) 在 D: 盘创建文件夹 ftproot，必须在 ftproot 文件夹下创建 LocalUser 文件夹，且该文件夹名称必须是 LocalUser。

(2) 在 LocalUser 文件夹下为每个用户创建一个文件夹，文件夹名必须是用户的登录名。如用户登录名为 User1，则创建一个文件夹名为 User1，即创建 D:\ftproot\LocalUser\User1。如果用 anonymous 账户登录，则创建一个文件夹名为 Public。为了测试用户登录后的情况，事先用记事本在每个文件夹创建一个文件，如 Public 文件夹中创建的文件命名为"Public.txt"，User1 文件夹中创建的文件命名为"这是 User1 文件夹.txt"。

## 3. 停止默认的 FTP 站点

单击【开始】→【管理工具】→【Internet 信息服务(IIS)6.0 管理器】选项，查看默认的 FTP 站点【Default FTP Site】，右击【Default FTP Site】，执行快捷菜单中的【停止】命令，停止 FTP 站点的运行，如图 9-77 所示。

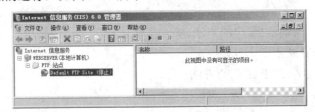

图 9-77　停止默认 FTP 站点的运行

## 4. 新建隔离的 FTP 站点

(1) 右击【FTP 站点】，执行快捷菜单中的【新建】→【FTP 站点】命令，如图 9-78 所示。

图 9-78　创建 FTP 站点

(2) 显示【欢迎使用 FTP 站点创建向导】对话框，单击【下一步】按钮，显示【FTP 站点描述】对话框。在【描述】文本框中输入描述，本例输入"隔离用户 FTP 站点"，如图 9-79 所示。

(3) 单击【下一步】按钮，显示【IP 地址和端口设置】对话框，选择 FTP 站点的 IP 地址，端口使用默认的 21，如图 9-80 所示。

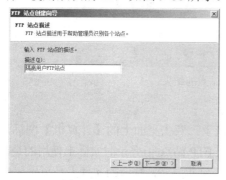

图 9-79 输入描述

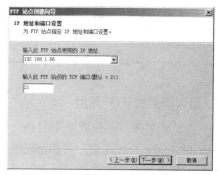

图 9-80 指定 IP 地址和端口

(4) 单击【下一步】按钮，显示【FTP 用户隔离】对话框，选择【隔离用户】单选按钮，如图 9-81 所示。

(5) 单击【下一步】按钮，显示【FTP 站点主目录】对话框，单击【浏览】按钮，找到 D:\ftproot 目录(注意，该目录不能是 D:\ftproot\LocalUser 目录)，如图 9-82 所示。

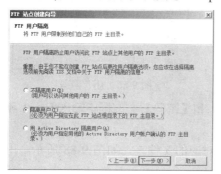

图 9-81 隔离用户

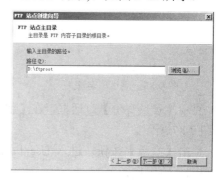

图 9-82 选择根目录

(6) 单击【下一步】按钮，显示【FTP 站点访问权限】对话框，选中【读取】和【写入】复选框，如图 9-83 所示。

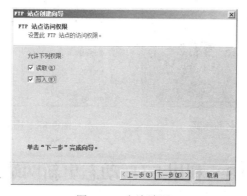

图 9-83 允许读写

(7) 单击【下一步】按钮，显示【已成功完成 FTP 站点创建向导】对话框，单击【完成】按钮。至此，完成了隔离用户的 FTP 站点的创建过程，结果如图 9-84 所示。

图 9-84　创建 FTP 站点的结果

### 5. 测试隔离的 FTP 站点

(1) 测试匿名账户。在网络中另外一台计算机上，双击桌面上的【计算机】图标，输入 ftp://192.168.1.66，不使用用户名和密码就直接进入 FTP 站点(但登录时实际上使用的是匿名账户，因为匿名账户没有设置密码)，如图 9-85 所示。结果显示，登录的文件夹是事先在 FTP 服务器中创建的 D:\ftproot\LocalUser\Public 文件夹。

(2) 测试账户 User1。单击菜单栏中的【文件】→【登录】选项，如图 9-86 所示。

图 9-85　测试匿名账户

图 9-86　用户登录

(3) 显示【登录身份】对话框，在【用户名】和【密码】文本框中输入 User1 和相应密码，如图 9-87 所示。

(4) 单击【登录】按钮，进入 User1 用户所对应的文件夹，如图 9-88 所示。用相同方法可以测试其他用户。

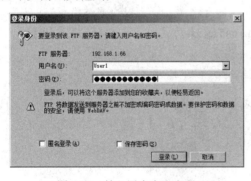

图 9-87　输入用户名和密码

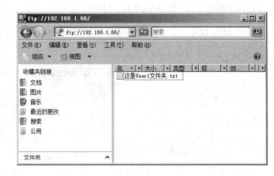

图 9-88　用户 User1 的测试结果

## 实训 8　利用 FTP 动态更新网站网页

【实训任务】

● 掌握 FTP 站点写入权限的设置方法。

- 掌握 Windows Server 2008 的 NTFS 权限设置方法。
- 掌握 Windows Server 2008 的磁盘配额设置方法。

**【实训环境】**

- Web 服务器的计算机名为 WebServer，IP 地址为 192.168.1.66。
- 使用多主机名方式在 Web 服务器中创建两个网站，主机名分别为 www.niit.edu.cn 和 jwxx.niit.edu.cn。
- 正确安装并配置 DNS 服务器，域名为 niit.edu.cn，添加三个主机记录，即 www、jwxx 和 ftp，这三条记录所对应的 IP 地址均为 192.168.1.66。
- 每个网站的网页由专人负责维护，客户端以指定账号登录 FTP 服务器，将网站网页上传至站点，就可以自动更新网站网页，并且网站空间大小为 60 MB，如图 9-89 所示。

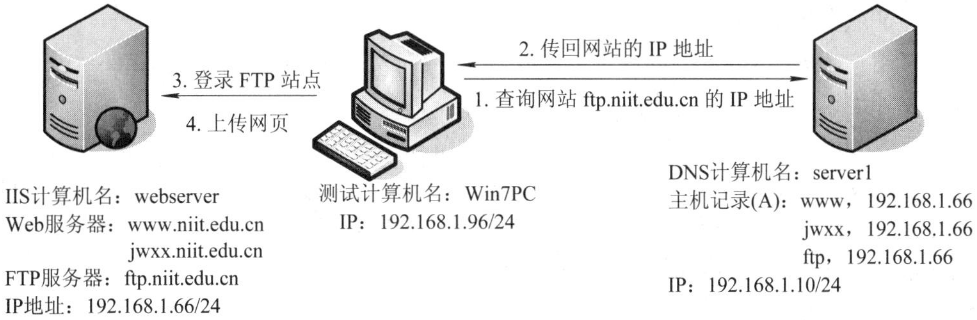

2. 传回网站的 IP 地址
3. 登录 FTP 站点
1. 查询网站 ftp.niit.edu.cn 的 IP 地址
4. 上传网页

IIS计算机名：webserver
Web服务器：www.niit.edu.cn
    jwxx.niit.edu.cn
FTP服务器：ftp.niit.edu.cn
IP地址：192.168.1.66/24

测试计算机名：Win7PC
IP：192.168.1.96/24

DNS计算机名：server1
主机记录(A)：www，192.168.1.66
    jwxx，192.168.1.66
    ftp，192.168.1.66
IP：192.168.1.10/24

图 9-89　实训环境

- 建立的两个 Web 网站的相关信息如表 9-6 所示。

表 9-6　Web 网站的相关信息

| 主机名 | 主目录 | 默认文档 | 磁盘空间 |
| --- | --- | --- | --- |
| www.niit.edu.cn | D:\ftproot\LocalUser\wwwuser | Default.htm | 60MB |
| jwxx.niit.edu.cn | D:\ftproot\LocalUser\jwxxuser | Default.htm | 60MB |

- 上传的 FTP 站点的相关信息如表 9-7 所示。

表 9-7　FTP 网站的相关信息

| 主机名 | 主目录 | FTP 用户名 |
| --- | --- | --- |
| ftp.niit.edu.cn | D:\ftproot\LocalUser\wwwuser | wwwuser |
| ftp.niit.edu.cn | D:\ftproot\LocalUser\jwxxuser | jwxxuser |

**【实训过程】**

**1. 正确设置 DNS**

正确设置 DNS，域名为 niit.edu.cn，添加三个主机记录，即 www、jwxx 和 ftp，这三条记录所对应的 IP 地址均为 192.168.1.66。

**2. 使用主机名创建两个 Web 网站**

在 Web 服务器中使用主机名创建 www.niit.edu.cn 和 jwxx.niit.edu.cn 两个网站。

### 3. 在 Web 服务器中创建用户隔离的 FTP 站点

(1) 在 Web 服务器添加 wwwuser 和 jwxxuser 两个本地账户。

(2) 在 Web 服务器创建 D:\ftproot\LocalUser\wwwuser 和 D:\ftproot\LocalUser\jwxxuser 两个文件夹，分别为 wwwuesr 和 jwxxuser 用户所上传的文件存储的文件夹。

(3) 在 Web 服务器创建用户隔离的 FTP 站点，注意在向导过程中，当显示【FTP 站点访问权限】对话框时，应选中【读取】和【写入】。

### 4. 设置用户访问文件夹的 NTFS 权限

在设置 FTP 站点时，只能简单地设置【读取】和【写入】权限，并且默认本地服务器中所有的用户都具有访问权限。因此通常将 FTP 服务器与 Windows Server 2008 操作系统的 NTFS 权限相结合，为 FTP 站点中的文件夹或文件设置更加详细的权限，以满足不同用户的使用，保证服务器的安全。

下面以用户 jwxxuser 为例，设置 jwxxuser 用户对文件夹 D:\ftproot\LocalUser\jwxxuser 的 NTFS 权限为读取，并禁止其他用户访问该文件夹。

(1) 在 Windows 资源管理器中选择 D:\ftproot\LocalUser\jwxxuser 文件夹，右击并执行快捷菜单中的【属性】命令，打开文件夹属性对话框。单击【安全】选项卡，如图 9-90 所示。在【组或用户名】文本框中显示可以访问 FTP 文件夹的用户账户，选择一个用户，在权限列表框中显示该用户所拥有的访问权限。

(2) 删除其他用户。有时为了严格控制用户的权限，需要删除其他用户，然后再添加允许访问 FTP 文件夹的用户。如本例删除全部用户，然后再添加 jwxxuser 用户。默认情况下，用户的权限是从其父文件夹继承来的，因此无法删除现有用户，需要取消继承关系，然后设置用户权限。为取消继承关系，在【安全】选项卡中单击【高级】按钮，显示【jwxxuser 的高级安全设置】对话框，如图 9-91 所示，其中显示不同账户所拥有的权限。

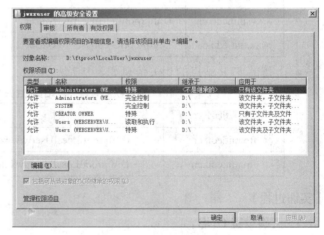

图 9-90　【安全】选项卡　　　　　图 9-91　【jwxxuser 的高级安全设置】对话框

(3) 单击【编辑】按钮，显示用来更改高级安全设置对话框，如图 9-92 所示。

(4) 单击【包括可从该对象的父项继承的权限】复选框，显示【Windows 安全】对话框，如图 9-93 所示。

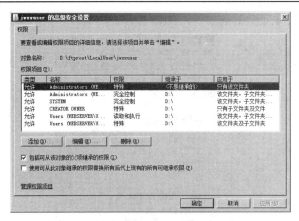

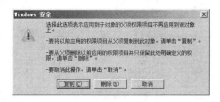

图 9-92　更改高级安全设置　　　　　　图 9-93　【Windows 安全】对话框

(5) 单击【删除】按钮，删除权限继承，并清除【包括可从该对象的父项继承的权限】复选框，依次单击【确定】按钮返回【安全】选项卡。可以看到只保留了 Administrators 用户组，其他所有账户已被删除，如图 9-94 所示。

(6) 添加 jwxxuser 用户并设置 NTFS 权限。单击【编辑】按钮，显示【jwxxuser 的权限】对话框，如图 9-95 所示，默认只保留 Administrators 用户组。

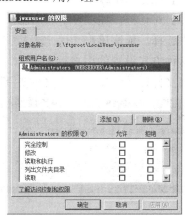

图 9-94　取消权限继承　　　　　　　　图 9-95　jwxxuser 的权限

(7) 单击【添加】按钮，显示【选择用户或组】对话框，如图 9-96 所示。在【输入对象名称来选择】文本框中输入用户名，然后单击【检查名称】按钮，本例输入 jwxxuser，或者单击【高级】按钮查找用户。

(8) 单击【确定】按钮，添加该用户并返回【jwxxuser 的权限】对话框，选择新添加的用户，在权限列表框中为其选择待分配的权限，如图 9-97 所示。共有 6 种权限，即完全控制、修改、读取和执行、列出文件夹目录、

图 9-96　【选择用户或组】对话框

读取和写入。默认 jwxxuser 的权限是【读取和执行】、【列出文件夹目录】和【读取】三种，没有【完全控制】、【修改】和【写入】权限。

(9) 单击【确定】按钮，保存并返回【安全】选项卡，如图 9-98 所示。

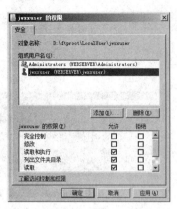

图 9-97　新添加的 jwxxuser 权限　　　　　　图 9-98　设置 jwxxuser 权限

(10) 如果要为该用户分配更详细的权限，则在【安全】选项卡中单击【高级】按钮，显示【jwxxuser 的高级安全设置】对话框，再单击【编辑】按钮，显示【权限】对话框，如图 9-99 所示。

(11) 在【权限项目】列表框中选择待设置的用户账户，单击【编辑】按钮，显示【jwxxuser 的权限项目】对话框，如图 9-100 所示。在【权限】列表框中选择更详细的权限，共有 14 种权限可供选择。依次单击【确定】按钮保存设置。

利用这种方式设置的用户权限更加详细，可以精确到是否允许用户读取、删除、删除子文件夹和文件以及创建文件或文件夹等，从而可以更好地控制用户对 FTP 文件夹的访问。

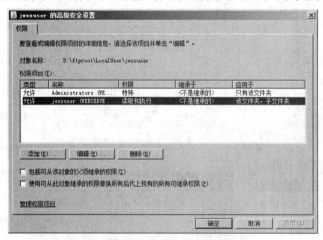

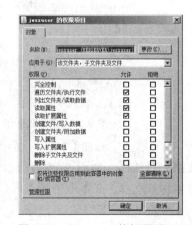

图 9-99　更改高级安全设置　　　　　　　　图 9-100　jwxxuser 的权限项目

(12) 用同样的方法，设置 wwwuser 用户对 D:\ftproot\LocalUser\wwwuser 文件夹的 NTFS 权限为完全控制，即拥有 6 种权限。

### 5. 限制上传文件大小

默认情况下，FTP 服务器并未限制用户上传文件的容量，因此当 FTP 用户一旦拥有写入权限时，就可以向 FTP 服务器上传任意大小的文件，从而导致服务器的硬盘空间可能迅速被占用。为了保护硬盘空间，确保磁盘空间不被用户上传的文件存储满，可以启用磁盘配额功能来限制每个用户能使用的磁盘空间的大小。为用户设置了磁盘配额以后，当用户上传的文件超出空间限制或者到警告等级时，系统将自动发警告，提示用户超出空间配额，上传操作不能完成等信息。

FTP 服务器本身没有提供磁盘配额功能，需要借助 Windows Server 2008 的 NTFS 文件系统来实现，因此 FTP 主目录必须位于 NTFS 格式的分区。FAT32 文件系统无法设置磁盘配额。

(1) 启用磁盘配额。双击桌面上的【计算机】图标，右击【本地磁盘 D:】，执行快捷菜单的【属性】命令，显示【本地磁盘(D:)属性】对话框；单击【配额】选项卡，选中【启用配额管理】和【拒绝将磁盘空间给超过配额限制的用户】复选框，如图 9-101 所示。

(2) 在【配额】选项卡中单击【配额项】按钮，显示配额项窗口，如图 9-102 所示。

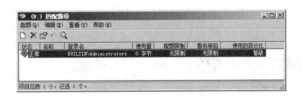

图 9-101　启用磁盘配置　　　　　　　　图 9-102　配额项窗口

(3) 单击【配额】→【新建配额】选项，显示【选择用户】对话框，如图 9-103 所示。单击【高级】按钮，再单击【立即查找】按钮，在【搜索结果】列表框中选择当前计算机中的用户。

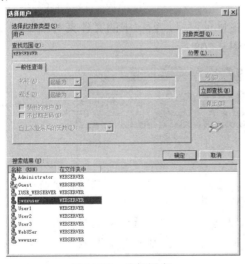

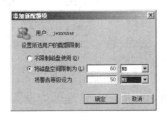

图 9-103　选择用户　　　　　　　　　　图 9-104　设置磁盘空间大小

(4) 选择要指定配额的用户，如本例选择 jwxxuser。单击【确定】按钮返回【选择用户】对话框，再单击【确定】按钮，显示【添加新配额项】对话框，如图 9-104 所示。选中【将磁盘空间限制为】单选按钮，并在其后的文本框中输入为该用户设置的访问磁盘的空间，如 60 MB。

(5) 单击【确定】按钮，保存所做设置。用同样的方法，设置用户 wwwuser 的磁盘配额为 60 MB。至此，指定的用户被添加到配额项列表中，如图 9-105 所示。

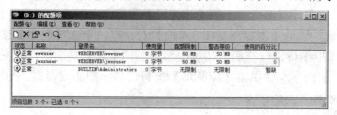

图 9-105　添加用户后的结果

### 6. 客户端登录上传网页

(1) 测试匿名账户登录。双击测试计算机桌面上的【计算机】图标，输入 ftp://ftp.niit.edu.cn，自动进入 Public 文件夹，登录成功后的界面如图 9-106 所示。

(2) 测试 jwxxuser 账户。单击【文件】→【登录】，显示【登录身份】对话框，如图 9-107 所示，输入用户名 jwxxuser 和相应密码。

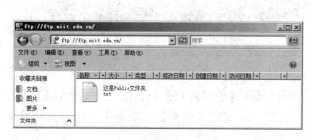

图 9-106　匿名账户登录

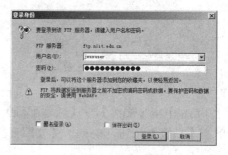

图 9-107　jwxxuser 登录

(3) 单击【登录】按钮，显示 jwxxuser 主目录窗口，窗口中的文件夹对应 FTP 服务器的 D:\ftproot\LocalUser\jwxxuser 文件夹，如图 9-108 所示。

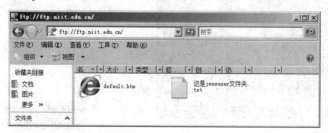

图 9-108　jwxxuser 的主目录

(4) 向 FTP 服务器上传文件。向该窗口复制文件时显示【FTP 文件夹错误】对话框，如图 9-109 所示。这是因为设置 NTFS 权限时，jwxxuser 用户没有足够的权限将文件复制到 D:\ftproot\LocalUser\jwxxuser 文件夹。

(5) 测试 wwwuser 账户。以 wwwuser 账户登录，进入该用户的主目录，如图 9-110 所示。

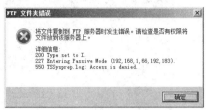

图 9-109　错误信息提示

图 9-110　登录进入 wwwuser 主目录

(6) 向 FTP 服务器上传文件。向该窗口复制文件，即上传文件，如图 9-111 所示。

(7) 向 FTP 服务器继续上传文件，当上传文件的容量超过额定容量时(本例为 60 MB)，显示【FTP 文件夹错误】对话框，表示不能再上传文件了，如图 9-112 所示。

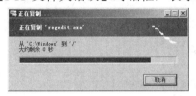

图 9-111　上传文件

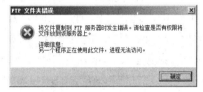

图 9-112　FTP 文件夹错误提示

(8) 上传结果如图 9-113 所示。wwwuser 用户登录后直接进入其主目录，在 FTP 站点设置中其主目录为 D:\ftproot\LocalUser\wwwuser，而该目录也在 IIS 中设置为 www.niit.edu.cn 网站的主目录，IIS 中的默认文档为 default.htm。因此，wwwuser 用户要更新 www.niit.edu.cn 网站只需将更新的网页上传到 FTP 站点即可，在制作网页时将网站首页文件名规定为 default.htm。而且通过使用磁盘配额，限制该网站在服务器所占空间为 60 MB，确保服务器的磁盘空间不被网站文件占满。

图 9-113　上传结果

# 实训 9　安装活动目录

【实训任务】

在 Windows Server 2008 计算机中安装活动目录。

【实训环境】

- 计算机名：Server。
- 域名 niit.edu.cn。

【实训过程】

### 1. 设置 IP 地址

设置服务器 IP 地址，在【首选 DNS 服务器】中输入该计算机的 IP 地址，IP 地址为 192.168.1.160，如图 9-114 所示。

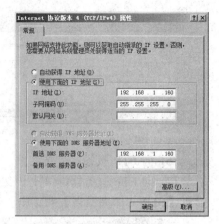

图 9-114 设置计算机的 IP 地址

### 2. 安装 Active Directory 域服务

将 Windows Server 2008 升级为域控制器时，必须首先安装 Active Directory 域服务，然后运行 dcpromo.exe 命令以安装活动目录。

(1) 单击【开始】→【管理工具】→【服务器管理器】选项，再单击【服务器管理器】→【角色】→【添加角色】链接，运行【添加角色向导】。当显示【选择服务器角色】对话框时，在【角色】列表框中选中【Active Directory 域服务】复选框，如图 9-115 所示。

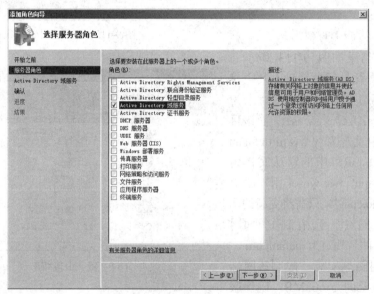

图 9-115 【选择服务器角色】对话框

(2) 单击【下一步】按钮，显示【Active Directory 域服务】对话框，其中简要介绍了域服务的作用及注意事项。单击【下一步】按钮，显示【确认安装选择】对话框，要求确认要安装的服务。

(3) 单击【安装】按钮，开始安装域服务。安装完成后，显示【安装结果】对话框，提示域服务已安装成功。单击【关闭】按钮，返回【服务器管理器】窗口。展开【角色】，即可看到 Active Directory 域服务已安装，其中提示需运行 dcpromo.exe 来安装域控制器。

### 3. 安装活动目录

(1) 单击【开始】→【运行】选项，输入 dcpromo.exe，再单击【确定】按钮，打开【Active

Directory 域服务安装向导】对话框。单击【下一步】按钮，显示【操作系统兼容性】对话框。

(2) 单击【下一步】按钮，显示【选择某一部署配置】对话框。由于这是第一台域控制器，因此选择【在新林中新建域】单选按钮，如图 9-116 所示。

(3) 单击【下一步】按钮，显示【命名林根域】对话框。在【目录林根级域的 FQDN】文本框中输入事先准备好的 DNS 域名，本例输入 niit.edu.cn，如图 9-117 所示。

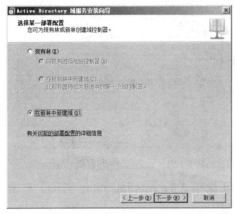
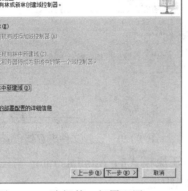

图 9-116　选择某一部署配置　　　　　　　　图 9-117　命名林根域

(4) 单击【下一步】按钮，开始检查该域名及其相应的 NetBIOS 名是否已在网络中使用。显示【设置林功能级别】对话框。共有 Windows 2000、Windows Server 2003 和 Windows Server 2008 三种模式，可根据网络中存在的最低 Windows 版本的域控制器来选择。

(5) 单击【下一步】按钮，显示【设置域功能级别】对话框。根据网络中存在的 Windows Server 版本，在【域功能级别】下拉列表框中选择相应的域功能级别。

(6) 单击【下一步】按钮，开始检查 DNS 配置。完成后显示【其他域控制选项】对话框，如图 9-118 所示，并提示此 Windows Server 2008 计算机已安装 DNS 服务器。如果 Windows Server 2008 没有安装 DNS，则在此选中【DNS 服务器】复选框。

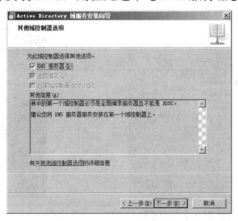

图 9-118　其他域控制器选项

(7) 单击【下一步】按钮，开始检查 DNS 配置。显示警告框，提示没有找到父域，如图 9-119 所示。

（8）单击【是】按钮，显示【数据库、日志文件和 SYSVOL 的位置】对话框，如图 9-120
所示。为了提高系统性能，并便于日后出现故障时恢复，建议将数据库和日志文件夹指定
为非系统分区。

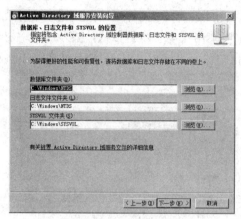

图 9-119　警告框　　　　　　　　　　　　图 9-120　设置文件夹存储位置

（9）单击【下一步】按钮，显示【目录服务还原模式的 Administrator 密码】对话框，
如图 9-121 所示，在其中设置还原目录服务时的密码。

（10）单击【下一步】按钮，显示【摘要】对话框。其中列出了前面所做的配置信息。
如果需要更改，则单击【上一步】按钮返回。

（11）单击【下一步】按钮，安装向导开始配置域服务。此过程可能需要几分钟到几小
时，选中【完成后重新启动】复选框，安装完成后由系统自动重新启动。配置完成后，显
示【完成 Active Directory 域服务安装向导】对话框，提示 Active Directory 域服务安装完成。
单击【完成】按钮，提示必须重新启动计算机才能使更改生效。

（12）单击【立即重新启动】按钮，重新启动计算机。当重启后登录域时，用户账户需
使用【域名、户名】的格式登录，如图 9-122 所示。

图 9-121　设置还原目录服务时的密码　　　　　　　图 9-122　登录域

（13）登录到系统以后，单击【开始】→【管理工具】→【Active Directory 用户和计算
机】选项，显示【Active Directory 用户和计算机】窗口，如图 9-123 所示。在其中可管理
域中的所有用户账户。至此，活动目录安装完成。

图 9-123 　【Active Directory 用户和计算机】窗口

# 实训 10　电子邮件服务器的用户邮箱管理

【实训任务】

使用 Exchange Server 2007 管理用户邮箱。

【实训环境】

- 计算机名：Server。
- 域名：niit.edu.cn。
- 已安装 Exchange Server 2007 SP2。

【实训过程】

### 1. 启用 POP3 和 IMAP4 服务

Exchange Server 2007 支持 POP3 和 IMAP4 客户端，安装 Exchange Server 2007 时选择【典型安装】方式，则会安装 POP3 和 IMAP4。但默认情况下，Exchange Server 2007 禁用支持 POP3 和 IMAP4 的服务，因此必须启动 POP3 和 IMAP4 服务。

以 Administrator 身份登录到 Windows Server 2008 服务器，单击【开始】→【管理工具】→【服务】，打开【服务】窗口，如图 9-124 所示。

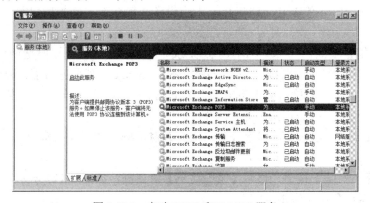

图 9-124 　启动 POP3 和 IMAP4 服务

找到并选中【Microsoft Exchange POP3】，然后单击左上角的【启动】链接，即可启动 POP3 服务进程。启用 POP3 之后，Exchange Server 2007 使用端口 110 和安全套接层(SSL) 端口 995 接受不安全的 POP3 客户端通信。

用同样的方法启动【Microsoft Exchange IMAP4】服务。启动 IMAP4 之后，Exchange Server 2007 将使用安全套接层在端口 143 和端口 993 上接受不安全的 IMAP4 客户端通信。

### 2. 建立新邮箱用户

为了使用户能够使用 Exchange Server 2007 收发邮件，必须先在 Exchange Server 2007 上添加用户，并创建用户邮箱，同时为用户设置邮件地址、限制邮箱大小并配置邮箱功能。

管理员在创建用户以后，可以为用户指定邮箱，也可以在创建用户的同时，就为用户创建邮箱，并为用户指定邮箱策略。

(1) 打开【Exchange 管理控制台】窗口，单击【收件人配置】→【邮箱】选项，再单击【新建邮箱】链接，启动【新建邮箱】向导，如图 9-125 所示。单击【用户邮箱】单选按钮。

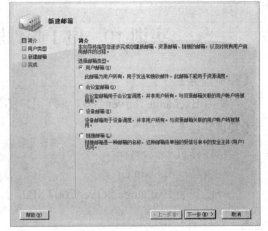

图 9-125　选择用户邮箱

● 用户邮箱是最传统的邮箱类型，也就是一般用户所拥有的邮箱，主要用来发送及接收电子邮件，不过此类邮箱无法提供资源使用的日程安排。此外，与用户邮箱关联的 Active Directory 账号必须与 Exchange 服务器位于同一个林中，若要使用信任林中的账号，必须使用"链接邮箱"类型。

● 会议室邮箱是用于安排会议日程的邮箱，不是由个别的用户所拥有的。会议室邮箱可以作为资源包含在会议邀请中，并可以设置为自动处理传入的请求。如果在 Active Directory 中为会议室邮箱新建关联的用户账号，则此账号将会被禁用。

● 设备邮箱与会议室邮箱很相似，都不是由个别用户所拥有的，而是用来作为资源邮箱的，以便安排日程会议。设备邮箱可以作为资源包含在会议邀请中，并可以设置为自动处理传入的请求。如果在 Active Directory 中为设备邮箱新建关联的用户账号，则此账号将会被禁用。

● 链接邮箱是不同信任林中的用户可以访问的用户邮箱类型，但是仍需在 Exchange 所在的林中建立用户账号。若要在资源林中部署 Exchange 组织，则可能需要建立链接的邮箱。如此一来，便可以在单一林中集中管理 Exchange，也可以让使用一个或多个邮箱林中的用户账号成功地访问 Exchange 组织资源。

(2) 单击【下一步】按钮，显示【用户类型】对话框，如图 9-126 所示。单击【新建用户】单选按钮。

(3) 单击【下一步】按钮，显示【用户信息】对话框，如图 9-127 所示。输入必要的用户信息，本例用户登录名为 Test1。

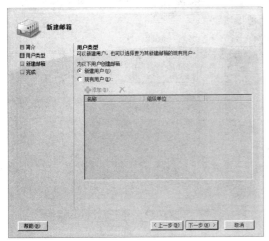 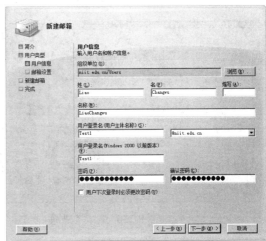

图 9-126  新建用户 　　　　　　　　　　　图 9-127  用户信息

(4) 单击【下一步】按钮,显示【邮箱设置】对话框,如图 9-128 所示。

(5) 单击【浏览】按钮,显示【选择邮箱数据库】对话框,如图 9-129 所示。选择希望使用的数据库。单击【确定】按钮,返回【邮箱设置】对话框,如果需要为新用户应用托管文件夹,则可以选择相应的复选框。

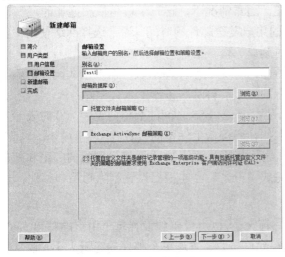 

图 9-128  邮箱设置 　　　　　　　　　　　图 9-129  选择邮箱数据库

(6) 单击【下一步】按钮,显示【新建邮箱】对话框。单击【新建】按钮,用户创建完成后显示【完成】对话框。单击【完成】按钮,即完成新用户的创建。

**3. 设置默认用户邮箱大小**

(1) 打开【Exchange 管理控制台】窗口,单击【服务器配置】→【邮箱】选项,在【数据库管理】选项卡中,展开【First Storage Group】选项,如图 9-130 所示。

(2) 右击【Mailbox Database】,执行快捷菜单中的【属性】命令,显示【Mailbox Database 属性】对话框,单击【限制】选项卡,如图 9-131 所示,在文本框中输入相应数值。

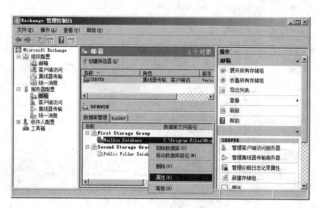

图 9-130　邮箱数据库　　　　　　　　　　　图 9-131　邮箱数据库属性

各项含义如下：

● 【达到该限度时发出警告】：用户的邮箱空间到达此值时，就会收到系统管理员发来的警告邮件，但此时用户依然可以收发邮件。

● 【达到该限度时禁止发送】：用户的邮箱空间到达此值后将禁止发送邮件，但此时可以接收邮件。

● 【达到该限度时禁止发送和接收】：到达限制值后用户不能收发邮件，只能删除无用邮件，降低空间的使用后才能继续使用邮箱。通常情况下，这三个值是依次递加的。

● 【警告邮件间隔】：对超过警告空间的用户发送邮件的时间，通常选择网络使用率低的时候发送，如每天的午夜、凌晨的某个时刻。

● 【保留已删除项目的期限】：如果设置为 0，则表示立即从服务器上永久删除已删除项目；如果设置为特定值，则表示保留相应的天数后再从服务器上永久删除。

● 【保留已删除邮箱的期限】：可以设置从 0～24 855 之间的数值，设置为 0 时表示立即删除。此项表示在永久删除邮箱之前，它们在服务器上保留的天数。

● 【完成对数据库的备份之后才能永久删除邮箱及邮件】：表示将已删除的邮箱和邮件保存在服务器备份之前不能删除，只有在完成备份之后，才根据设置删除邮箱和邮件。

**4. 设置单个邮箱大小**

Exchange 管理员可以设置默认用户的邮箱大小，也可以单独设置每个用户的邮箱大小。在 Exchange 邮件系统中，可以设置每个邮箱允许接收、发送单个邮件的容量大小，通常的邮件系统设置为最大 10 MB。用户可以根据实际需求，并结合网络带宽，设置适当的允许值。除此之外，还可以设置邮件大小、收件人、发件人和连接筛选等信息。

1) 配置【传输设置】

(1) 打开【Exchange 管理控制台】窗口，单击【组织配置】→【集线器传输】→【全局设置】选项卡，如图 9-132 所示。

(2) 右击【传输设置】选项，执行快捷菜单中的【属性】命令，显示【传输设置属性】对话框，如图 9-133 所示。

在【传输限制】选项区域，可以对接收及发送邮件的大小进行设置，包括以下三项：

● 【最大接收大小】，此项可以设置用户接收邮件的大小限制，默认为 10 240 KB，即

10 MB，根据网络带宽和用户要求，可以改变可接收邮件的大小。

● 【最大发送大小】，此项可以设置用户发送邮件的大小限制，默认为 10 240 KB，同样管理员可以根据带宽及用户要求改变可发送邮件的最大限制。

● 【最大收件人数】，此项可以设置收件人数的多少限制，默认为 5000 个，根据需要可以改变相应设置。

图 9-132　传输设置

图 9-133　【传输设置属性】对话框

2) 发送单一邮件的大小限制

(1) 打开【Exchange 管理控制台】窗口，单击【组织配置】→【集线器传输】→【发送连接器】选项卡，如图 9-134 所示。

图 9-134　发送连接器

(2) 右击创建的【Lcw】连接器，执行快捷菜单中的【属性】命令，显示【Lcw 属性】对话框，如图 9-135 所示。在【常规】选项卡中，选中【最大邮件大小为】复选框，并输入希望限制的具体数值，如 10 240(表示 10 MB)。单击【确定】按钮，保存设置。

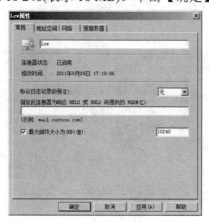

图 9-135 【Lcw 属性】对话框

3) 接收单一邮件的大小限制

(1) 打开【Exchange 管理控制台】窗口，依次选择【服务器配置】→【集线器传输】选项，如图 9-136 所示。

(2) 在主窗口中右击【Default SERVER】，执行快捷菜单中的【属性】命令，显示【Default SERVER 属性】对话框，如图 9-137 所示。在【最大邮件大小为】文本框中输入将要设置的数值，如 10 240(表示最大接收邮件大小为 10 MB)。

图 9-136 Default SERVER 接收连接器

图 9-137 【Default SERVER 属性】对话框

(3) 单击【确定】按钮，保存设置。用相同的方法设置 Client SERVER。

### 5. 收发电子邮件

Exchange 提供了 OWA(Outlook Web Access)方式访问邮件服务器，允许用户使用 IE 浏览器访问 Exchange Server 2007 邮件服务器，以 IMAP4 协议从邮件服务器接收邮件。

(1) 在浏览器地址栏输入 https://server.niit.edu.cn/owa，显示 IE 登录窗口，如图 9-138 所示。其中，server 为 Exchange 服务器的计算机名，也可以使用 IP 地址或其 DNS 解析名称代替。

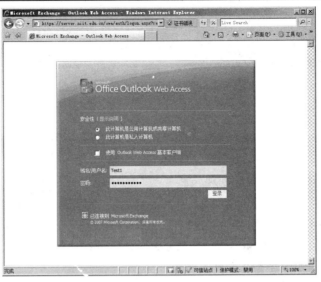

图 9-138　使用 IE 登录邮箱

(2) 输入用户名及相应密码,单击【登录】按钮。由于是第一次使用 OWA 方式登录,所以会出现设置语言、时区等选项。单击【确定】按钮,即以 OWA 方式登录邮箱,如图 9-139 所示。此时就可以收发电子邮件了。

图 9-139　收发邮件

# 实训 11　制作个人网站

【实训任务】

- 设计一个宣传自己的个人网站。
- 掌握使用 Dreamweaver CS5 制作网站首页的方法。
- 掌握使用表格对页面进行布局的方法。

**【实训环境】**

- 个人的文字、图片、视频、音频等宣传资料。
- Dreamweaver CS5 软件。

**【实训过程】**

### 1. 设计网站的 LOGO 标志

使用 Photoshop 或 Fireworks 等软件设计一个自己满意的网站 LOGO 图标，文件格式为 jpg。

### 2. 在 Dreamweaver CS5 中创建站点

(1) 创建文件夹。在 C: 盘创建 Myhome 文件夹，在 Myhome 文件夹下创建 image、txt、video 和 audio 子文件夹，分别存储网页所需的图片、文字、视频和音频文件。

(2) 运行 Dreamweaver CS5，执行【站点】→【管理站点】命令，显示【管理站点】对话框，如图 9-140 所示，单击【新建】按钮。

(3) 显示【站点对象设置】对话框，选择【站点】选项，在【站点名称】文本框中输入名称，可以根据网站的需要命名，在【本地站点文件夹】输入站点的文件夹，本例输入 C:\Myhome，如图 9-141 所示。

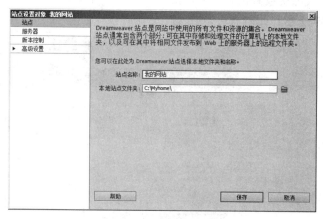

图 9-140　新建站点　　　　　　　图 9-141　设置站点对象

(4) 单击【保存】按钮，更新站点缓存，显示【管理站点】对话框，其中显示了新建的站点，如图 9-142 所示。

(5) 单击【完成】按钮，此时在【文件】面板中可以看到创建的站点文件，如图 9-143 所示。

图 9-142　创建的站点　　　　　　　图 9-143　本地站点的文件

### 3. 网站颜色设计

网站颜色设计指设置网站网页的背景色；设置网页要用到的图片的颜色；设置文字的字体、字号和颜色、颜色应设置为自己喜欢的颜色，颜色风格一致。

### 4. 使用表格设计网站首页页面布局

自己设置网页的布局，利用表格将文字、图片等内容设置在单元格中，表格精细应设置为 0，在浏览器中浏览网页不能看见表格。

# 实训 12  制作动态网页

### 【实训任务】

- 掌握 ASP 与数据库连接的方法。
- 掌握动态网页制作的方法。

### 【实训环境】

- 本实训和 6.4.6 节中的实例是同一个例子，Web 服务器的 IP 地址为 192.168.1.26，计算机名为 WebServer，IIS 主目录为 C:\Homepage。
- 数据库为 liuyan.mdb，有一个表 liuyan.mdb，表的结构参见 6.4.6 节。
- 本实训功能是实现显示留言详细信息和输入留言。

### 【实训过程】

### 1. 留言详细信息页面

实现的功能：在浏览器地址栏输入网址 http://192.168.1.26，显示网站首页，即 index.asp 页面，如图 9-144 所示。单击任意主题，如单击"虚拟主机有什么优点"，即可转到显示该主题的详细页面 disp.asp，如图 9-145 所示。

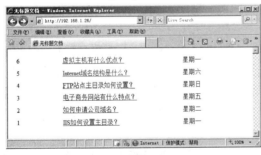
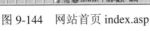

图 9-144  网站首页 index.asp

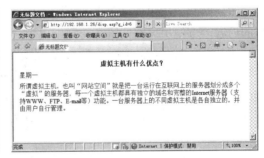

图 9-145  显示页面 disp.asp

1) 在 index.asp 页面添加转到 diap.asp 文件的链接

(1) 在 Dreamweaver CS5 中打开 index.asp 文件，选中占位符【Rs1.subject】，单击【服务器行为】面板中的 ✚ 按钮，在显示的菜单中选择【转到详细页面】选项，如图 9-146 所示。

(2) 显示【转到详细页面】对话框，在对话框的【详细信息页】文本框中输入 disp.asp，在【记录集】下拉列表中选择 Rs1 选项，在【列】下拉列表中选择 g_id 选项，在【传递现有参数】中勾选【URL 参数】，如图 9-147 所示。单击【确定】按钮。

图 9-146　选择【转到详细页面】

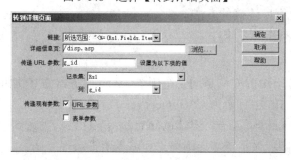

图 9-147　【转到详细页面】对话框

此时，Dreamweaver CS5 在 index.asp 文件中添加的代码如下：

```
<a href="/disp.asp?<%= Server.HTMLEncode(MM_keepURL) & MM_joinChar(MM_keepURL) &
"g_id=" & Rs1.Fields.Item("g_id").Value %>"><%=(Rs1.Fields.Item("subject").Value)%></a>
```

2）留言详细信息页面——disp.asp

访问网站的用户可以单击留言列表中的留言标题，链接到留言详细信息页面，显示详细的内容，方便用户阅读留言的详细内容。

（1）启动 Dreamweaver CS5。执行【文件】→【新建】命令，单击【空白页】→【页面类型】→【ASP VBScript】→【布局】→【无】命令，再单击【创建】按钮；将光标置于相应的位置，执行【插入】→【表格】命令，插入 3 行 1 列宽为 600 的表格，在【属性】面板中将【填充】设置为 4，【对齐】设置为【居中对齐】；将此文件保存为 disp.asp，如图 9-148 所示。

（2）输入文字。将光标置于第 1 行的单元格中，将【水平】设置为【居中】，输入文字"留言标题"，在第 2 行单元格中输入文字"发表时间"，第 3 行的单元格中输入文字"发表内容"，如图 9-149 所示。

（3）创建记录集。单击【绑定】面板中的 ➕ 按钮，在显示的菜单中选择【记录集(查询)】选项，显示【记录集】对话框；在【名称】文本框中输入 Rs1，在【连接】下拉列表中选择 liuyan 选项，在【表格】下拉列表中选择 liuyan 选项，单击【全部】单选按钮；在【筛选】下拉列表选择 g_id、=、URL 参数和 g_id 选项，如图 9-150 所示。

（4）单击【确定】按钮，创建记录集，如图 9-151 所示。

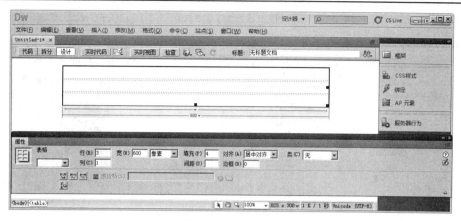

图 9-148 插入表格

图 9-149 输入文字

图 9-150 记录集

图 9-151 创建的记录集

(5) 选中表格中的"留言标题"文字,在【绑定】面板中展开记录集 Rs1,选中 subject 字段,单击右下角的【插入】按钮,如图 9-152 所示。

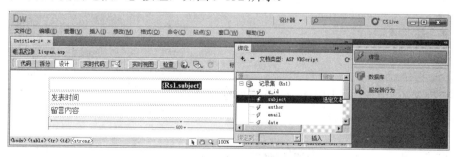

图 9-152 绑定 subject 字段

(6) 用同样的方法，将 date 字段绑定到"发表时间"，将 content 字段绑定到"发表内容"字段，如图 9-153 所示。

图 9-153　绑定字段

通过上述操作过程，Dreamweaver CS5 自动生成 disp.asp 文件的源代码。

disp.asp 页面的代码如下：

```
<%@LANGUAGE="VBSCRIPT" CODEPAGE="65001"%>
<!--#include virtual="/Connections/liuyan.asp" -->
<%
Dim Rs1__MMColParam
Rs1__MMColParam = "1"
If (Request.QueryString("g_id") <> "") Then
   Rs1__MMColParam = Request.QueryString("g_id")
End If
%>
<%
Dim Rs1
Dim Rs1_cmd
Dim Rs1_numRows
Set Rs1_cmd = Server.CreateObject ("ADODB.Command")
Rs1_cmd.ActiveConnection = MM_liuyan_STRING
Rs1_cmd.CommandText = "SELECT * FROM liuyan WHERE g_id = ?"
Rs1_cmd.Prepared = true
Rs1_cmd.Parameters.Append  Rs1_cmd.CreateParameter("param1", 5, 1, -1, Rs1__MMColParam) '
adDouble
Set Rs1 = Rs1_cmd.Execute
Rs1_numRows = 0
%>
<!DOCTYPE  html  PUBLIC  "-//W3C//DTD  XHTML  1.0  Transitional//EN"
"http://www.w3.org/TR/xhtml1/DTD/xhtml1-transitional.dtd">
<html xmlns="http://www.w3.org/1999/xhtml">
<head>
<meta http-equiv="Content-Type" content="text/html; charset=utf-8" />
```

```
<title>无标题文档</title>
</head>
<body>
<table width="600" border="0" align="center" cellpadding="4">
    <tr>
        <td align="center"><strong><%=(Rs1.Fields.Item("subject").Value)%></strong></td>
    </tr>
    <tr>
        <td><%=(Rs1.Fields.Item("date").Value)%></td>
    </tr>
    <tr>
        <td> <%=(Rs1.Fields.Item("content").Value)%></td>
    </tr>
</table>
</body>
</html>
<%
Rs1.Close()
Set Rs1 = Nothing
%>
```

### 2. 发表留言页面

在浏览器地址栏输入 http://192.168.1.26/fabiao.asp，显示发表留言页面，如图 9-154 所示。

单击【提交】按钮，将所输入内容写入到 liuyan.mdb 数据库文件，并链接到 index.asp 页面，如图 9-155 所示。

图 9-154　发表留言页面——fabiao.asp

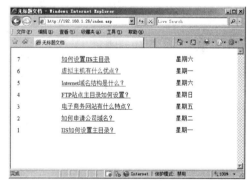

图 9-155　提交显示 index.asp

（1）启动 Dreamweaver CS5。执行【文件】→【新建】命令，单击【空白页】→【页面类型】→【ASP VBScript】→【布局】→【无】命令，再单击【创建】按钮；将光标置于相应的位置，执行【插入】→【表单】→【表单】命令，插入表单，如图 9-156 所示。将此文件保存为 fabiao.asp。

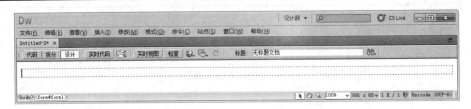

图 9-156　插入表单

(2) 将光标置于表单中。执行【插入】→【表格】命令，插入 6 行 2 列、宽为 600 的表格，在【属性】面板中将【填充】设置为 4，【对齐】设置为【居中对齐】，分别在单元格中输入文字，如图 9-157 所示。

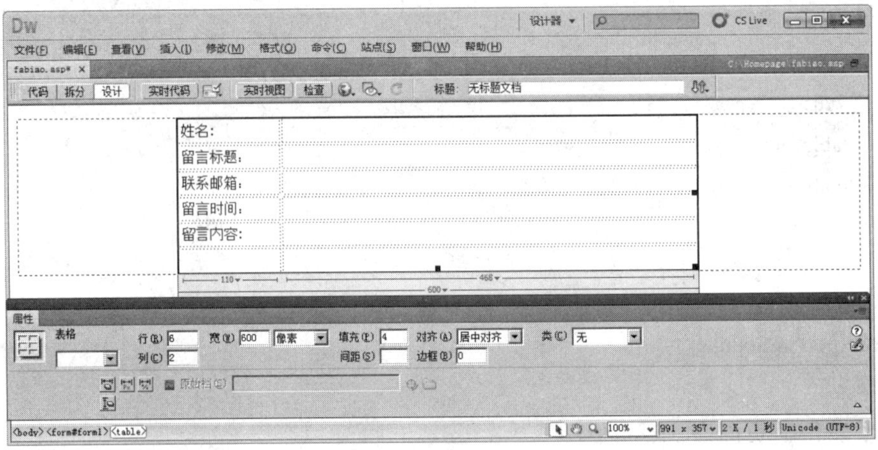

图 9-157　插入表格

(3) 插入文本域。将光标置于第 1 行第 2 列的单元格中，执行【插入】→【表单】→【文本域】命令，在【属性】面板中的【文本域名称】文本框中输入 author，【字符宽度】设置为 35，【类型】设置为单行。

用相同的方法设置第 2 行第 2 列和第 3 行第 2 列，只是在第 2 行第 2 列的【文本域名称】文本框中输入 subject，在第 2 行第 3 列的【文本域名称】文本框中输入 email，结果如图 9-158 所示。

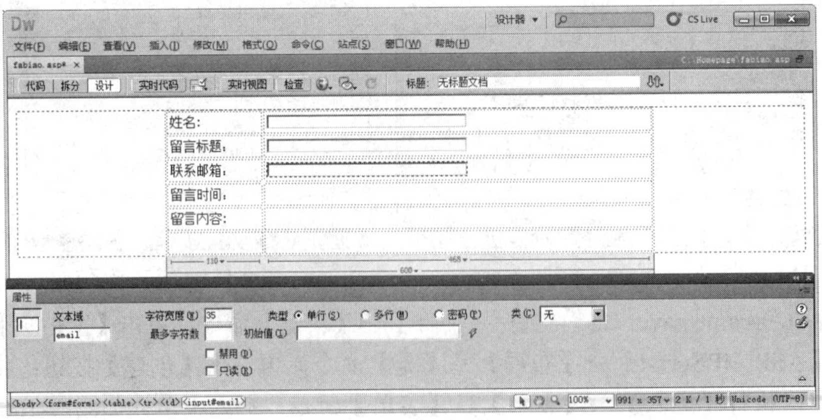

图 9-158　设置文本域

（4）将光标置于第 4 行第 2 列单元格中，执行【插入】→【表单】→【选择(列表/菜单)】命令，选中【列表/菜单】，在【属性】面板中单击【列表值】按钮，显示【列表值】对话框，再在对话框中单击 ➕ 按钮，添加项目标签，如图 9-159 所示。

图 9-159　插入列表值

（5）将光标置于第 5 行第 2 列的单元格中，插入文本区域。在【属性】面板中的【文本域名称】文本框中输入 content，将【字符宽度】设置为 45，【行数】设置为 6，【类型】设置为【多行】，如图 9-160 所示。

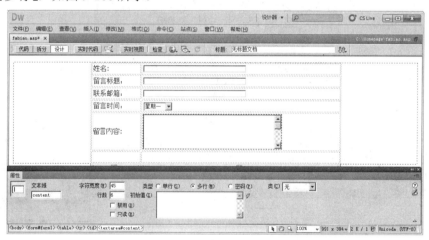

图 9-160　插入多行文本区域

（6）将光标置于第 6 行第 2 列的单元格中，执行【插入】→【表单】→【按钮】命令，插入按钮。在【属性】面板中的【值】文本框中输入"提交"，【动作】设置为【提交表单】，将光标置于【提交】按钮后面，再插入一个按钮，在【属性】面板中的【值】文本框中输入"重置"，【动作】设置为【重设表单】，如图 9-161 所示。

（7）插入记录。使用【插入记录】服务器行为可以将用户提交的留言内容插入到留言表 liuyan 中。

单击【服务器行为】中的 ➕ 按钮，在显示的菜单中选择【插入记录】选项，显示【插入记录】对话框。在对话框中的【连接】下拉列表中选择 liuyan，在【插入到表格】下拉列表中选择 liuyan，在【插入后，转到】文本框中输入 index.asp，如图 9-162 所示。单击【确定】按钮，创建插入记录服务器行为，如图 9-163 所示。

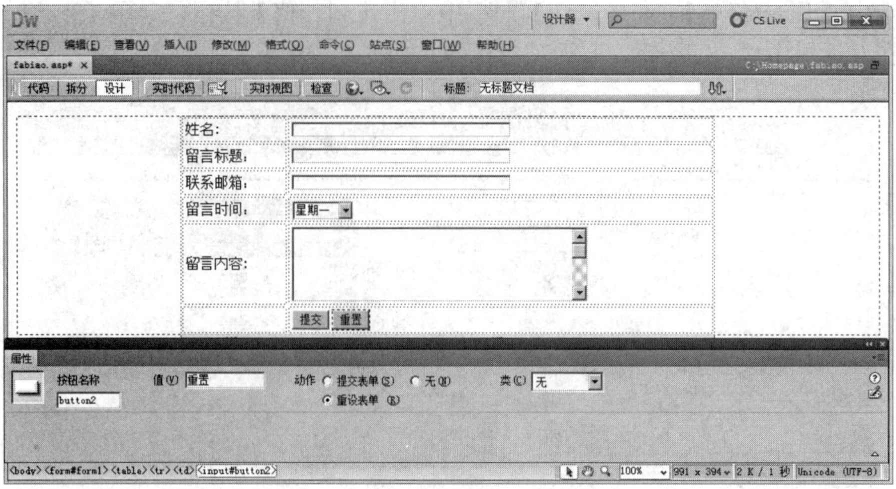

图 9-161　插入按钮

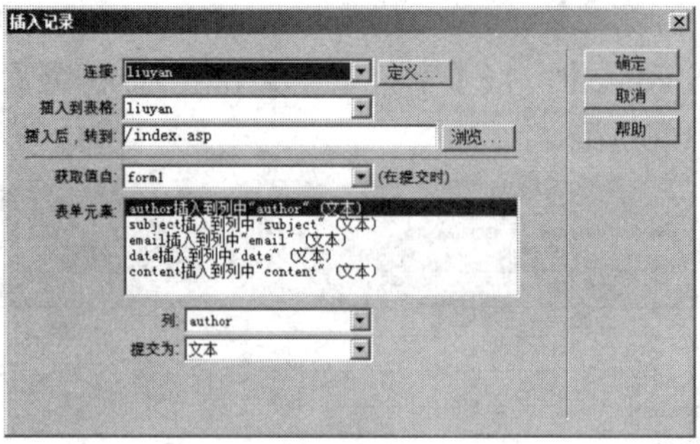

图 9-162　插入记录

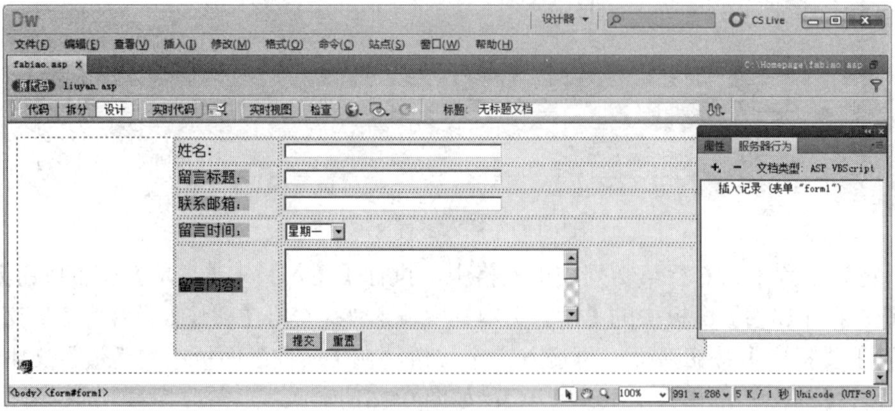

图 9-163　创建服务器行为

# 参 考 文 献

[1] 戴有炜. Windows Server 2008R2 网络管理与架站. 北京：清华大学出版社，2011.

[2] 吕政周，赵惊人，唐任威，等. Windows Server 2008 系统管理员实用全书. 北京：电子工业出版社，2010.

[3] [美]Rand Morimoto，Michael Noel，等. 深入解析 Windows Server 2008. 王海涛，侯普秀，等译. 北京：清华大学出版社，2009.

[4] 王淑江，刘晓辉，等. Windows Server 2008R2 活动目录内幕. 北京：电子工业出版社，2010.

[5] 吕强，富万利. Windows Server 2008 服务器完全技术宝典. 北京：中国铁道出版社，2010.

[6] 李蔚泽. 精通 Exchange Server 2007 企业信息平台实战彻底攻略. 北京：清华大学出版社，2008.

[7] 卢预开. Windows Server 2008 网络服务. 北京：机械工业出版社，2011.

[8] 刘晓辉. 网络服务搭建、配置与管理大全. 北京：电子工业出版社，2009.

[9] 刘晓辉，李书满. Windows Server 2008 服务器架设与配置实战指南. 北京：清华大学出版社，2010.

[10] 韩立刚，韩利辉，李文斌. 贯彻 Windows Server 2008 网络基础架构. 北京：清华大学出版社，2010.

[11] 葛秀慧. 网站建设——基于 Windows Server 2008 和 Linux 9. 北京：清华大学出版社，2008.

[12] 廖常武，汪刚. 校园网组建. 北京，清华大学出版社，2005.

[13] 王春燕. Dreamweaver CS5 网页设计入门、进阶与提高. 北京：电子工业出版社，2011.

[14] 胡崧，李海，刘芬芬. Dreamweaver CS5 中文版标准教程. 北京：中国青年出版社，2011.

[15] [美]Tony Northrup J.C.Mackin. Windows Server 2008 网络基础架构. 张大威，译. 北京：清华大学出版社，2009.

[16] 孙良军，刘贵国，等. Dreamweaver CS5 动态网站建设 ASP 篇. 北京：清华大学出版社，2011.

[17] 郝军启，刘治国，赵喜来，等. Dreamweaver CS4 网页设计与网站建设标准教程. 北京：清华大学出版社，2010.

[18] 王春燕，等. Dreamweaver CS5 网页设计入门、进阶与提高. 北京：电子工业出版社，2011.

[19] 明日科技. ASP 典型模块大全. 北京：人民邮电出版社，2009.

[20] 王黎，于永军，张豪，等. ASP+Dreamweaver CS4+CSS+Ajax 动态网站典型案例. 北京：清华大学出版社，2010.

[21] 王国辉，等. Java Web 开发实战宝典. 北京：清华大学出版社，2010.

[22]　王顺，等. PHP 网站开发实战指南. 北京：清华大学出版社，2012.

[23]　旭日东升. 网页设计与配色经典安全解析. 北京：电子工业出版社，2011.

[24]　靳华，等. ASP.NET 3.5 宝典. 北京：电子工业出版社，2009.

[25]　洪石丹. ASP.NET 范例开发大全. 北京：清华大学出版社，2010.

[26]　赵晓东，张正礼，许小荣. ASP.NET 3.5 从入门到精通. 北京：清华大学出版社，2009.

[27]　杨威. 网站组建、管理与维护. 2 版. 北京：电子工业出版社，2011.